国家工科基础课程教学基地机械基础系列教材

工 程 材 料

主编 刘天模 徐幸梓
主审 李建保

机 械 工 业 出 版 社

本书系统地介绍了机械工程常用的材料及其基础理论，从材料的共性上全面介绍了金属、陶瓷、高分子的结构特点，将各种材料的性能、制备、变形等进行了对比介绍，介绍了工程材料的破坏形式及其选用。

本书是根据教学体系改革的原则编写的。其特点是注重基础性、实践性，以培养学生的创造思维能力和解决实际问题的能力为主要目标；本书涉及面广，又非常实用，有利于提高学生的学习兴趣。

本书可以作为高等学校机械及近机类专业本科生或大专生教材，也可以作为有关科技人员的参考书。

图书在版编目(CIP)数据

工程材料/刘天模，徐幸梓主编．—北京：机械工业出版社，2001.8（2022.3 重印）
国家工科基础课程教学基地机械基础系列教材
ISBN 978-7-111-02695-2

Ⅰ．工…　Ⅱ．①刘…②徐…　Ⅲ．工程材料－高等学校－教材　Ⅳ．①TB3

中国版本图书馆 CIP 数据核字(2001)第 044182 号

机械工业出版社(北京市百万庄大街 22 号　邮政编码 100037)
责任编辑：王霄飞　张祖凤　版式设计：冉晓华　责任校对：唐海燕
封面设计：鞠　杨　　　　责任印制：郜　敏
北京富资园科技发展有限公司印刷
2022 年 3 月第 1 版・第 12 次印刷
169mm×239mm・15.25 印张・296 千字
标准书号：ISBN 978-7-111-02695-2
定价：35.00 元

电话服务　　网络服务
客服电话：010-88361066　机　工　官　网：www.cmpbook.com
010-88379833　机　工　官　博：weibo.com/cmp1952
010-68326294　金　书　网：www.golden-book.com
封底无防伪标均为盗版　机工教育服务网：www.cmpedu.com

国家工科基础课程教学基地机械基础系列
教材编审委员会

序

为了适应21世纪我国现代化建设的需要，培养高质量的工程科学技术人才，教育部从1996年开始实施了“面向21世纪高等工程教育教学内容和课程体系改革计划”，接着又决定建设国家工科基础课程教学基地。这些措施推动了教育改革的深入发展，形成了一批有特色的课程体系和系列教材。由重庆大学国家工科基础课程机械基础教学基地组织编写、机械工业出版社出版的“国家工科基础课程教学基地机械基础系列教材”就是其中之一。这套系列教材是国内众多资深教授的支持、指导和数十位长期从事教学和教学改革的教师辛勤劳动的结果，能够满足机械类专业人才培养的要求。

这套系列教材紧密结合“机械类专业人才培养方案及教学内容体系改革的研究与实践”、“工程制图与机械基础系列课程教学内容和课程体系改革的研究与实践”两个面向21世纪重大教学改革项目和国家工科基础课程机械基础教学基地建设，集中反映了重庆大学等高校围绕人才培养，在改革机械基础课程体系和教学内容方面所取得的成果。

这套系列教材的特色在于将机械基础系列课程分为设计基础和制造基础两类课群。以拓宽基础、培养学生综合应用机械基础理论与现代设计分析方法进行机械设计和创新为宗旨，遵循认知规律，明确课程定位，突破各课程自身的传统体系，基本上实现了系列课程的整体优化。通过《机械认识实践》的实践教学，帮助学生建立机械的感性认识。制造基础课群则对原机械制造的冷、热加工专业课程进行了整合和改造，建立了适合宽口径大机械专业的三个知识点——“机械制造技术基础”、“材料成形工艺基础”和“工程材料”。设计基础课群对传统的“机械设计”及“机械原理”进行了大胆的尝试性整合；展示了在“机械创新设计”思维的引导下，运用“计算机图形学”、“机械CAD/CAE技术基础”等现代设计方法和手段进行机械设计主线。

这套系列教材较好地体现了面向21世纪机械类专业人才培养模式改革的思路，对机械类专业机械基础系列课程体系及教学内容的改革进行了富有成效的探索与实践。机械工业出版社出版这套教材，实为一件很有意义的事，其将为全国机械基础课程体系的教改与教学提供了又一套很有特色的教材。

当然，这套系列教材还需要在教学改革和教学实践中经受检验、不断完善；

以结出我国教育改革的硕果。是为序。

中国科学院院士
重庆大学机械传动国家重点实验室学术委员会主任
华中科技大学教授

2001年6月16日

前　言

为了适应新世纪培养高素质、创造型机械科技人才的需要，重庆大学国家工科基础课程机械基础教学基地组织编写了机械基础系列教材。这套教材编写的整个过程就是我们完成教育部面向21世纪高等教育教学内容和课程体系改革计划中“机械类专业人才培养方案及教学内容体系改革的研究与实践”、“工程制图与机械基础系列课程教学内容和课程体系改革的研究与实践”两个项目的过程。我们按照新世纪机械专业人才应该具备的能力、素质和知识结构，研究制定了机械类专业人才培养方案及教学内容体系和与之相适应的机械基础系列课程体系及教学内容，并在97、98、99级本科教学中经过实践，所以这套教材反映了我们进行教学改革的成果。

这套系列教材在于将机械基础系列课程分为设计基础和制造基础两类课群。对原机械制造工艺、金属切削机床、金属切削刀具、夹具、铸造、锻压等专业课程进行了整合和改造，编写了适合宽口径机械专业的《机械制造技术基础》、《材料成形工艺基础》和《工程材料》；增设了以参观和实践为主的《机械认识实践》课程；《现代机械制图》把投影制图和计算机绘图作为重点，并将其贯穿于全书；以设计为主线，重新规划了机械设计基础的体系结构，把齿轮机构的原理与设计有机融合，放在《机械设计》教材中，将《机械原理》的重点定位于机构的运动学、动力学和机械系统运动方案的分析与设计，并将《机械设计》安排在《机械原理》之前开出。增加了《计算机图形学》、《机械CAD/CAE技术基础》等计算机应用技术基础教材，反映了现代科学技术的新发展，引导学生应用现代设计方法和手段进行机械设计；增加了《机械创新设计》，介绍创新方法，启发创新思维。

“工程材料”是一门机械类和近机类专业学生必修的技术基础课。多年来，随着材料科学与材料工程技术的发展和高等学校机械类、近机类专业教学计划的不断修改，原设的“金属材料及热处理”课程体系已经不能适应新的教学要求。各高校都已将其改为“工程材料”或“机械工程材料”，而课程学时数也大大减少，一般在40~50学时之间。为了适应这种教学形势的需要，我们编写了这本教材，以供教学使用。

本书编写中吸取了一些高等院校教学改革的经验及同类教材的优点，强调材料学的共性，将不同类型材料的共性部分有机地融合在一起，让学生对不同材料的性能有一个总体的认识。在内容安排上，以材料的成分、工艺、组织和性能之间的关系为主线，并贯穿始终。课程内容围绕这条主线展开，力图给学生建立起完整体系的概念。为了适应21世纪对工科人才的要求，本教材强调对各种新型材料的介绍，加强非金属材料章节的内容，并将其有机地融入整个教材体系中，以培养学生正确选用各种工程材料的能力。

本书在每章后面均附有习题与思考题，以期加强理论联系实际和培养学生分析问题、解决问题的能力。书中带*号的内容可根据需要选择讲解。

本书由刘天模、徐幸梓主编。编写者为西南交通大学的吴大兴(第六、八章)，重庆大学的徐幸梓(第七章)、刘天模(绪论及第一、二、三、四、五、九、十、十一章)。全书由清华大学李建保主审。

由于编者水平有限，书中难免有缺点和错误，恳请广大师生和读者批评指正。

编 者

2001年4月

目　　录

绪　论

人类的周围到处都是材料，它们不仅存在于人类的现实生活中，而且也扎根于文化和思想领域。事实上，材料与人类的出现和进化有着密切的联系，因而它们的名字已经作为人类文明的标志，例如，石器时代、青铜器时代和铁器时代。目前，天然材料和人造材料已经成为人类生活中不可分割的组成部分，材料已经与食物、居住空间、能源和信息并列一起组成人类的基本资源。材料确实是人类社会中不可缺少的部分，它们不仅对人类的日常生活，而且对国家的昌盛和安全也起着举足轻重的作用。因此，世界各国对材料科学都非常重视，并使之成为衡量一个国家科学技术、经济水平及综合国力的重要标志之一。

中国是世界文明古国之一，早在殷商时代，已大量使用青铜，并已具有高超的冶铸技术和精湛的艺术造诣；春秋战国时期即已出现了铁器，铸铁的生产比欧洲约早1000多年，在世界材料发展史中写下了光辉的篇章。中华人民共和国成立以后，我国一直把材料工业作为重点发展领域之一，特别是改革开放以后，材料工业有了迅速发展。我国已按实际情况制定和完善了钢铁新标准，建立了符合我国资源特点的合金钢系统，新钢种正在日益发展。目前，我国已能生产所有类型的有色金属，非金属材料的研制和发展也很迅速。

材料是宇宙万物中的一部分，但更具体地说，材料指的是那样一些物质，这些物质的性能使其能用于结构、机器、器件或其它产品。例如，金属、陶瓷、半导体、超导体、聚合物(塑料)、玻璃、介电材料、纤维、木材、砂子、石块、复合材料等都属于材料的范畴。

人类使用的材料可以看作是流动在一个巨大的材料循环(一个全球性的、自始自终的循环系统)之中。通过采矿、钻探、挖掘或采集，从地下得到原材料；然后变为大块材料，如金属锭、碎石、石油化工材料和木材；接着再制成工程材料，如钢材、有色金属材料、塑料、胶合板和混凝土等，以满足社会对最终产品的要求；最后，当这些材料按预定的目的为人类使用过后，就作为废料又回到大地中，或者更确切地说，它们将为再加工和下一次被利用而重新进入循环，直到最后废弃为止。

材料的种类繁多，用途广泛。工程方面使用的材料有机械工程材料、土建工程材料、电工材料、电子材料等。工程材料按属性可分为金属材料、高分子材料、陶瓷材料和复合材料四类。按使用性能分类，则可分为主要利用其力学性能的结构材料和主要利用其物理性能的功能材料。结构材料用量大，仅钢材全球每年的需求量就达8亿多吨；功能材料用量虽然小得多，但对社会文明的进步起了重大作用。

金属材料是目前用量最大、使用最广的材料。金属材料具有许多优良的使用性能(如力学性能、物理性能、化学性能等)和加工工艺性能(如铸造性能、锻造性能、焊接性能、热处理性能、机械加工性能等)，矿藏丰富，还可以通过不同成分的配制和不同工艺方法来改变其内部组织结构，从而改善其性能。

金属材料包括两大类型：钢铁材料和有色金属材料。有色金属主要包括铝合金、铜合金、钛合金、镍合金等。在机械制造业(如农业机械、电工设备、化工和纺织机械等)中，钢铁材料占90%左右，有色金属约占5%。在汽车制造业中，有色金属与塑料的比例稍多些，其中，钢铁材料约占60%～75%(其中15%～20%为低合金高强度钢)，铝合金5%～10%，塑料10%～20%，还有少量其它材料。因此，金属材料，特别是钢铁材料，仍然是机械制造业中使用最广泛的材料。

随着科学技术的进步，非金属材料也得到了迅速的发展。非金属材料具有一些金属所不具备的许多性能和特点，如耐腐蚀、绝缘、消声、质轻、加工成形容易、生产率高、成本低等，所以非金属材料在工业中的应用日益广泛。比如高分子材料常常取代金属材料用作化工管道、盐业泵零件、汽车结构件等。而古老的陶瓷材料也突破了传统的应用范围，成为高温结构材料和功能材料的重要组成部分。

金属材料和非金属材料在性能上各有其优缺点，如把两种材料组合在一起，发挥各自的长处，又可在一定程度上克服它们各自固有的弱点，这就产生了复合材料。复合材料可分为三大类型：高分子基复合材料、金属基复合材料和陶瓷基复合材料。目前应用得最多的是高分子基复合材料，如玻璃纤维增强树脂基复合材料(玻璃钢)；金属基复合材料也应用于航天领域中；而陶瓷基复合材料还处于开发阶段。可以预期，复合材料在机械工业中的应用将会越来越广泛。

在上述三种基本类型材料中，金属材料有良好的导电性、高的塑性与韧性；陶瓷材料则有高的硬度和脆性，且大多是电的绝缘材料；而高分子材料的弹性模量、强度、塑性都很低，多数也是不导电的。这些材料的不同性能都是由其内部结构决定的。从使用的角度看，一个机械产品，人们总是力求其使用性能优异、质量可靠、制造方便、价格低廉。而产品的使用性能又与材料的成分和组织，以及加工工艺之间的关系非常密切。

从材料学的角度看，材料的性能取决于内部结构，而材料的内部结构又取决于成分和加工工艺。所以，正确地选择材料，确定合理的加工工艺，得到理想的组织，获得优良的使用性能，是决定机械制造中产品性能的重要环节。因此，本书以材料的成分、加工工艺、组织结构与性能之间的关系为主线，重点介绍材料的本质，提出有关的理论和描述，说明材料结构是如何与其成分、加工工艺、性能以及行为相联系的。

学习本课程的目的，是使学生获得常用工程材料的种类、成分、组织、性能和改性方法的基本知识。通过对基础科学和知识的综合和运用，初步具备根据零件的服役条件合理选择和使用材料，正确制定热处理工艺方法和妥善安排工艺路线的能力。

第一章 工程材料的分类及性能

材料是通过它所具备的性能服务于人类的，工程师将材料加工成产品时总要力图选择最佳性能的材料。材料的性能是一种参量，用于表征材料在给定外界条件下的行为，而材料的性能和行为取决于它们的内部结构。本章所介绍的材料在力学、电学和热学等方面的性能和特征，将作为以后各章中研究结构与性能关系的基础。

第一节 机械制造与材料：结构—性能—加工工艺

每一个应用科学家和工程师(机械的、土木工程的、电气的或其它方面的)都必不可少地要用到材料，不论产品是桥梁、计算机、宇宙飞船、心脏起搏器、核反应堆，还是汽车的排气装置，工程师们都必须完全了解他们所用材料的性能和行为特征。以汽车为例，汽车制造中要使用各种各样的材料：钢铁、玻璃、塑料、橡胶等。而仅仅对钢材一项而言，就有2000多种不同种类和型号的品种。面对如此之多的材料种类，要制造一个特定的零件，应根据什么原则来选择材料呢?

在进行材料选择时，设计师必须首先考虑强度、导电性或导热性、密度及其它性能，然后，再考虑材料的加工性能和使用行为(其中材料的可成形性、机械加工性、电稳定性、化学持久性及辐照行为是重要的)以及成本和材料来源。例如生产变速齿轮用的钢必须是易机械加工的，但又要有足够的韧性以经受猛烈的冲击。生产车身连接件的金属必须是易成形的，但又要有抗冲击形变的能力。电线必须能经受过高或过低的温度，而半导体必须在长时期内保持稳定的伏安特性。

许多设计的改进取决于新材料的发展。比如，几十年前晶体管还不能用当时已有的材料制成，现在已经可以在很小的晶体上集成成千上万个晶体管了；激光技术的发展得益于晶体和玻璃材料的发展；燃气轮机的设计虽然已经大有改进，但仍然需要一种既便宜又能承受高温的材料来作为涡轮机的叶片。

一、内部结构与性能

要求工程师或科学家们对成千上万种已有材料都具有详细的知识，并始终能与新材料的发展保持并驾齐驱的状态显然是不可能的，因此，他们必须牢牢地把握住支配各种材料性能的基本原则。这个原则就是材料的性能来源于该材料的成分和内部结构，这是对工程师和科学家们最具有重要价值的一个原则。

材料的内部结构包括原子种类、原子与原子之间的结合方式和排列方式、显微结构等。技术人员在生产和使用材料时必须了解这些结构，就好像机械工程师在设计齿轮箱时必须了解齿轮箱内齿轮的大小、齿数和排列一样。

二、加工工艺与性能

材料必须经过加工才能满足工程师对所设计产品的要求。最常见的加工方法是单纯改变材料的几何形状，例如机械加工或锻造。当然，材料的性能对加工过程是十分重要的。特别硬的材料会损坏切削工具的刀刃，而像铅那样的软材料又会“粘住”锯条、砂轮及其它工具。同样，高强度材料尤其是脆性材料是不适合于塑性形变的。例如，制造汽车挡板的金属板如果不用最软的钢板，那必定是极大的浪费。

通常，在机械加工或塑性形变时，不只是包含材料形状的改变，而且也伴随着材料性能的改变。例如，一根金属丝当它通过模具拉拔时，它的直径减小了，同时金属丝本身也被强化和变硬了。在一般作为导电体用的铜丝中是不希望这种硬化的；而在制造子午线轮胎中的钢丝时，工程师们恰恰是利用这个过程来实现材料的强化。但是，不管愿望如何，只要制造过程中改变了材料的内部结构，那么它的性能也必定随之而改变。材料在形变时，它的内部结构发生了变化，因而其性能也跟着发生变化。

热加工工艺也同样影响材料的内部结构，它们包括退火、淬火及其它热处理。我们的目的是要了解结构变化的本质，以便于制定适当的工艺流程。

三、使用行为

在成品中的材料具有一整套满足设计要求的性能——强度、硬度、导电性、密度等。倘若在使用过程中，材料的内部结构没有变化，那么它将永远保持这些性能。但是，如果遇到使材料内部结构发生变化的使用情况，材料的性能与行为也会发生相应的变化。这就解释了为什么当橡胶暴露在阳光和空气中时会逐渐地硬化；铝为什么不能用在超音速飞机中；为什么金属在周期性载荷的作用下会产生疲劳；为什么普通钢的钻头不能像高速钢钻头那样飞快地切削；为什么磁体在射频场中会失去它的磁性；又为什么半导体在核辐射下会损坏。这类例子是数不清的。所以，在材料的选用中，不仅要考虑初始要求，而且还要考虑那些将使材料内部结构发生变化、从而导致材料性能发生变化的使用条件。

第二节 材料的分类

材料的种类繁多，用途广泛。工程方面使用的材料有机械工程材料、土建工程材料、电工材料、电子材料等。在工程材料领域中，用于机械结构和机械零件并且主要要求力学性能的工程材料分类如下：

- 机械工程材料
  - 金属材料
    - 黑色金属
      - 铸铁
      - 碳钢
      - 合金钢
    - 有色金属
      - 铝合金
      - 铜合金
      - 其它有色金属
  - 高分子材料
    - 塑料
    - 橡胶
    - 合成纤维
  - 陶瓷材料
    - 传统陶瓷
    - 特种陶瓷
  - 复合材料
    - 金属基复合材料
    - 高分子基复合材料
    - 陶瓷基复合材料

金属材料具有许多优良的使用性能和加工工艺性能。特别可贵的是，金属材料可通过不同成分配制、不同工艺方法来改变其内部组织结构，从而改善性能。加之金属矿藏丰富，因而在机械制造业中，金属材料仍然是应用最广泛、用量最多的材料。在机械设备中约占所用材料的90%以上，其中又以钢铁材料占绝大多数。

随着科学技术的发展，非金属材料也得到迅速的发展。非金属材料除在某些力学性能上尚不如金属外，它具有金属所不具备的许多性能和特点，如耐腐蚀、绝缘、消声、质轻、加工成形容易、生产率高、成本低等，所以在工业中的应用日益广泛。作为高分子材料的主体——工程塑料（如聚乙烯、聚氯乙烯、聚苯乙烯、聚酰胺、ABS塑料、环氧塑料等）已逐渐替代一些金属零件，应用于机械工业领域中。古老的陶瓷材料也突破了传统的应用范围，成为高温结构材料和功能材料的重要组成部分。

金属材料和非金属材料在性能上各有其优缺点。近年来，金属基复合材料、树脂基复合材料和陶瓷基复合材料的出现，为集中各类材料的优异性能于一体开辟了新的途径，在机械工程中的应用将日益广泛。

第三节　材料的性能

一、力学性能

材料力学性能是指材料在受力时的行为。描述材料力学性能的主要指标是强度、塑性和韧性。其中，强度是使材料破坏的应力大小的度量；塑性是材料在破坏前永久应变的数值；而韧性却是材料在破坏时所吸收的能量的数值。

设计师们对这些力学性能制订了各种各样的规范。例如，对一种钢管，人们要求它有较高的强度，但也希望它有较高的塑性，以增加韧性，由于在强度和塑性二者之间往往是矛盾的，工程师们要做出最佳设计常常需要在二者中权衡比较。同时，还有各种各样的方法确定材料的强度和塑性。当钢棒弯曲时就算破坏，还是必须发生断裂才算破坏？答案当然取决于工程设计的需要。但是这种差别表明至少应有两种强度判据；一种是开始屈服，另一种是材料所能承受的最大载荷，这说明仅仅描述材料强度的指标至少就有两个以上。一般来说，描述材料力学性能的指标有以下几项：

1. 弹性和刚度

图 1-1 是材料的应力—应变曲线(σ—ε图)。

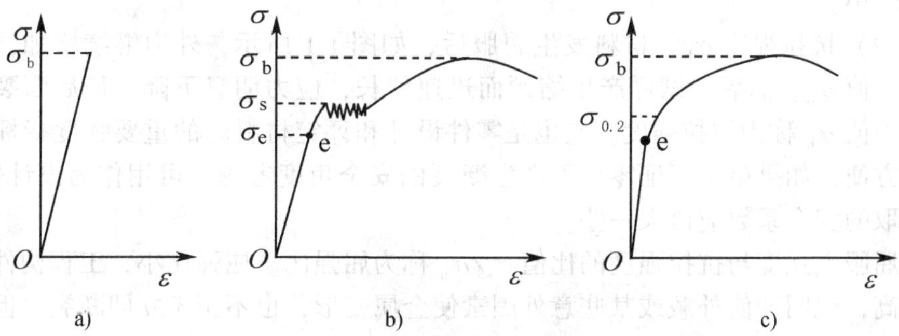

图 1-1　应力—应变曲线

a) 无塑性变形的脆性材料(例如铸铁)

b) 有明显屈服点的塑性材料(例如低碳钢)　c) 没有明显屈服点的塑性材料(例如纯铝)

在图中的σ—ε 曲线上，Oe 段为弹性阶段，在此阶段，如卸去载荷，试样伸长量消失，试样恢复原状。材料的这种不产生永久残余变形的能力称为弹性。e 点对应的应力值称为弹性极限，记为σ_e。

材料在弹性范围内，应力与应变成正比，其比值 $E=\sigma/\varepsilon$ 称为弹性模量，单位为 MPa。弹性模量 E 标志着材料抵抗弹性变形的能力，用以表示材料的刚度。E 值的大小主要取决于各种材料的本性，一些处理方法(如热处理、冷热加工、合金化等)对它影响很小。零件提高刚度的方法是增加横截面积或改变截面形状。温度对 E 值也有影响，金属的 E 值随温度的升高而逐渐降低。

2. 强度

在外力作用下，材料抵抗变形和破坏的能力称为强度。根据外力的作用方式，有多种强度指标，如抗拉强度、抗弯强度、抗剪强度等。当材料承受拉力时，强度性能指标主要是屈服强度和抗拉强度。

(1) 屈服强度(σ_s、$\sigma_{0.2}$)　在图 1-1b 上，当曲线超过 e 点后，若卸去外加载

荷，则试样会留下不能恢复的残余变形，这种不能随载荷去除而消失的残余变形称为塑性变形。当曲线达到 e 点时，曲线出现水平线段，表示外加载荷虽然没有增加，但试样的变形量仍自动增大，这种现象称为屈服。屈服时的应力称为屈服点，记为 σ_s。

有的塑性材料没有明显的屈服现象发生，如图 1-1c 所示。对于这种情况，用试样标距长度产生 0.2% 塑性变形时的应力值作为该材料的屈服强度，以 $\sigma_{0.2}$ 表示。

机械零件在使用时，一般不允许发生塑性变形，所以屈服强度是大多数机械零件设计时选材的主要依据，也是评定金属材料承载能力的重要力学性能指标。材料的屈服强度越高，允许的工作应力越高，零件所需的截面尺寸和自身重量就可以较小。

（2）抗拉强度 σ_b　材料发生屈服后，如图 1-1 所示，外力继续增加，应力达最大值 σ_b。而后，试样产生缩颈而迅速伸长，应力明显下降，最后断裂。最大应力值 σ_b 称为抗拉强度，它也是零件设计和评定材料时的重要强度指标。σ_b 测量方便，如果单从保证零件不产生断裂的安全角度考虑，可用作为设计依据，但所取的安全系数应该大一些。

屈服点强度与抗拉强度的比值 σ_s/σ_b 称为屈强比。屈强比小，工程构件的可靠性高，说明即使外载或某些意外因素使金属变形，也不至于立即断裂。但若屈强比过小，则材料强度的有效利用率太低。

3. 塑性

材料在外力作用下，产生永久残余变形而不断裂的能力，称为塑性。塑性指标也主要是通过拉伸实验测得的(如图 1-1)。工程上常用伸长率和断面收缩率作为材料的塑性指标。

（1）伸长率 δ　试样在拉断后的相对伸长量称为伸长率，用符号 δ 表示，即

$$\delta = \frac{L_1 - L_0}{L_0} \times 100\%$$

式中　L_0——试样原始标距长度；

L_1——试样拉断后的标距长度。

（2）断面收缩率 ψ　试样被拉断后横截面积的相对收缩量称为断面收缩率，用符号 ψ 表示，即

$$\psi = \frac{A_0 - A_1}{A_0} \times 100\%$$

式中　A_0——试样原始的横截面积；

A_1——试样拉断处的横截面积。

伸长率和断面收缩率的值越大，表示材料的塑性越好。塑性对材料进行冷塑

性变形有重要意义。此外，工件的偶然过载，可因塑性变形而防止突然断裂；工件的应力集中处，也可因塑性变形使应力松弛，从而使工件不至于过早断裂。这就是大多数机械零件除要求一定强度指标外，还要求一定塑性指标的道理。

材料的δ和ψ值越大，塑性越好。两者相比，用ψ表示塑性更接近材料的真实应变。

4. 硬度

硬度是材料抵抗局部变形，特别是塑性变形、压痕或划痕的能力。通常材料的强度越高，硬度也越高。硬度测试应用得最广的是压入法，即在一定载荷作用下，用比工件更硬的压头缓慢压入被测工件表面，使材料局部塑性变形而形成压痕，然后根据压痕面积大小或压痕深度来确定硬度值。从这个意义来说，硬度反映材料抵抗其它物体压入的能力。工程上常用的硬度指标有布氏硬度、洛氏硬度和维氏硬度等。

（1）布氏硬度 HBS（W）　布氏硬度是用一定载荷F，将直径为D的球体(淬火钢球或硬质合金球)，压入被测材料的表面，保持一定时间后卸去载荷，根据压痕面积A确定硬度大小。其单位面积所受载荷称为布氏硬度。

由于布氏硬度所用的测试压头材料较软，所以不能测试太硬的材料。当测试压头为淬火钢球时，只能测试布氏硬度小于 450 的材料，以 HBS 表示；当测试压头为硬质合金时，可测试布氏硬度为 450 ~ 650 的材料，以 HBW 表示。对金属来讲，钢球压头只适用于测定退火、正火、调质钢、铸铁及有色金属的硬度。材料的抗拉强度σ_b与布氏硬度 HBS(W)之间，有以下近似经验关系：

对于低碳钢：$\sigma_b \approx 0.36$HBS（W）；

对于高碳钢：$\sigma_b \approx 0.34$HBS（W）；

对于灰铸铁：$\sigma_b \approx 0.10$HBS（W）。

（2）洛氏硬度 HR　洛氏硬度是将标准压头用规定压力压入被测材料表面，根据压痕深度来确定硬度值。根据压头的材料及压头所加的负荷不同又可分为 HRA、HRB、HRC 三种。

HRA 适用于测量硬质合金、表面淬火层或渗碳层；HRB 适用于测量有色金属和退火钢、正火钢等；HRC 适用于测量调质钢、淬火钢等。

洛氏硬度操作简便、迅速，应用范围广，压痕小，硬度值可直接从表盘上读出，所以得到更为广泛的应用。

（3）维氏硬度 HV　维氏硬度的实验原理与布氏硬度相同，不同点是压头为金刚石四方角锥体，所加负荷较小为 5 ~ 120kgf(49.03 ~ 1176.80N)。它所测定的硬度值比布氏、洛氏精确，压入深度浅，适于测定经表面处理零件的表面层的硬度，改变负荷可测定从极软到极硬的各种材料的硬度，但测定过程比较麻烦。

5. 疲劳强度

以上几项性能指标，都是材料在静载荷作用下的性能指标。而许多零件和制品，经常受到大小及方向变化的交变载荷，在这种载荷反复作用下，材料常在远低于其屈服强度的应力下即发生断裂，这种现象称为“疲劳”。材料在规定次数(一般钢铁材料取 10^7 次,有色金属及其合金取 10^8 次)的交变载荷作用下，而不至于引起断裂的最大应力称为疲劳强度。光滑试样的弯曲疲劳强度用 σ_{-1} 表示。一般钢铁的 σ_{-1} 值约为其 σ_b 的一半，非金属材料的疲劳强度一般远低于金属。

疲劳断裂的原因一般认为是由于材料表面与内部的缺陷(夹杂、划痕、尖角等),造成局部应力集中，形成微裂纹。这种微裂纹随应力循环次数的增加而逐渐扩展，使零件的有效承载面积逐渐减小，以致于最后承受不起所加载荷而突然断裂。

通过合理选材、改善材料的结构形状、避免应力集中、减小材料和零件的缺陷、降低零件表面粗糙度值、对表面进行强化等，可以提高材料的疲劳强度。

6. 韧性

材料的韧性是材料断裂时所需能量的度量。描述材料韧性的指标通常有两种：

(1) 冲击韧度 a_K　冲击韧性是在冲击载荷作用下，材料抵抗冲击力的作用而不被破坏的能力，通常用冲击吸收功 A_K 和冲击韧度指标 a_K 来度量。冲击吸收功由冲击试验测得，冲断标准试样所消耗的功即为冲击吸收功，其单位为 J；冲击韧度指单位横截面积上所消耗的冲击吸收功，其单位为 J/cm^2。A_K 或 a_K 值越大，表示材料的冲击韧性越好。

标准冲击试样有两种，一种是常用的夏比 U 形缺口试样；另一种是夏比 V 形缺口试样。同一条件下同一材料制作的两种试样，其 U 形缺口试样的 a_K 值显著大于 V 形缺口试样的 a_K 值，所以两种试样的 a_K 值不能互相比较。

实际工作中承受冲击载荷的机械零件，很少因一次大能量冲击而遭破坏，绝大多数是因小能量多次冲击使损伤积累，导致裂纹产生和扩展的结果。所以需采用小能量多冲击作为衡量这些零件承受冲击抗力的指标。实践证明，在小能量多次冲击下，冲击抗力主要取决于材料的强度和塑性。

(2) 断裂韧度 K_I　在实际生产中，有的大型传动零件、高压容器、船舶、桥梁等，常在其工作应力远低于 σ_s 的情况下，突然发生低应力脆断。通过大量研究认为，这种破坏与制件本身存在裂纹和裂纹扩展有关。实际使用的材料，不可避免地存在一定的冶金和加工缺陷，如气孔、夹杂物、机械缺陷等，它们破坏了材料的连续性，实际上成为材料内部的微裂纹。在服役过程中，裂纹扩展的结果，造成零件在较低应力(低于材料的屈服点)状态下，而材料本身的塑性和冲击韧度又不低于传统的经验值的情况下，发生低应力脆断。

材料中存在的微裂纹，在外加应力的作用下，裂纹尖端处存在有较大的应力集中和应力场。断裂力学分析指出，这一应力场的强弱程度可用应力强度因子 K_{I} 来描述。K_{I} 值的大小与裂纹尺寸$(2a)$和外加应力(σ)有如下关系：

$$K_{\mathrm{I}} = Y\sigma\sqrt{a}$$

式中 K_{I}——应力场强度因子，单位为 $\mathrm{MN \cdot m^{-3/2}}$；

Y ——与裂纹形状、加载方式及试样几何尺寸有关的系数；

σ ——外加应力，单位为 MPa；

a ——裂纹的半长，单位为 mm。

由上式可见，随应力的增大，K_{I} 也随之增大，当 K_{I} 增大到一定值时，就可使裂纹前端某一区域内的内应力大到足以使裂纹失去稳定而迅速扩展，发生脆断。这个 K_{I} 的临界值称为临界应力强度因子或断裂韧度，用 K_{IC} 表示。它反映了材料抵抗裂纹扩展和抗脆断的能力。

材料的断裂韧度 K_{IC} 与裂纹的形状、大小无关，也和外加应力无关，只决定于材料本身的特性(成分、热处理条件、加工工艺等)，是一个反映材料性能的常数。

二、物理性能

(1) 密度　密度 ρ 是指单位体积材料的质量，它是描述材料性能的重要指标。不同材料的密度不同，如钢为 $7.8\mathrm{g/cm^3}$ 左右；陶瓷的密度为 $2.2 \sim 2.5\mathrm{g/cm^3}$；各种塑料的密度更小。材料的密度直接关系到产品的质量，对于陶瓷材料来说，密度更是决定其性能的关键指标之一。

抗拉强度与密度之比称为比强度；弹性模量与密度之比称为比弹性模量。这两者也是考虑某些零件材料性能的重要指标，如飞机和宇宙飞船上使用的结构材料，对比强度的要求特别高。

(2) 熔点　熔点是指材料的熔化温度。通常，材料的熔点越高，高温性能就越好。陶瓷熔点一般都显著高于金属及合金的熔点，所以陶瓷材料的高温性能普遍比金属材料好。由于玻璃不是晶体，所以没有固定熔点，而高分子材料一般也不是完全晶体，所以也没有固定熔点。

(3) 热容　在没有体积变化时，热容 C 是温度变化 1℃时材料热量的变化。

材料中各种不同的相变热是重要的，最典型的相变热是熔化热和蒸发热，它们分别是材料熔化和气化所需要的热量。相变时材料内部的原子或分子结构发生了变化，这使材料中的热容也发生变化，所以科学家们经常利用测定材料热容的变化来分析相变过程。

(4) 热膨胀性　材料的热膨胀性通常用线膨胀系数 α_l 来表示。它表示每变化 1℃时引起的材料长度上相对膨胀量的大小。对于精密仪器或机器的零件，热膨胀系数是一个非常重要的性能指标；在有两种以上材料组合成的零件中，常因材料的热膨胀系数相差过大而导致零件的变形或破坏。

一般来说，陶瓷的热膨胀系数最低，金属次之，高分子材料最高。

(5) 导热性　热量会通过固体发生传递，材料的导热性用热导率(导热系数) λ 来表示，其单位为 W/(m·K)。

材料导热性的好坏直接影响着材料的使用性能，如果零件材料的导热性太差，则零件在加热或冷却时，由于表面和内部产生温差，膨胀不同，就会产生变形或裂纹。一般导热性好的材料(如铜、铝等)常用来制造热交换器等传热设备的零部件。

通常，金属及合金的导热性远高于非金属材料。

(6) 磁性　材料在磁场中的性能叫做磁性。磁性材料又分为软磁性材料和硬磁性材料两种。软磁性材料(如电工用纯铁、硅钢片等)容易被磁化，导磁性能良好，但外加磁场去掉后，磁性基本消失。硬磁性材料又叫永磁材料(如铝镍钴系永磁合金、永磁铁氧体材料、稀土永磁材料等)，在去除外加磁场后仍然能保持磁性，磁性也不易消失。许多金属材料如铁、镍、钴等均具有较高的磁性，而另一些金属材料如铜、铝、铅等则是无磁性的。非金属材料一般无磁性。

磁性不仅与材料自身的性质有关，而且与材料的晶体结构有关。比如铁，在处于铁素体状态时具有较高磁性，而在奥氏体状态则是无磁性的。

(7) 导电性　一般用电阻率来表示材料的导电性能，电阻率越低，材料的导电性越好。电阻率的单位为 Ω·m。

金属及其合金一般具有良好的导电性，而高分子材料和陶瓷材料一般都是绝缘体，但是有些高分子复合材料却具有良好的导电性，某些特殊成分的陶瓷材料则是具有一定导电性的半导体。

通常金属的电阻率随温度的升高而增加，而非金属材料则与此相反。

(8) 介电常数　虽然绝缘体不能导电，但它们对电场并不是毫无反应的。表示绝缘材料电性能的物理量称为介电常数 ε，单位是 F/m，真空介电常数 $\varepsilon_0 = 8.85 \times 10^{-12}$ F/m。

绝缘材料的介电常数 ε 与真空介电常数 ε_0 之比，称为该材料的相对介电常数：

$$\varepsilon_r = \varepsilon / \varepsilon_0$$

三、化学性能

(1) 耐蚀性　耐蚀性是指材料抵抗介质侵蚀的能力，材料的耐蚀性常用每年腐蚀深度(渗蚀度) K_a (mm/a) 表示。一般非金属材料的耐蚀性比金属材料高得多。对金属材料而言，其腐蚀形式主要有两种，一种是化学腐蚀，另一种是电化学腐蚀。化学腐蚀是金属直接与周围介质发生纯化学作用，例如钢的氧化反应。电化学腐蚀是金属在酸、碱、盐等电介质溶液中由于原电池的作用而引起的腐蚀。

提高材料的耐蚀性的方法很多，如均匀化处理、表面处理等都可以提高材料的耐蚀性。

（2）高温抗氧化性　对于像发动机这样在高温下工作的设备而言，除了要在高温下保持基本力学性能外，还要具备抗氧化性能。所谓高温抗氧化性通常是指材料在迅速氧化后，能在表面形成一层连续而致密并与母体结合牢靠的膜，从而阻止进一步氧化的特性。

（3）抗老化性能　塑料在长期贮存和使用过程中，由于受到氧、光、热等因素的综合作用，分子链逐渐产生交联与裂解，性能逐渐恶化，直至丧失使用价值的现象，称为老化。有的塑料老化后变硬、变脆、开裂，这是大分子链之间产生交联的结果；有的塑料老化后变软、变粘，这是大分子链断开，产生裂解的结果。高分子材料抵抗老化的能力称为抗老化性能。

通过改变高聚物的结构，添加防老化剂和表面处理等方法可以提高高分子材料的抗老化性能。

（4）降解性　随着高分子技术的发展，一次性使用的塑料制品越来越多，但由于这些一次性塑料常常可以几十年不分解，在给人们带来了方便的同时也给环境造成了极大的污染。所谓降解性就是指塑料在自然环境下能否迅速分解的能力。

最常见的降解方式是碳化。碳化时，聚合物中的侧基或氢原子被热扰动完全扯开，只剩下主链的碳原子。现在也常常利用聚合物纤维通过碳化来生成复合材料用的石墨纤维。

四、工艺性能

材料工艺性能的好坏，直接影响到制造零件的工艺方法和质量以及制造成本。所以，选材时必须充分考虑工艺性能。

（1）铸造性　铸造性是指浇注铸件时，材料能充满比较复杂的铸型并获得优质铸件的能力。

对金属材料而言，铸造性主要包括流动性、收缩率、偏析倾向等指标。流动性好、收缩率小、偏析倾向小的材料其铸造性也好。

对某些工程塑料而言，在其成型工艺方法中，也要求有较好的流动性和小的收缩率。

（2）可锻性　可锻性是指材料是否易于进行压力加工的性能。可锻性好坏主要以材料的塑性和变形抗力来衡量。一般来说，钢的可锻性较好，而铸铁不能进行任何压力加工。

热塑性塑料可经过挤压和压塑成型。

（3）焊接性　焊接性是指材料是否易于焊接在一起并能保证焊缝质量的性

能，一般用焊接处出现各种缺陷的倾向来衡量。低碳钢具有优良的焊接性，而铸铁和铝合金的焊接性就很差。某些工程塑料也有良好的焊接性，但与金属的焊接机制及工艺方法并不相同。

（4）切削加工性　切削加工性是指材料是否易于切削加工的性能。它与材料种类、成分、硬度、韧性、导热性及内部组织状态等许多因素有关。有利切削的硬度为160～230HBS，切削加工性好的材料，切削容易，刀具磨损小，加工表面光洁。金属和塑料相比，切削工艺有不同的要求。

思考作业题

1. 一铜棒的最大拉应力为70MPa，若要承受2000kgf(19.614kN)的拉伸载荷，它的直径是多少？

2. 有一钢棒在无塑性变形时所能承受的最大载荷11800kgf(115.72kN)，问它的强度是多少？

3. 一根2m长的黄铜棒温度升高80℃，伸长量是多少？要使该棒有同样的伸长，问需要作用多少应力？（黄铜的线膨胀系数为20×10^{-6}℃$^{-1}$,平均弹性模量为110000MPa）

4. 一根焊接钢轨在35℃时铺设并固定，因此不能发生收缩。问当温度下降到9℃时，钢轨内产生的应力有多大？

5. 零件设计时，是选取$\sigma_{0.2}$(σ_s)还是选取σ_b，应以什么情况为依据？

6. δ与ψ这两个指标，哪个能更准确地表达材料的塑性？

7. 常用的测量硬度的方法有几种？其应用范围如何？

8. 有一碳钢制支架刚性不足，有人要用热处理强化方法；有人要另选合金钢；有人要改变零件的截面形状来解决。哪种方法合理？为什么？

9. 举例说明机器设备选材中物理性能、化学性能、工艺性能的重要性。

第二章　材料的结构

在外界条件固定时，材料的性能取决于材料内部的构造。这种构造便是组成材料的原子种类和含量，以及它们的排列方式和空间分布。习惯上将前者叫做成分，后者叫做组织结构，而我们把这两者统称为结构。物质通常具有三种存在形态：气态、液态、固态，而在使用状态下的材料通常都是固态。所以，要研究材料结构与性能之间的关系，首先必须弄清楚材料在固态下的结合方式及结构特点，这也是本章要着重介绍的内容。

第一节　材料的结合方式

在所有的固体中，原子靠键结合在一起。键使固体具有强度和相应的电学和热学性能。例如，强的键导致高的熔点、高弹性模量，较短的原子间距和较低的热膨胀系数。

一、化学键

（1）离子键　离子键是由正负电荷的相互吸引造成的。例如，钠原子的价轨道中有一个电子，它很容易将外层电子释放而成为带正电的离子。同样，氯原子容易接受一个电子进入它们的价轨道直至达到八个电子而成为带负电的离子。既然带负电和带正电的材料之间总存在静电引力，那么在带不同电荷的相邻离子间就形成了键。离子键的特点是：与正离子相邻的是负离子，与负离子相邻的是正离子，如 NaCl 晶体，见图 2-1。

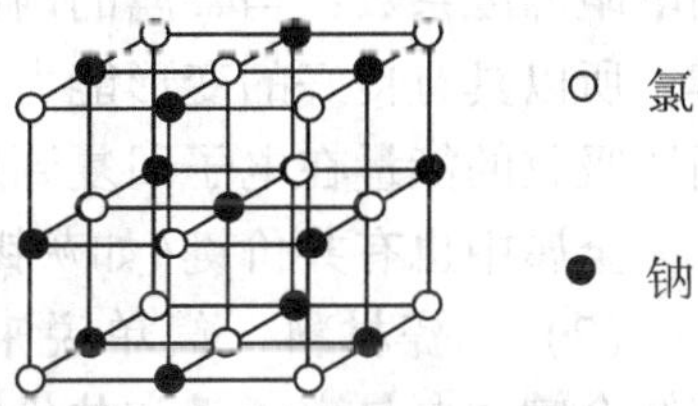

图 2-1　NaCl 的晶体结构

（2）共价键　共价键是一种强吸引力的结合键。当两个相同原子或性质相近的原子接近时，价电子不会转移，原子间借共用电子对所产生的力而结合，形成共价键。共价键使原子间有很强的吸引力，这一点在金刚石中很明显，金刚石是自然界中最硬的材料，而且它完全是由碳原子组成。每个碳原子有四个价电子，这些价电子与邻近原子共用，形成完全由价电子对结合而成的三维点阵。这些三维点阵使金刚石具有很高的硬度和熔点。

（3）金属键　金属是由金属键结合而成的，它具有同非金属完全不同的特性。金属原子的外层电子少，容易失去。当金属原子相互靠近时，这些外层原子就脱离原子，成为自由电子，为整个金属所共有，自由电子在金属内部运动，形成电子气。这种自由电子与金属正离子之间的结合方式称为金属键，见图 2-2。

(4) 分子键　分子键又叫范德瓦尔斯键，是最弱的一种结合键。它是靠原子各自内部电子分布不均匀产生较弱的静电引力，称为范德瓦尔斯力，由这种分子力结合起来的键叫做分子键。

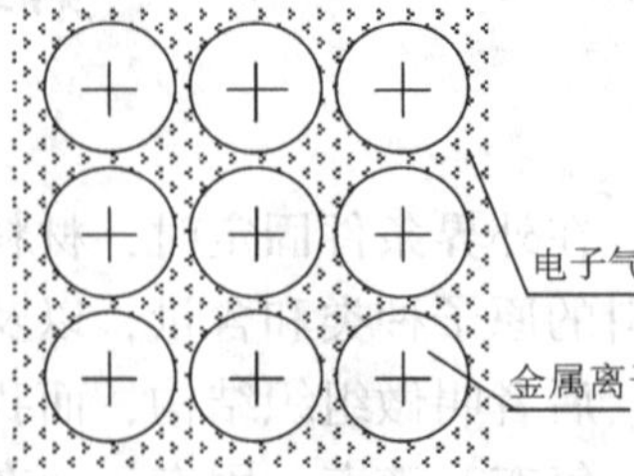

图 2-2　金属键模型

(5) 氢键　另一种范德瓦尔斯力实际上是极性分子的一种特殊情况。C—H、O—H 或 N—H 键端部暴露的质子是没有电子屏蔽的，所以，这个正电荷可以吸引相邻分子的价电子，于是形成了一种库仑型的键，称为氢键。氢键是所有范德瓦尔斯键中最强的。氢键最典型的例子是水，一个水分子中氢质子吸引相邻分子中氧的孤对电子，氢键使水成为所有低相对分子质量物质中沸点最高的物质。

二、结合键对材料性能的影响

(1) 金属材料　金属材料的结合键主要是金属键。由于自由电子的存在，当金属受到外加电场作用时，其内部的自由电子将沿电场方向作定向运动，形成电子流，所以金属具有良好的导电性；金属除依靠正离子的振动传递热能外，自由电子的运动也能传递热能，所以金属的导热性好；随着金属温度的升高，正离子的热振动加剧，使自由电子的定向运动阻力增加，电阻升高，所以金属具有正的电阻温度系数；当金属的两部分发生相对位移时，金属的正离子仍然保持金属键，所以具有良好的变形能力；自由电子可以吸收光的能量，因而金属不透明；而所吸收的能量在电子回复到原来状态时产生辐射，使金属具有光泽。

金属中也有共价键(如灰锡)和离子键(如金属间化合物 Mg_3Sb_2)。

(2) 陶瓷材料　简单说来，陶瓷材料是包含金属和非金属元素的化合物，其结合键主要是离子键和共价键，大多数是离子键。离子键赋予陶瓷材料相当高的稳定性，所以陶瓷材料通常具有极高的熔点和硬度，但同时陶瓷材料的脆性也很大。

(3) 高分子材料　高分子材料的结合键是共价键、氢键和分子键。其中，组成分子的结合键是共价键和氢键，而分子间的结合键是范德瓦尔斯键。尽管范德瓦尔斯键较弱，但由于高分子材料的分子很大，所以分子间的作用力也相应较大，这使得高分子材料具有很好的力学性能。

三、晶体与非晶体

在研究了结合键后，我们下一步的任务就是从原子或分子的排列方式上考虑材料的结构。当原子或分子通过结合键结合在一起时，依结合键的不同以及原子或分子的大小可在空间组成不同的排列，即形成不同的结构。即使材料类型和化学键都相同，但是原子排列结构不同，其性能可以有很大的差别。一般而论，若固态下原子或分子在空间呈有序排列，则称之为晶体，反之则为非晶体。

（1）晶体　几乎所有的金属、大部分的陶瓷以及一些聚合物在其凝固时都要发生结晶，也就是原子本身沿三维空间重复排列成有序的结构，即所谓的长程有序结构，这种结构称为晶体。

晶体的特点是：①结构有序；②物理性质表现为各向异性；③有固定的熔点。

（2）非晶体　非晶体的结构是原子无序排列，这一点与液体的结构很相似，所以非晶体往往被称为过冷液体。典型的非晶体材料是玻璃，所以非晶体也被称为玻璃体。

虽然非晶体在整体上是无序的，但在很小的范围内观察，还是有一定的规律性，所以在结构上称之为短程有序。

非晶体材料的特点是：①结构无序；②物理性质表现为各向同性；③没有固定熔点；④热导率(导热系数)和热膨胀性小；⑤塑性形变大；⑥组成的变化范围大。

（3）晶体和非晶体的转化　非晶体结构是短程有序，即在很小的尺寸范围内存在着有序性，而晶体内部也有缺陷，在很小的尺寸范围内也存在着无序性，所以两者之间也有共同特点。而物质在不同条件下，既可形成晶体结构，也可形成非晶体结构。比如，金属液体在高速冷却条件下可以得到非晶态金属，即所谓的金属玻璃；而玻璃经过适当处理，也可形成晶态玻璃。

有些物质可以看成是有序和无序的中间状态，如塑料、液晶、准晶态等。

第二节　金属及合金的结构

金属材料是指以金属键来表征其特性的材料，它包括金属及其合金。金属材料在固态下通常都是晶体状态，所以要研究金属及合金的结构就必须首先研究晶体结构。

一、晶体的基本概念

晶体结构指晶体内部原子规则排列的方式。晶体结构不同，其性能往往相差很大。为了便于分析研究各种晶体中原子或分子的排列情况，通常把原子抽象为几何点，并用许多假想的直线连接起来，这样得到的三维空间几何格架称为晶格，如图 2-3b 所示；晶格中各连线的交点称为结点；组成晶格的最小几何单元称为晶胞，晶胞各边的尺寸 a、b、c 称为晶格常数，其大小通常以 Å 为计量单位（$1Å=1\times10^{-10}m$），晶胞各边之间的相互夹角分别以 α、β、γ 表示。图 2-3c 所示的晶胞为简单立方晶胞，其晶格常数 $a=b=c$，而 $\alpha=\beta=\gamma=90°$。由于晶体中原子重复排列的规律性，因此晶胞可以表示晶格中原子排列的特征。在研究晶体结构时，通常以晶胞作为代表。

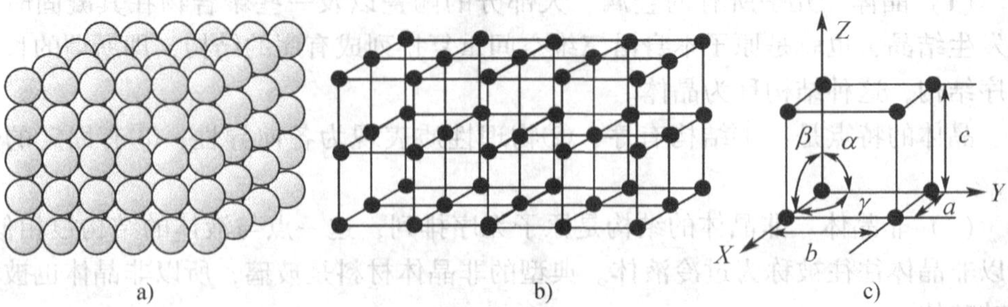

图 2-3　简单立方晶体

a）晶体结构　b）晶格　c）晶胞

为了描述晶格中原子排列的紧密程度，通常采用配位数和致密度(K)来表示。配位数是指晶格中与任一原子处于相等距离并相距最近的原子数目，即最近邻原子数；致密度是指晶胞中原子本身所占的体积百分数，即晶胞中所包含的原子体积与晶胞体积(V)的比值。

二、常见纯金属的晶格类型

在金属元素中，除少数具有复杂的晶体结构外，大多数具有简单的晶体结构，常见的晶格类型有以下三种：

1. 体心立方晶格

体心立方晶格的晶胞如图 2-4 所示。它的形状是一个立方体，其晶格常数 $a=b=c$，所以只要一个常数 a 即可表示；其 $\alpha=\beta=\gamma=90°$。在体心立方晶胞中，原子位于立方体的八个顶角和中心。属于这类晶格的金属有 α-Fe、Cr、V、W、Mo、Nb 等。

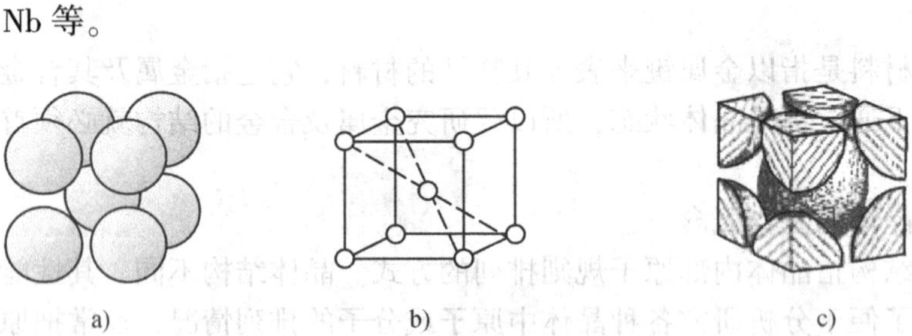

图 2-4　体心立方晶胞

a）模型　b）晶胞　c）晶胞原子数

从图 2-4a 可以看出，在体心立方晶胞中，原子沿对角线紧密地接触着，所以从图中可求出原子半径为：$r=\dfrac{\sqrt{3}}{4}a$。

从图 2-4c 也可看出，体心立方晶胞的每个角上的原子是同属于与其相邻的八个晶胞所共有，故只有 1/8 个原子属于这个晶胞，而晶胞中心的原子则完全属于这个晶胞，所以体心立方晶胞中的原子数为：$8\times\frac{1}{8}+1=2$。每个原子的最近邻原子数为 8，所以其配位数为 8。致密度可计算如下：$K=\frac{2\pi r^3\times 4/3}{a^3}=0.68$。

2. 面心立方晶格

面心立方晶胞如图 2-5 所示。它的形状也是一个立方体。在面心立方晶胞中，原子位于立方体的八个顶角和六个面的中心。属于这类晶格的金属有 γ-Fe、Al、Cu、Ni、Au、Ag、Pb 等。

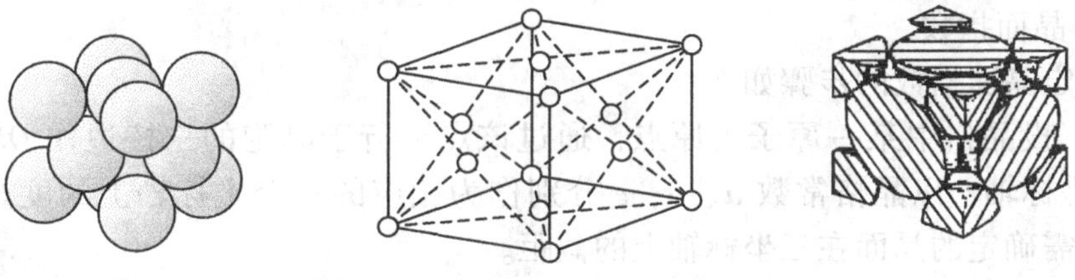

a)　　b)　　c)

图 2-5　面心立方晶胞

a）模型　b）晶胞　c）晶胞原子数

从图中可算出面心立方晶体的原子半径 $r - \frac{\sqrt{2}}{4}a$；每个晶胞所包含的原子数为 4 个；配位数为 12；致密度为 0.74。

3. 密排六方晶格

密排六方晶胞如图 2-6 所示。它是一个正六面柱体，在晶胞的 12 个角上各有一个原子，上底面和下底面的中心各有一个原子，上下底面的中间有三个原子。属于这类晶格的金属有 Mg、Zn、Be、Cd 等。

其晶格常数用正六边形底面的边长 a 和晶胞的高度 c 来表示。两者的比值 $c/a\approx1.633$；其原子半径 $r=\frac{1}{2}a$；每个晶胞所包含的原子数为 6 个；配位数为 12；致密度为 0.74。

三、晶面指数和晶向指数*

晶体中原子排列的规律性，可以从晶面和晶向上反映出来。晶体中各种方位上的原子面叫做晶面，各种方向上的原子列叫做晶向。金属的许多性能都和晶体中的特定晶面和晶向有密切联系。为了便于研究和表述不同晶面和晶向上原子排列情况与特征，有必要给各种晶面和晶向规定一定的符号，这种符号分别叫做“晶向指数”和“晶面指数”。

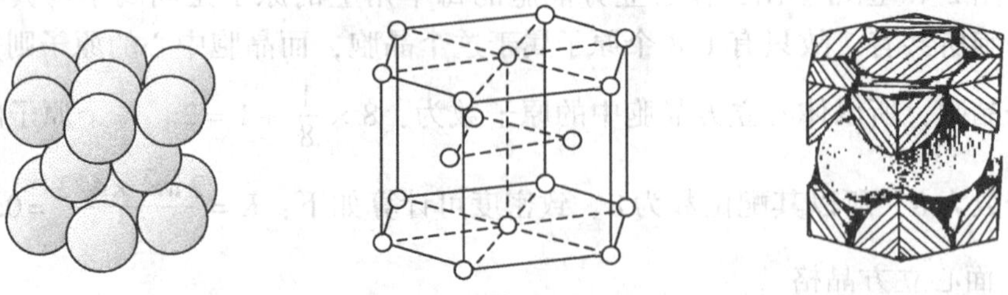

图 2-6　密排六方晶胞

a）模型　b）晶胞　c）晶胞原子数

1. 晶面指数

确定晶面指数的步骤如下：

1）设晶格中某一原子为原点，通过该点平行于晶胞的三棱边作 OX、OY、OZ 三坐标轴，以晶格常数 a、b、c 分别作为相应的三个坐标轴上的度量单位，求出所需确定的晶面在三坐标轴上的截距。

2）将所得三截距之值变为倒数。

3）再将这三个倒数按比例化为最小整数，并加上一圆括号，即为晶面指数，一般表示为(hkl)。

在图 2-7 所示的立方晶格中，(100)、(110)、(111)三种晶面最重要。应该注意的是，某一晶面指数并不只代表某一具体晶面，而是代表一组相互平行的晶面，即所有相互平行的晶面都具有相同的晶面指数。另外，在同一种晶格中，有些晶面虽然在空间的位向不同，但其原子的排列情况完全相同，这些晶面均属于一个晶面族，其晶面指数用大括号 $\{hkl\}$ 表示。

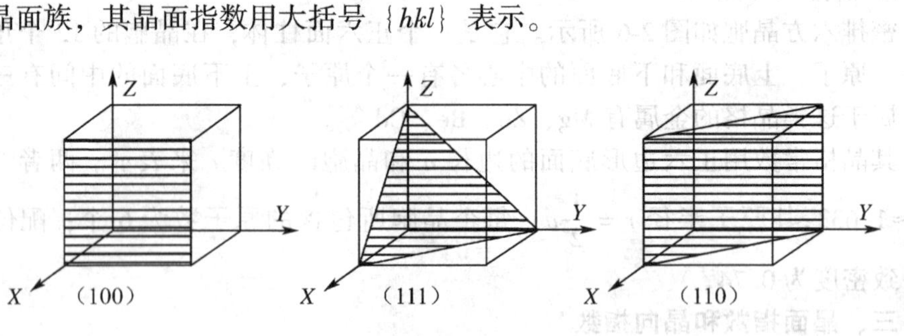

图 2-7　立方晶格中的三种重要晶面

2. 晶向指数

确定晶向指数的步骤如下：

1）通过坐标原点引一直线，使其平行于所求的晶向。

2）求出该直线上任意一点的三个坐标值。

3）将三个坐标值按比例化为最小整数，加一方括号，即为所求的晶面指数，其一般形式为[*uvw*]。

在如图 2-8 所示的立方晶格中，[100]、[110]、[111]三种晶向最重要。应该指出，晶向指数所表示的不仅仅是一条直线的位向，而是一族平行线的位向。即所有相互平行的晶向，都具有相同的晶向指数。另外，原子排列相同但空间位向不同的所有晶向称为晶向族，以〈*uvw*〉表示。

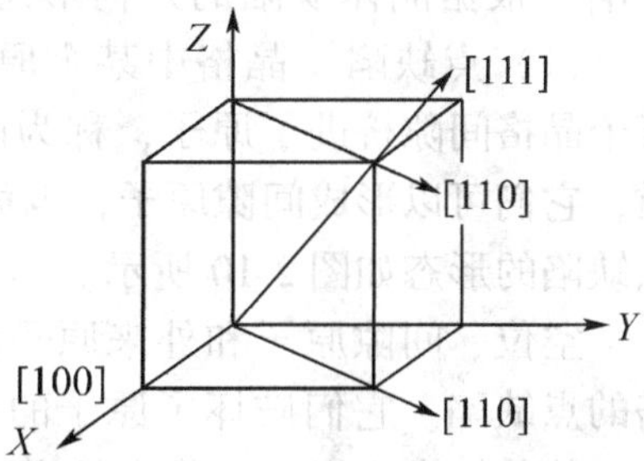

图 2-8　立方晶格中的三个重要晶向

四、实际金属的晶体结构

在实际应用的金属材料中，总是不可避免地存在着一些原子偏离规则排列的不完整性区域，这就是晶体缺陷。一般说来，金属中这些偏离其规定位置的原子数很少，即使在最严重的情况下，金属晶体中位置偏离很大的原子数目最多占原子总数的千分之一。因此，从总体来看，其结构还是接近完整的。尽管如此，这些晶体缺陷不但对金属及合金的性能有重大影响，而且还在扩散、相变、塑性变形和再结晶等过程中扮演着重要角色。

1. 多晶体

通常使用的金属都是由很多小晶体组成的，这些小晶体内部的晶格位向是均匀一致的，而它们之间，晶格位向却彼此不同，这些外形不规则的的颗粒状小晶体称为晶粒。每一个晶粒相当于一个单晶体。晶粒与晶粒之间的界面称为晶界。这种由许多晶粒组成的晶体称为多晶体，如图 2-9 所示。

多晶体的性能在各个方向基本上是一致的，这是由于多晶体中，虽然每个晶粒都是各向异性的，但它们的晶格位向彼此不同，晶体的性能在各个方向相互补充和抵消，再加上晶界的作用，因而表现出各向同性。

晶粒的尺寸很小，如钢铁材料一般为 10^{-1}~10^{-3}mm左右，必须在显微镜下才能看见。在显微镜下观察到的金属中晶粒的种类、大小、形态和分布称为显微组织，简称组织。金属的组织对金属的力学性能有很大的影响。

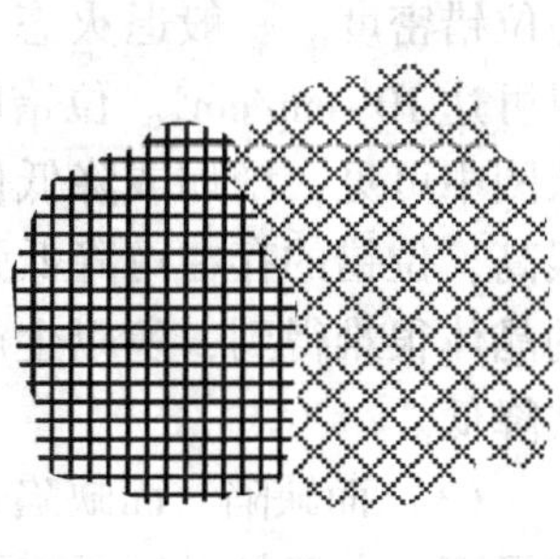
图 2-9　多晶体结构

2. 晶体缺陷

实际金属晶体内部，由于铸造、变形等一系列原因，其局部区域原子的规则排列往往受到干扰和破坏，不像理想晶体那样规则和完整，从而影响到金属的许多性能。实际金属晶体中原子排列的这种不完整性，通常称为晶体缺陷。根据晶体缺陷的几何形态特征，一般将它们分为以下三类：

（1）点缺陷　晶格中某个原子脱离了平衡位置，形成空结点，称为空位。某个晶格间隙挤进了原子，称为间隙原子。材料中总存在着一些其它元素的杂质，它们可以形成间隙原子，也可能取代原来原子的位置，成为置换原子，三种点缺陷的形态如图 2-10 所示。

空位、间隙原子和外来原子都是晶格的点缺陷。它们破坏了原子的平衡状态，使晶格发生扭曲，称为晶格畸变。

点缺陷的存在，提高了材料的硬度和强度，降低了材料的塑性和韧性。

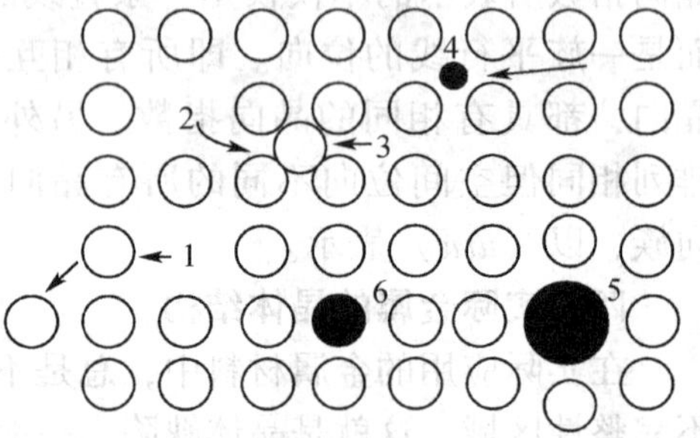

图 2-10　晶体中的点缺陷

1、2—空位　3、4—间隙原子　5、6—置换原子

（2）线缺陷　晶体中最普通的线缺陷就是位错，它是在晶体中某处有一列或若干列原子发生了有规律的错排现象。这种错排现象是晶体内部局部滑移造成的，根据局部滑移的方式不同，可以形成不同类型的位错，如图 2-11 所示为常见的一种刃型位错。从图中可见，晶体在切应力的作用下，右上部分相对于右下部分沿滑移面滑移了一个原子间距，而左上部分尚未滑移，结果在晶格的上半部分挤出了一个多余的原子面 EFGH，这个多余原子面的下边缘 EF 像刀刃一样垂直切入，使晶体中位于滑移面上下两部分晶体间产生了错排现象，因而称之为刃型位错。多余原子面的边缘 EF 称为“位错线”，在位错线周围，由于原子的错排使晶格发生了畸变，致使滑移面上部的原子受到压应力；滑移面下部的原子受到拉应力。距位错线越远，晶格畸变越小，应力也越小，原子排列逐渐趋于正常。

实际晶体中往往含有大量位错，通常把单位体积中所包含的位错线总长度称为位错密度。一般退火态金属的位错密度约为 $10^5 \sim 10^8 cm/cm^3$；冷变形后的金属可达 $10^{12} cm/cm^3$。位错的存在对金属的强度有着重要的影响，如图 2-12 所示。从图中可见，增加或降低位错密度，都能有效地提高金属强度。理想晶体的强度很高，位错的存在可降低强度，当位错大量产生后，强度又提高。由于没有缺陷的晶体很难得到，所以生产中一般依靠增加位错密度来提高金属强度，但塑性随之降低。

（3）面缺陷　面缺陷包括晶界和亚晶界。如前所述，晶界是晶粒与晶粒之间的界面，由于晶界原子需要同时适应相邻两个晶粒的位向，就必须从一种晶粒位向逐步过渡到另一种晶粒位向，成为不同晶粒之间的过渡层，因而晶界上的原子

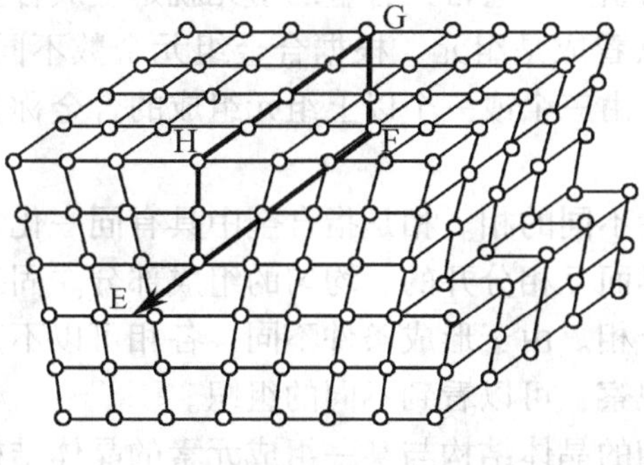

图 2-11　刃型位错示意图

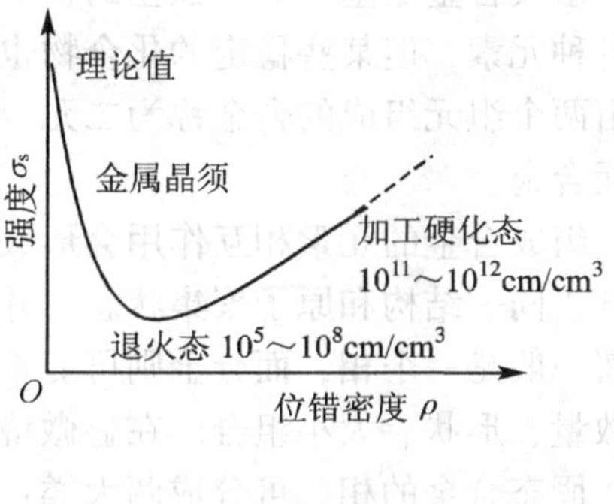

图 2-12　晶体位错密度与强度的关系

多处于无规则状态或两种晶粒位向的折衷位置上（如图 2-13）。另外，晶粒内部也不是理想晶体，而是由位向差很小的称为嵌镶块的小块所组成，称为亚晶粒，尺寸为$10^{-4}\sim10^{-6}$cm。亚晶粒的交界称为亚晶界。

晶粒之间位向差较大，亚晶粒之间位向差较小。大于 10°～15°的晶界称为大角度晶界，亚晶界是小角度晶界，其结构可以看成是位错的规则排列，如图 2-14 所示。

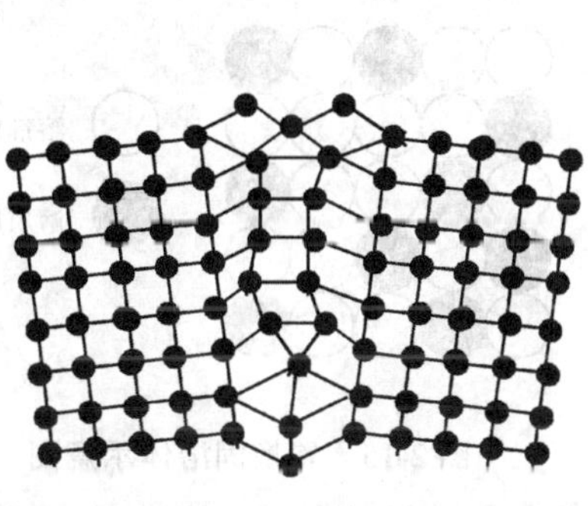

图 2-13　晶界示意图

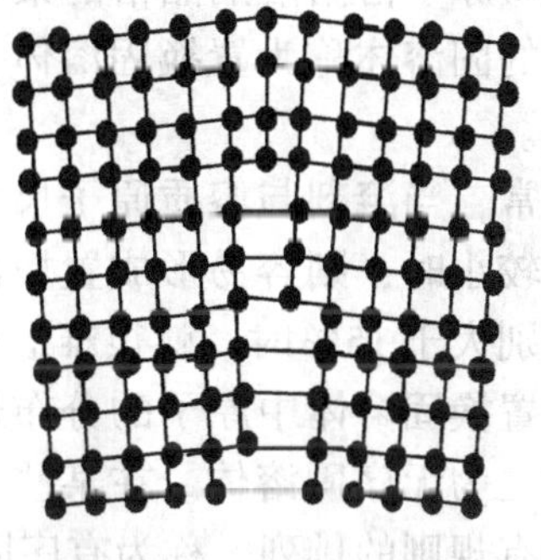

图 2-14　亚晶界示意图

面缺陷能提高金属材料的强度和塑性。细化晶粒是改善金属力学性能的有效手段。

五、合金的相结构

纯金属具有良好的物理和化学性能，但力学性能很差，价格昂贵，种类有限。为了满足各种机器零件对不同性能的要求，因此出现了合金。

所谓合金，是指两种或两种以上的金属元素，或金属元素与非金属元素组成的具有金属特性的物质。合金具有比纯金属高得多的强度、硬度、耐磨性等力学性能，是工程上使用得最多的金属材料。如机器中常用的黄铜是铜和锌的合金；钢是铁和碳的合金；焊锡是锡和铅的合金。

组成合金最基本的、独立的物质称为组元。通常，合金的组元就是组成合金的各种元素，但某些稳定的化合物也可以看成是组元。根据合金组元个数不同，把由两个组元组成的合金称为二元合金，由三个或三个以上组元组成的合金称为多元合金。

组成合金的元素相互作用会形成各种不同的相。相是指合金中具有同一化学成分、同一结构和原子聚集状态，并以界面互相分开的、均匀的组成部分。固态金属一般是一个相，而合金则可能是几个相。由于形成条件不同，各相可以不同的数量、形状、大小组合。在显微镜下观察，可以看到不同的组织。

固态合金的相，可分成两大类：若相的晶体结构与某一组成元素的晶体结构相同，这种固相称为固溶体；若相的晶体结构与组成合金元素的晶体结构均不相同，这种固相称为金属化合物。

（一）固溶体

组成合金的元素互相溶解，形成一种与某一元素的晶体结构相同，并包含有其它元素的合金固相，称为固溶体。其中，与合金晶体结构相同的元素称为溶剂，其它元素称为溶质。固溶体一般用 α、β、γ……来表示。

1. 置换固溶体

溶质原子占据溶剂晶格的某些结点位置而形成的固溶体称为置换固溶体，其结构见图 2-15。

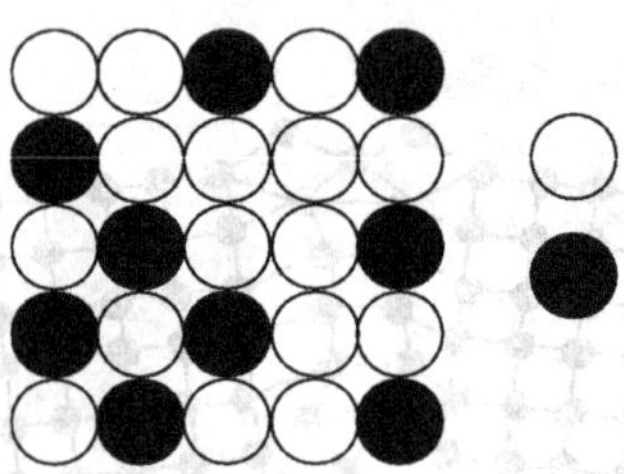

图 2-15　置换固溶体示意图

通常，当溶剂与溶质原子尺寸相近，直径差别较小时，则容易形成置换固溶体；当直径差别大于 15% 时，就很难形成置换固溶体了。置换固溶体中原子的分布通常是任意的，称之为无序固溶体。在某些条件下，原子成为有规则的排列，称为有序固溶体。两者之间的转变称为固溶体的有序化。这时，合金的某些物理性能将发生很大的变化。

2. 间隙固溶体

溶质原子进入溶剂晶格的间隙中而形成的固溶体称为间隙固溶体，其中的溶质原子不占据晶格的正常位置，其结构见图 2-16。

只有溶质原子与溶剂原子的直径之比小于 0. 59 时，才会形成间隙固溶体。通常，间隙固溶体都是由原子直径很小的碳、氮、氢、硼、氧等非金属元素溶入过渡族金属元素的晶格间隙中而形成的。

3. 固溶体的溶解度

溶质原子溶入固溶体中的数量称为固溶体的浓度，在一定条件下的极限浓度叫做溶解度。如果固溶体的溶解度有一定的限度，这叫做有限固溶体。但是，当置换固溶体的溶质原子与溶剂原子直径差别很小，且晶体结构相同，在周期表中的位置又靠得较近时，则它们就有可能以任何成分比例形成固溶体，这种固溶体叫做无限固溶体。

影响溶解度的因素有原子尺寸、晶格类型、电化学性质以及电子浓度等。

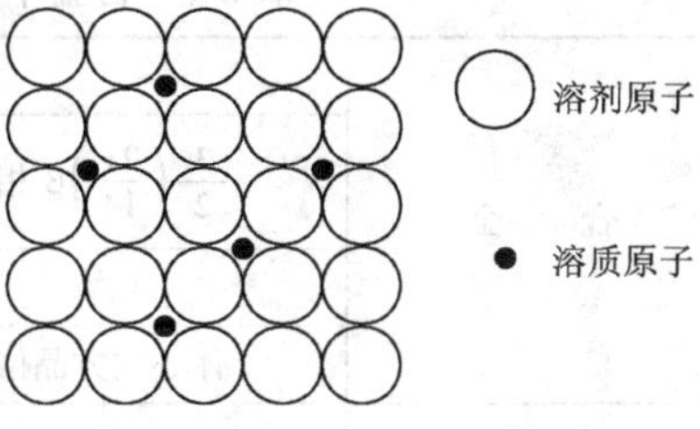

图 2-16　间隙固溶体示意图

4. 固溶体的性能

无论是置换固溶体还是间隙固溶体，由于溶质原子尺寸与溶剂原子不同，其晶格都会产生畸变。由于晶格畸变增加了位错移动的阻力，使滑移变形难以进行，因此固溶体的强度和硬度提高，塑性和韧性则有所下降。这种通过溶入某种溶质元素来形成固溶体而使金属的强度、硬度提高的现象称为固溶强化。

（二）金属化合物

金属化合物是合金组元间相互作用所形成的一种晶格类型及性能均不同于任一组元的合金固相。一般可用分子式大致表示其组成。金属化合物一般有较高的熔点和硬度以及较大的脆性。合金中出现化合物时，可提高强度、硬度和耐磨性，但降低了塑性。根据金属化合物的形成规律及结构特点，可将其分为三大类型。

1. 正常价化合物

周期表上相距较远、电化学性质相差较大的两元素容易形成正常价化合物。其特点是符合一般化合物的原子价规律，成分固定，并可用化学式表示。如 Mg_2Pb、Mg_2Sn、Mg_2Si、MnS 等。

正常价化合物具有高的硬度和脆性。当其在合金中弥散分布于固溶体基体中时，将起到强化相的作用，使合金强化。

2. 电子化合物

电子化合物是由第Ⅰ族或过渡族元素与第Ⅱ至第Ⅴ族元素结合而成的。它们不遵循原子价规律，而服从电子浓度规律。电子浓度是指合金中化合物的价电子数目与原子数目的比值。

电子化合物具有高的熔点和硬度，但塑性较低，一般只能作为强化相存在于合金特别是有色金属合金中。

电子化合物的结构取决于电子浓度，当电子浓度为 3/2 时，晶体结构为体心立方晶格，称为 β 相；电子浓度为 21/13 时，晶体结构为复杂立方晶格，称为 γ 相；电子浓度为 7/4 时，晶体结构为密排六方晶格，称为 ε 相。合金中常见的电子化合物见表 2-1。

表 2-1　合金中常见的电子化合物及其结构类型

合　金	电 子 浓 度		
	$\frac{3}{2}\left(\frac{21}{14}\right)$β 相	$\frac{21}{13}$γ 相	$\frac{7}{4}\left(\frac{21}{12}\right)$ε 相
	晶 体 结 构		
	体心立方晶格	复杂立方晶格	密排六方晶格
Cu – Zn	CuZn	Cu_5Zn_8	$CuZn_3$
Cu – Sn	Cu_5Sn	$Cu_{31}Sn_8$	Cu_3Sn
Cu – Al	Cu_3Al	Cu_9Al_4	Cu_5Al_3
Cu – Si	Cu_5Si	$Cu_{31}Si_8$	Cu_3Si
Fe – Al	FeAl		
Ni – Al	NiAl		

3. 间隙化合物

间隙化合物是由过渡族金属元素与碳、氮、氢、硼等原子半径较小的非金属元素形成的金属化合物。根据组成元素原子半径比值及结构特征的不同，可将间隙化合物分为两类：

（1）间隙相　当非金属原子半径与金属原子半径比值小于 0.59 时，形成具有简单晶格的间隙化合物，称为间隙相，如 TiC、TiN、ZrC、VC、NbC、Mo_2N、Fe_2N 等。图 2-17 是 VC 的晶格示意图。由图可见，VC 为面心立方晶格，V 原子占据晶格的正常位置，而 C 原子则规则地分布在晶格的空隙之中。

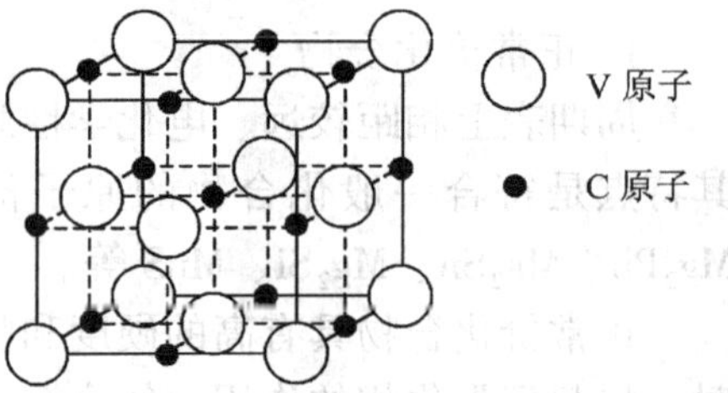

图 2-17　间隙相 VC 的结构

间隙相具有极高的熔点、硬度和脆性，而且十分稳定，是高合金工具钢的重要组成相，也是硬质合金和高温金属陶瓷材料的重要组成相。

（2）具有复杂结构的间隙化合物　当非金属原子半径与金属原子半径的比值大于 0.59 时，形成具有复杂结构的间隙化合物。如钢中的 Fe_3C、$Cr_{23}C_6$、Fe_4W_2C、Cr_7C_3、Mn_3C 等。Fe_3C 称为渗碳体，具有复杂的斜方晶格，如图 2-18 所示。

具有复杂结构的间隙化合物也具有很高的熔点、硬度和脆性，但与间隙相比要稍低一些，加热时也易于分解。这类化合物是碳钢及合金钢中重要的组成相。金属化合物也可以溶入其它元素的原子，形成以金属化合物为基的固溶体。

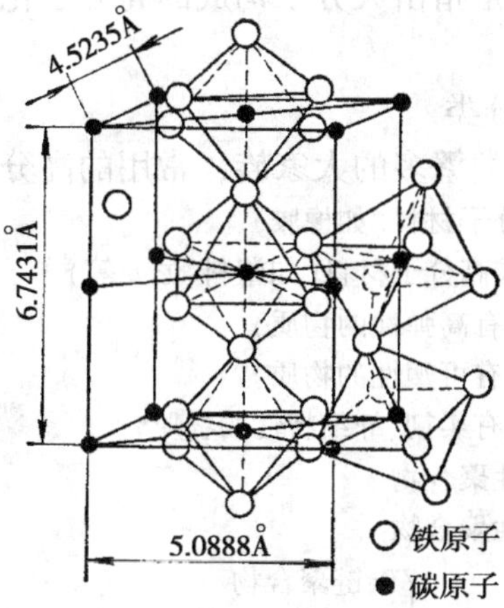

图 2-18　Fe_3C 的晶格结构

第三节　高分子聚合物的结构

“塑料”在工业上已经变得越来越重要。其主要的优点是重量轻，而它们最可贵之处在于，可用最少的劳动将其加工成具有所需性能而几何形状复杂的产品。“塑料”的专业名称为“聚合物”。它们是由许多重复单元或链节组成的大分子——高分子。在本节中我们将考察这些链节，并讨论它们怎样组成聚合物材料。

聚合物不易结晶，因为结晶时，必须将大分子(而不是单个原子)排列成有序的结构。此外，聚合物所具有的分子间键较弱。聚合物通常都是绝缘体，因为它们没有自由电子。

一、高分子材料的基本概念

（一）高分子化合物

高分子化合物是指由一种或多种简单低分子化合物聚合而成的相对分子质量很大的化合物，所以又称为聚合物或高聚物。组成高分子的简单低分子化合物称为单体，高分子是由单体通过加聚或缩聚反应连接而成的链状分子，高分子链中的重复结构单元称为链节。

高分子材料的性质主要取决于高分子的组成、构型、构象和高分子的聚集态。直接影响固态聚合物性能的基本单元不是孤立的原子和单个的链节，而是整个大分子。大多数聚合物的分子是通过范德瓦尔斯键或氢键连接在一起的。聚合物分子与普通有机物小分子的唯一区别在于它们的尺寸。聚合物分子的大小没有特定的界限，一个相对小的分子，例如由三个结构单元构成的分子也可以叫做聚合物。然而，聚合物通常是指由大分子构成的高分子化合物。由小分子构成的聚合物通常称为低聚物。

（二）高分子材料的分类

高分子材料是一个种类繁多的大家族，常用的高分子材料有以下类型：

1）按来源分类
- 天然高分子材料（如橡胶）
- 人工合成高分子材料（如塑料、尼龙等）

2）按用途分类
- 橡胶（具有高弹性的物质）
- 塑料（具有可塑性的物质）
- 纤维（具有柔韧、纤细特性的物质）

3）按热性能分类
- 热塑性聚合物
- 热固性聚合物

4）按结构分类
- 聚合物的主链
  - 碳链聚合物
  - 杂链聚合物
  - 元素聚合物
- 聚合物的分子结构
  - 线型分子结构（直链）
  - 支链型分子结构（主链之间不连接）
  - 体型分子结构（主链之间连接）

（三）高分子材料的命名

通常高分子材料采用习惯命名法，在原料的单体名称前加“聚”字，如聚乙烯、聚氯乙烯等。也有一些是在原料名称后加“树脂”二字，如酚醛树脂、脲醛树脂等。

只用一种单体成分合成的聚合物称为均聚物，使用两种或多种不同单体成分合成的聚合物称为共聚物。

有些高分子材料以专用名称命名，例如纤维素、蛋白、淀粉等。还有一些高分子材料采用商品名称，它没有统一的命名原则，对同一材料可能各国的命名都不同。如聚己内酰胺被称为尼龙、锦纶、卡普隆；聚乙烯醇缩甲醛称为维尼纶；聚丙烯腈（人造羊毛）称为腈纶、奥纶；聚对苯二甲酸乙二酯称为涤纶、的确良；聚甲基丙烯酸甲酯称为有机玻璃；丁二烯和苯乙烯共聚物称为丁苯橡胶等。

有时为了简化，往往用英文名称的缩写表示，如聚乙烯称为 PF，聚氯乙烯称为 PVC 等。

（四）聚合物的相对分子质量（分子量）*

聚合物是由许多重复链段被称为链节或单体的单元所组成的分子所构成。从有机化学可知，烃系 C_mH_{2m+2} 中分子的熔点与分子的大小有关（如图 2-19）。一般说来，包含大分子的那些聚合物比由小分子组成的聚合物更牢固，并且抵抗热应力和机械应力的能力更强。图 2-20 是聚合物分子大小与性能间的关系，无论是聚氯乙烯、尼龙等人工有机聚合物中，还是纤维素、橡胶、石蜡和虫胶等天然物质均存在这样的规律。

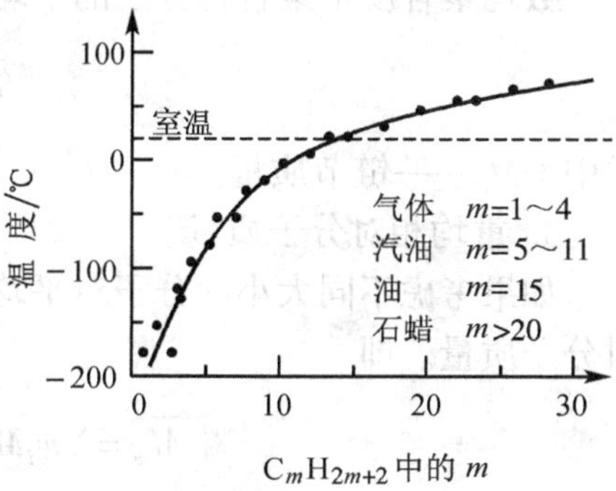

图 2-19 C_mH_{2m+2} 烃系中熔点与分子大小的关系

在由小分子形成像聚乙烯或聚氯乙烯等材料时，并非所有形成的大分子都具有同样的大小，实际上绝大多数聚合物的分子是不均一的，分子尺寸即相对分子质量在某一个范围内变化。它的相对分子质量或聚合度需要用统计平均的方法来表示。

根据统计方法的不同，聚合物的平均相对分子质量和聚合度通常有两种表示法，数均相对分子质量（$\overline{M}_n$）和重均相对分子质量（$\overline{M}_w$），数均聚合度（$\overline{DP}_n$）和重均聚合度（$\overline{DP}_w$）。

1. 数均相对分子质量

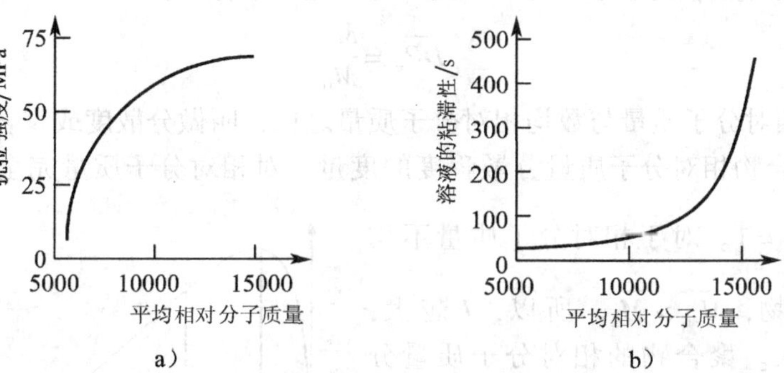

图 2-20 聚合物分子大小与性能的关系

数均相对分子质量是聚合物分子的平均质量，即

$$M_n = \Sigma n_i M_i = \frac{\Sigma N_i M_i}{\Sigma N_i} = \frac{\Sigma W_i}{\Sigma(W_i/M_i)} \tag{2-1}$$

式中 M_i——第 i 组分子的单分子质量；

n_i——第 i 组分子占全部分子的百分数，$n_i = \dfrac{N_i}{\Sigma N_i}$；

N_i——第 i 组分子的分子数；

W_i——第 i 组分子的总质量。

数均相对分子质量考虑了整个系统中具有相同尺寸分子对平均相对分子质量的贡献。而聚合度 n 则是每个分子的链节数。聚合度的表达式为：

$$n = \frac{\text{分子的质量}}{\text{链节质量}} \tag{2-2}$$

2. 数均聚合度

数均聚合度是聚合物分子的平均链节数。即

$$\overline{DP}_n = \frac{\overline{M}_n}{M_0} \tag{2-3}$$

式中　M_0——链节质量。

3. 重均相对分子质量

如果考虑不同大小的分子对平均相对分子质量的不同贡献，则可得到重均相对分子质量。即

$$\overline{M}_w = \Sigma w_i M_i = \frac{\Sigma W_i M_i}{\Sigma W_i} = \frac{\Sigma N_i M_i^2}{\Sigma N_i M_i} \tag{2-4}$$

式中　w_i——第 i 组分子的质量分数，$w_i = \frac{W_i}{\Sigma W_i}$。

4. 重均聚合度[⊖]

重均相对分子质量除以链节质量就得到重均聚合度，即

$$\overline{DP}_w = \frac{\overline{M}_w}{M_0} \tag{2-5}$$

重均相对分子质量与数均相对分子质量之比，叫做分散度或聚合分散性指数 I，它是聚合物相对分子质量分散程度的度量。对相对分子质量完全均一的聚合物，$I = \frac{\overline{M}_w}{\overline{M}_n} = 1$。对于相对分子质量不均一的聚合物，$\overline{M}_w > \overline{M}_n$。所以，$I$ 越大，分散度越大。聚合物的相对分子质量分布与平均相对分子质量如图 2-21。

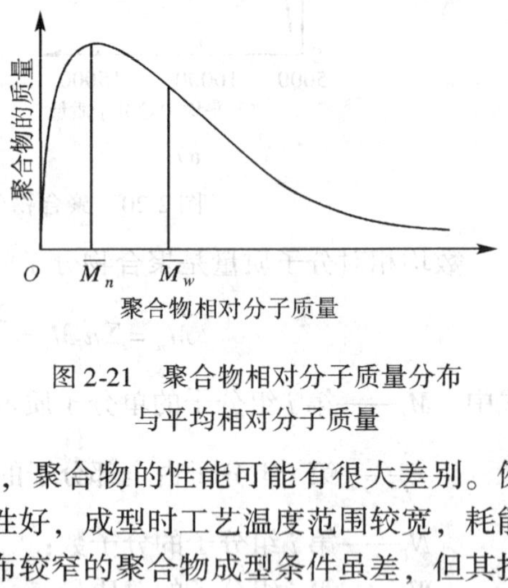

图 2-21　聚合物相对分子质量分布与平均相对分子质量

聚合物的强度和活性等性能与数均相对分子质量密切相关；而粘滞性等性能则主要受重均相对分子质量的影响。聚合物的性能反映了大小不同的所有分子的综合性能，聚合物的平均相对分子质量相同，但其相对分子质量分布不同时，聚合物的性能可能有很大差别。例如，相对分子质量分布较宽的聚合物流动性好，成型时工艺温度范围较宽，耗能少，所需成型压力也小；相对分子质量分布较窄的聚合物成型条件虽差，但其抗冲击、耐疲劳等力学性能好。

二、高分子链的结构

（一）高分子链的化学组成

⊖ 重均聚合度实质上指质均聚合度。

高分子的主链对高分子的性能有相当重要的作用。只有 B、C、Si、N、P、As、O、S、Se 等非金属和半金属元素能组成大分子链。大分子链内组成元素不同，则性能变化很大。例如，以四个氟(F)原子取代聚乙烯链节上的四个氢(H)原子时，组成的聚四氟乙烯(结构单元为⁅CF—CF⁆)便成了耐王水腐蚀并耐磨的塑料王。根据主链上化学成分不同，可以将高分子化合物分为三种类型。

1. 碳链高分子

主链由碳原子一种元素组成。其主链结构如下：

—C—C—C—C—C—C—

乙烯基高分子就是属于碳链聚合物的一种。其链节结构如下：

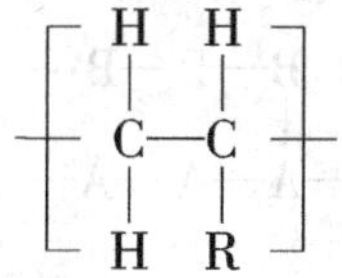

其中，R 叫做官能团或侧基，官能团不同，得到的聚合物也不同。如 R 换为 Cl，得到氯乙烯；R 换为 OH(羟基)，得到乙烯醇；R 换为 CH_3，得到丙烯。

2. 杂链高分子

主链除碳外，还有其它元素。如：

—C—C—O—C—

—C—C—H—C—

—C—C—S—C—

聚酯就是一种典型的杂链聚合物，其特征是在碳主链中嵌入一个酯键：

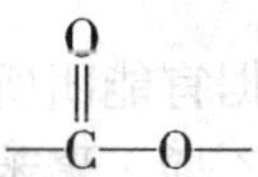

尼龙是另一种杂链聚合物，它在碳主链中嵌入的键是：

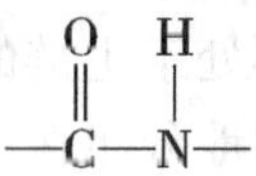

3. 元素有机高分子

主链由氧和其它元素组成，如：

—O—Si—O—Si—O—

(二) 高分子链中结构单元键接方式和构型

大分子链形成后，由共价键固定的链内原子和原子团的几何排列即固定不变。任何大分子链都是由链节按一定的方式连接而成的。这种由共价键固定的链节的空间几何排列称为大分子链的构型。

1. 键接方式

在均聚物和共聚物的大分子链中，当链节中有不对称原子或原子团时，其可能的

几何排列将不止一种。比如聚氯乙烯,我们把单体：$CH_2{=}\overset{\overset{Cl}{|}}{C}H$中的 CH_2 看成头,$\overset{\overset{Cl}{|}}{CH}$ 看成尾，它的连接方式就有“头—尾—头—尾……”和“头—尾—尾—头……”两种连接方式。链节方式不同时性能也将不同。

共聚物的连接方式更是多种多样，若为 A、B 两种单体的共聚物，则可能有：

无规共聚：—A—B—B—A—B—A—A—A—B—A—A—

交替共聚：—A—B—A—B—A—B—A—B—A—B—A—

嵌段共聚：—A—A—A—A—B—B—B—B—B—A—A—A—

接枝共聚：

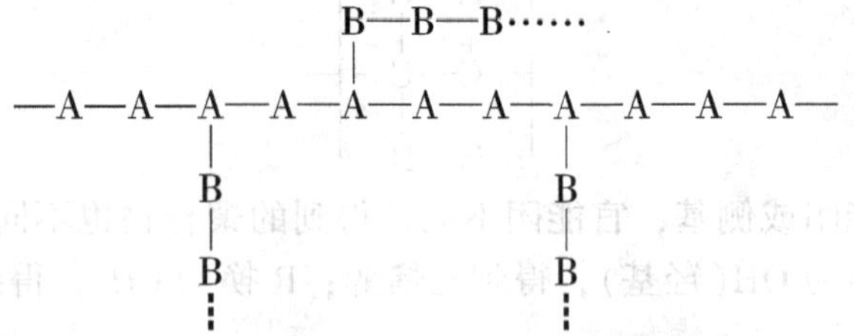

哪种排列使聚合物体系能量最低，就以那种连接顺序存在。无规共聚物结构是工业生产中普遍存在的共聚物结构。两种单体的无规则排列，改变了结构单元之间和分子链之间的相互作用，因而共聚物的性能与均聚物有很大差别。例如，聚乙烯和聚丙烯都是塑料，而乙烯和丙烯的无规共聚物则是耐水性和绝缘性都很好的乙丙橡胶。

2. 空间构型

大分子中有不同的官能团，根据官能团所处的位置不同，又有不同的立体构型。例如乙烯基高分子链，像聚氯乙烯，聚苯乙烯等，它们的官能团是—Cl、—C_6H_6。常见的立体构型有如下三种(如图 2-22)：

(1) 全同立构　官能团 R 全部处于主链的同一侧。

(2) 间同立构　官能团 R 相间地分布在主链的两侧。

(3) 无规立构　官能团 R 在主链的两侧作不规则的分布。

(三) 高分子链的几何形状

相对分子质量和聚合度只能表明大分子链有多少重复的结构单元连接在一起，并没有表示出真实的分子链是多大。由于大分子链通常都像随便缠在一起的线团一样，所以大分子链的大小不仅取决于相对分子质量或聚合度，而且也取决于其几何形状。

由于聚合反应的复杂性，在合成聚合物的过程中，可以发生各种各样的反应形式，所以高分子链也会呈现出各种不同的几何形态。

一般说来，高分子化合物有以下三种几何形状：

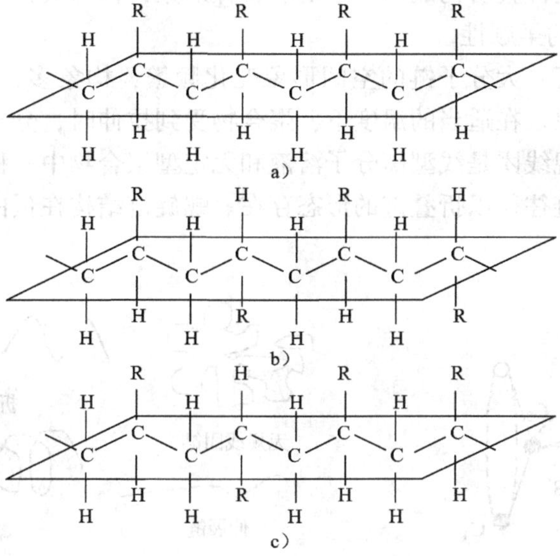

图 2-22　乙烯类高聚物的构型

a）全同立构　b）间同立构　c）无规立构

（1）线型分子结构　由许多链节组成的长链，通常是卷曲成线团状。这类结构高聚物的特点是弹性、塑性好，硬度低，是热塑性高聚物。此类材料加热后软化，冷却后又硬化成型，随温度变化可以反复进行。聚乙烯、聚氯乙烯等烯类聚合物都属于典型的热塑性高聚物。

（2）支链型分子结构　在主链上带有支链。这类结构高聚物的性能和加工都接近于线型分子结构，也属于热塑性高聚物。

（3）体型分子结构　分子链之间有许多链节互相交联，呈三维网络结构。具有这类结构的高聚物，硬度高，脆性大，无弹性和塑性，是热固性高聚物。此类材料受热发生化学变化而固化成型，成型后再受热也不会软化变形，如酚醛树脂、环氧树脂等。

（四）高分子链的构象与柔顺性

1. 高分子链的构象

聚合物的分子链是通过共价键连接起来的，它有一定的键长和键角。以碳链为例，其键长为0.154nm，键角为109°28′。在保持键长和键角不变的情况下它们可以任意旋转，这就是单键的内旋转，如图 2-23 所示，相邻的 C—C 键可以自由相对旋转，C_2—C_3 可以绕 C_1—C_2 旋转，而 C_3—C_4 可以绕 C_2—C_3 旋转，C_3 和 C_4 可以出现在以 C_2 和 C_3 为顶点的圆锥形底边的任何位置。由于大分子的单键数目很大，所以内旋转使大分子在空间呈无规线团状。这种由于单键内旋转所引起的原子在空间占据不同位置所构成的分子链的各种形象，称为大分子链的构象。

2. 高分子链的柔顺性

在各种条件下，大分子链的空间形象变化频繁，构象多，图 2-24 是大分子链的几种典型构象。在适当的温度下，聚合物受到拉伸时，分子链处于一定程度的伸展状态。无规线团是线型高分子溶液和无定型聚合物中一种主要的构象。结晶聚合物的分子链往往以折叠链的形态存在。螺旋链结构在蛋白质和核酸中占主要地位。

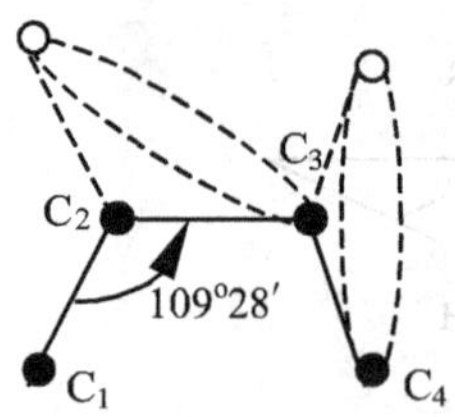

图 2-23　碳链 C—C 键的内旋转示意图

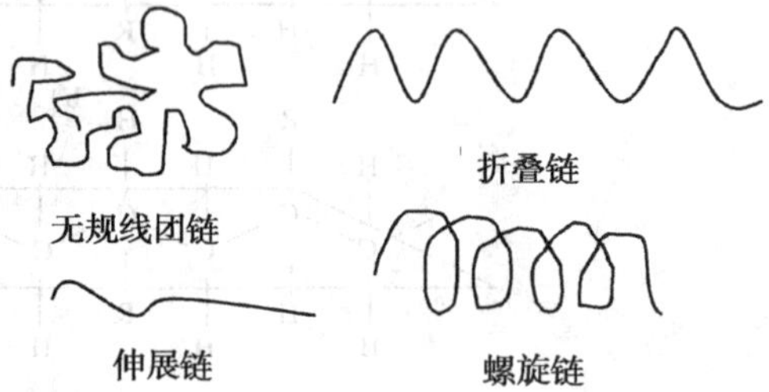

图 2-24　单个大分子链的几种构象示意图

线型大分子链的自然倾向是成卷曲的线团状。在外力的作用下，它可以伸展拉直，外力去除后，它还会回缩到势能较小的自然卷曲状态。这种能拉长、回缩的性能，就是聚合物具有弹性的原因。聚合物的这些特性使其对外力具有很大的适应性，受力时可以表现出很大的伸缩能力。大分子这种能由构象变化获得不同卷曲程度的特性称为大分子链的柔顺性。

大分子链的柔顺性与单键内旋转的难易程度有关。大分子链中能独立运动的链节长度越小，单键旋转越容易，则大分子链的柔顺性越好。

(五) 聚合物的聚集态结构

组成物质的分子聚集在一起的状态称为物质的聚集态。一般物质的聚集态可分为气体、液体和固体。聚合物的聚集态结构包括结晶态结构、非晶态结构和取向结构。结晶态结构与聚合物的性能关系最密切。结晶意味着聚合物分子的高度有序化。当足够数量的分子链紧密地堆集到一起，使得二次价力能够克服热运动造成的无序排列时就形成结晶态结构。分子链堆集得越紧密，结晶的倾向就越大。具有线型分子的聚合物比支链型分子的聚合物容易结晶；带有大的官能团的聚合物，如苯乙烯等则不容易结晶。有规聚合物与无规聚合物相比，前者结晶倾向大。

聚合物与金属的一个重要区别是聚合物得不到完全的晶体结构。要把大分子链全部规则排列起来是非常困难的，所以结晶高聚物都是部分结晶，即同时存在结晶区和非晶区。分子链规则排列的部分是晶区，不规则部分是非晶区。晶区所占质量分数，称为结晶度，如涤纶、尼龙等结晶度为10%～40%。

晶区的分子呈紧密聚集状态，增强了分子间的作用力，使聚合物的熔点、相对密度、强度、硬度、刚度、耐热性、耐化学性等性能提高，而与链运动有关的性能，如弹性、伸长率、冲击韧度等则降低。

（六）高聚物中的填料

根据使用性能的要求，高聚物中可掺入一些其它物质，组成更复杂的“共混物”。这实际是“复合改性”的重要途径。例如，加入增塑剂能有效地改善塑性成型的能力。增韧剂可显著提高韧性。铁、铜掺入高聚物中可提高强度和导热性。掺入云母、石棉可改善高聚物的耐热性和绝缘性。掺入 Al_2O_3、TiO_2、SiO_2 可提高高聚物的硬度和耐磨性。加入铝后可抗老化等。近代发展起来的高分子之间的共混改性，其产物可兼备几种高分子材料的优点。

以上所讨论的高聚物多层次结构的核心是大分子链的结构及其运动。表2-2列举了低分子材料和高分子材料的主要区别。

表2-2 低分子材料和高分子材料的比较

特点＼材料	低分子材料	高分子材料
相对分子质量	<500	10^3～10^6
分子可否分割	不可分割	可分割成短链
热运动单元	整个分子	多重热运动单元（链节、链段、整链）
结晶程度	大部分为完全晶体	非晶态和部分结晶
分子间力	极小	加和后可大于主价键力
熔点	固定	软化温度区间
物理状态	气、液、固三态	只有液态和固态（包括高弹态）

第四节 陶瓷材料的结构

陶瓷材料包含金属元素和非金属元素的化合物相。陶瓷材料在热的和化学的环境中比它们的组元更稳定，例如，作为化合物的 Al_2O_3 就比单独的铝和氧更稳定。由于化合物本质上比它们相应的组元包含更为复杂的原子配位，从而对滑移具有更大的抗力，所以陶瓷通常比相应的金属或聚合物更硬，而往往缺乏塑性。本节我们将讨论陶瓷材料的结构特点及其规律。

一、陶瓷材料的结构特点

陶瓷作为描写工艺品的术语是人们最熟悉不过的一个名词。但是对工程师来说，陶瓷包括种类繁多的物质，例如玻璃、砖、石头、混凝土、磨料、搪瓷、介电绝缘材料、非金属磁性材料、高温耐火材料和许多其它材料。这些化合物由离子键和共价键结合在一起。陶瓷材料的显微组织由晶体相、玻璃相和气相组成，而且各相的相对量变化很大，分布也不够均匀。

大部分陶瓷相像金属一样是晶态的，但是它们的结构并不包含大量的自由电子。电子或者通过共价键与相邻原子共有，或者从一个原子转移至另一个原子而形成离子键，在后一种情况下，原子电离并带有电荷。

与金属相比，陶瓷相的晶体结构比较复杂。由于这种复杂性以及其原子结合键强度较大，所以使陶瓷反应缓慢。例如，正常冷却速率的玻璃没有充分时间使其重排为复杂的晶体结构，所以它在室温下可长期保持为过冷液体。

难熔碳化物和氮化物的结构和性能介于金属与陶瓷材料之间。这些化合物包括 TiC、SiC、BN 和 ZrN，它们含有金属元素，而且它们的结构包含金属键和共价键的复合。由于它们没有自由电子，所以它们不是好的导电体；但是，它们的原子可以在晶体结构中定向排列，所以具有磁性。

硅酸盐的结构和性能介于陶瓷与有机材料之间，它们通常称为无机聚合物。事实上，在无定形聚合物与工业玻璃之间存在着密切的结构联系。

二、陶瓷晶体

1. AX 型陶瓷晶体

AX 型陶瓷晶体是最简单的陶瓷化合物，它们具有数量相等的金属原子和非金属原子。它们可以是离子型化合物，如 MgO，其中两个电子从金属原子转移到非金属原子，而形成阳离子(Mg^{2+})和阴离子(O^{2-})。AX 化合物也可以是共价型，价电子在很大程度上是共用的，ZnS 是这类化合物的一个例子。

AX 化合物的特征是：A 原子只被作为直接邻居的 X 原子所配位，且 X 原子也只有 A 原子作为第一邻居。因此 A 和 X 原子或离子是高度有序的，在形成 AX 化合物时，有三种主要的方法能使两种原子数目相等，且有如上所述的有序配位。属于这类结构的有：

(1) CsCl 型　这种化合物的结构见图 2-25。A 原子(或离子)位于 8 个 X 原子的中心，X 原子(或离子)也处于 8 个 A 原子的中心。但应该注意的是，这种结构并不是体心立方的。确切地说，它是简单立方的，它相当于把简单立方的 A 原子和 X 原子晶格相对平移 $a/2$，到达彼此的中心位置而形成。

(2) NaCl 型　NaCl 型的结构是：阴离子为面心立方点阵；而阳离子位于其晶胞和棱边的中心。其原子排列情况如图 2-26 所示。

NaCl 型结构的化合物有数百种，如 MgO、NiO、FeO、MnO、CaO、CoO 等氧化物，属于这类结构的还有 NaCl、KCl、LiF、KBr 等离子化合物。

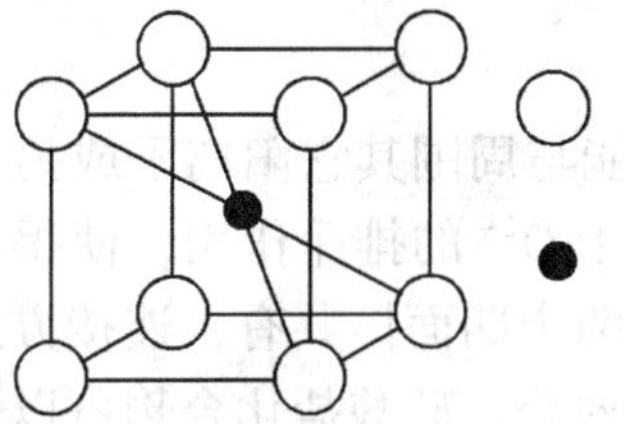

图 2-25　CsCl 型陶瓷的结构

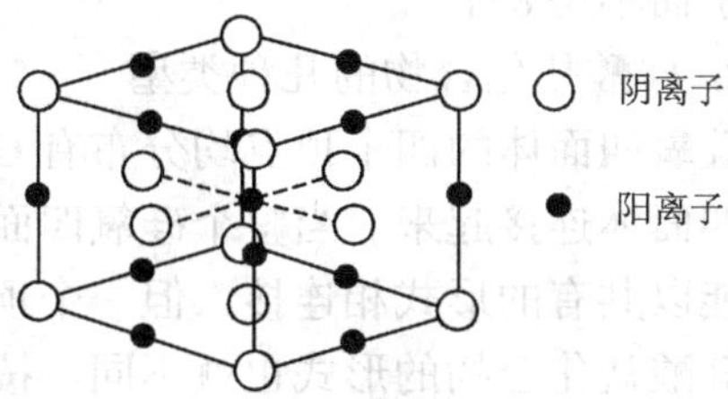

图 2-26　NaCl 型陶瓷的结构

(3) ZnS(闪锌矿型)和非立方型　这类结构原子排列比较复杂，形成的陶瓷材料很硬很脆。属于闪锌矿型结构的陶瓷材料有 ZnS、BeO、SiC 等；属于非立方型结构的陶瓷材料有 FeS、MnTe、ZnO、NiAs 等。

2. A_mX_p 型陶瓷晶体

(1) 萤石(CaF_2)型结构与逆萤石型结构　这类结构中金属原子具有面心立方点阵，非金属原子占据所有的四面体间隙位置。萤石结构的氧化物有 CeO_2、PrO_2、UO_2、ZrO_2、NpO_2、PuO_2、AmO_2 等。它们的特点是金属离子半径大于氧离子半径，所以金属离子呈面心立方或密排六方结构，而小的氧离子则填充间隙。

逆萤石型结构正好相反，金属离子比氧离子小。氧离子构成面心立方骨架，小的金属离子填满四面体间隙。逆萤石结构的氧化物有 Li_2O、Na_2O、K_2O、Rb_2O 等。

(2) 刚玉(Al_2O_3)结构　这种结构的氧离子具有密排六方的排列，阳离子占据八面体间隙的 2/3。具有这种结构的氧化物有 Al_2O_3、Fe_2O_3、Cr_2O_3、Ti_2O_3、V_2O_3、Ga_2O_3、Rh_2O_3 等。

三、硅酸盐化合物

许多陶瓷材料都包含硅酸盐，一方面是因为硅酸盐丰富和便宜，另一方面则是因为它们具有在工程上有用的某些独特性能。普通水泥是人们最熟悉的硅酸盐，它最明显的优势是能将岩石骨料结合成整块材料。其它许多建筑材料如砖、瓦、玻璃和搪瓷也都由硅酸盐制成。硅酸盐的其它工程应用包括电绝缘体、化学容器和增强玻璃纤维。

1. 硅酸盐四面体单元

硅酸盐的基本结构单元为$(SiO_4)^{4-}$四面体，如图 2-27 所示。其中，四面体的顶角上有四个 O^{2-}，四面体的中间间隙位置上有一个 Si^{4+}。将四面体连接在一起的力包含离子键和共价键；因此，四面体的结合很牢固。但是，不论是离子键或共价键机制，每个四面体的氧原子外层只有 7

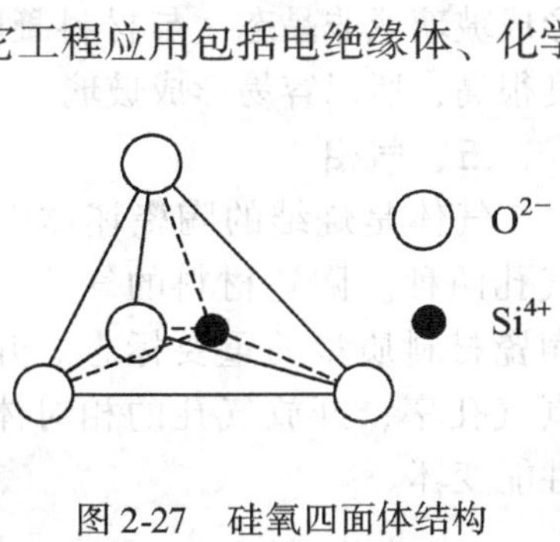

图 2-27　硅氧四面体结构

个电子而不是 8 个。

2. 硅酸盐化合物的几种类型

硅氧四面体的四个顶点均分布有 O^{2-}，所以它能与周围其它阳离子或另一个硅氧四面体连接起来。当整个硅氧四面体连接时由于 O^{2-} 的排斥作用，使得各顶点只能以共有的形式相连接。但一个顶点最多只能两个四面体共有，连接方式不同，硅酸盐化合物的形式也就不同。按照连接方式划分，硅酸盐化合物可以分为以下几种类型：

（1）孤立状硅酸盐　其单元体 $(SiO_4)^{4-}$ 互相独立，不发生相互连接，化学组成一般可以表示为 $2RO \cdot SiO_2$。其中 RO 表示金属氧化物如 MgO、CaO、FeO 等，但表达式中以氧为基准（即取氧为 1，若为 Al_2O_3，则应写成 $Al_{2/3}O$）。具有这类结构的有橄榄石和石榴石等。

（2）复合状硅酸盐　由两个 $(SiO_4)^{4-}$ 单元体连接在一起，形成 $(Si_2O_7)^{6-}$ 离子，其化学组成为 $3RO \cdot 2SiO_2$。属于这类结构的有镁方柱石、$Ca_2MgSi_2O_7$ 等。

（3）球状和链状硅酸盐　它是在 n 个 $(SiO_3)^{2-}$ 即 $(SiO_3)_n^{2n-}$ 中，四面体的两个顶点分别相互共有，形成各种球状或链状结构。这类硅酸盐结构的化学组成可以表示为 $RO \cdot SiO_2$。具有这类结构的硅酸盐有顽火辉石 $Mg_2(Si_2O_6)$、透辉石 $MgCa(SiO_3)_2$、角闪石 $(OH)_2Ca_2Mg_5(Si_4O_{11})_2$ 等。

（4）层状硅酸盐　此类结构中，四面体具有三个共有顶点，构成了二维网络的层状结构。化学组成可以表示为 $RO \cdot 2SiO_2$，通常粘土矿物具有这种结构。

（5）立体网络状硅酸盐　若硅氧四面体中的四个顶点均共有，则形成立体网络结构。具有这类结构的硅酸盐有石英、$LiAl \cdot SiO_4$ 和 $LiAlSi_2O_5$ 等。

四、玻璃相

玻璃是非晶态材料，由熔融的液体凝固获得，其比容随温度的变化与晶体不同。试验表明，由熔融液体转变为晶体时，在结晶温度 T_m 比容急剧降低，这表明结构发生了质的变化；但当形成非晶态玻璃时，在玻璃转变温度 T_g 附近比容变化率虽发生了变化，但并不出现比容随温度降低而急剧降低的现象。材料能否形成玻璃或非晶态，与材料凝固点的粘度和冷却速度有关。SiO_2 等氧化物的粘度很高，所以容易形成玻璃。

五、气相

气体是烧结的陶瓷坯体中常见的组分。陶瓷中的气孔有开放气孔和封闭气孔两种。陶瓷材料的气孔量用气孔的相对体积（气孔率）来表示，它是衡量陶瓷材料质量的重要标志。开放气孔和封闭气孔在材料中的总相对体积称为真气孔率；开放气孔的相对体积称为显气孔率。气孔使陶瓷的强度降低，电性能变坏。

思考作业题

1. 从原子结合的观点来看，金属材料、高分子材料和陶瓷材料有何主要区别？在性能上有何表现？

2. 试用金属键的结合方式，解释金属具有良好导电性、导热性、塑性和金属光泽等基本特性。

3. 简述金属常见的三种晶体结构的基本特点。

4. 晶体缺陷有哪些？对材料有哪些影响？对所有的材料都有影响吗？

5. 聚合物的相对分子质量有什么特点？如何表示聚合物相对分子质量的大小？

6. 什么是聚合物分子的构型和构象？如何才能改变其构型和构象？

7. 陶瓷材料的晶体相有哪几种主要结构？举例说明。

8. 与金属比较，简述陶瓷材料的结构特点。

9. 硅酸盐化合物有那几种基本类型？

第三章　材料制备的基本过程

材料由液态转变为固态的过程称为凝固，由于材料通常是在固态下使用，所以凝固常常作为材料制备的基本手段。如果凝固后得到晶体，这种凝固过程就称为结晶。一般来说，结晶是金属材料的基本制备手段；但对于高分子材料而言，其主要的制备方式是反应合成；而对于陶瓷材料来说，烧结则是其主要的制备手段。显而易见，材料的制备过程对其性能有重要影响。本章我们将着重讨论材料制备的基本过程及其对材料性能的影响。

第一节　结 晶 过 程

结晶过程是一个十分复杂的现象，它不仅是材料从液态到固态的转变，也是一个相变过程。因此，掌握结晶过程的基本规律将为研究其它相变奠定基础。为了揭示结晶的基本规律，本节将先从结晶的宏观现象入手，进而再去研究结晶过程的微观本质。

一、液态金属的结构

由于液态金属具有良好的流动性，所以人们曾经认为，液态金属的结构与气体相似，是以单原子状态存在的，并进行着无规则的热运动。但是大量的试验结果表明，液态金属的结构与固体更相似，而与气体根本不同。

在液态金属中的微小范围内，存在着紧密接触规则排列的原子集团，即近程有序，但在大范围内原子是无序分布的，所以液态金属结构的特点是："远程无序，近程有序"。

应当指出，液态金属中近程规则排列的原子集团并不是固定不动、一成不变的，而是处于不断的变化之中。这些小范围存在的近程有序的原子集团随着原子的热运动不断地消失，又不断地产生，它们始终处于瞬间出现、瞬间消失、此起彼伏、变化不定的状态之中，仿佛在液态金属中不断涌现出一些极微小的固态结构一样。这种不断变化着的近程有序原子集团称为结构起伏，或称为相起伏，这是金属结晶重要的结构条件。

二、金属的结晶过程

（一）金属结晶的宏观现象

测定液体金属冷却时温度和时间的变化关系，作出冷却曲线。由于结晶时放出结晶潜热，冷却曲线上会出现曲率变化，通过分析其曲率变化，就可以了解结晶过程的基本规律。

1. 过冷现象

图 3-1 是纯金属结晶时的冷却曲线示意图。从图中可以看出，金属在结晶之前，温度连续下降，当液态金属冷却到熔点 T_m 时，并未开始结晶，而是需要继续冷却到 T_m 之下某一温度 T_0，液态金属才开始结晶。T_0 叫做实际结晶温度，而熔点 T_m 是金属的平衡结晶温度，称为理论结晶温度。在熔点温度，液体结晶速度和晶体熔化速度相等，处于动平衡状态，结晶不能进行，只有低于这个温度才能进行结晶。这种实际结晶温度低于理论结晶温度的现象叫做过冷，理论结晶温度和实际结晶温度之差称为过冷度，以 ΔT 表示。

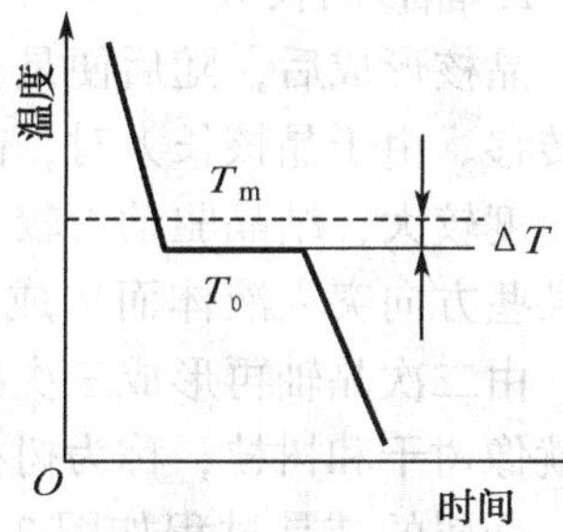

图 3-1 纯金属的冷却曲线

过冷度可用下式表示：

$$\Delta T = T_m - T_0 \tag{3-1}$$

过冷度的大小与冷却速度有关。冷却速度越大，过冷度也越大。

2. 结晶潜热

1mol 物质从一个相转变为另一个相时，伴随着放出或吸收的热量称为相变潜热。金属熔化时从固相转变为液相是吸收热量，而结晶时从液相转变为固相则放出热量，前者称为熔化潜热，后者称为结晶潜热。当液态金属的温度到达结晶温度 T_0 时，由于结晶潜热的释放，补偿了散失到周围环境的热量，所以在冷却曲线上出现了平台，平台延续的时间就是结晶过程所用的时间。结晶过程结束，结晶潜热释放完毕，冷却曲线便又继续下降。冷却曲线上的第一个转折点，对应着结晶过程的开始，第二个转折点则对应着结晶过程的结束。

（二）金属结晶的微观过程

从微观的角度看，金属结晶是由晶核的形成和长大这两个基本过程组成。

1. 晶核的形成

液体中最初形成的一些作为结晶中心的稳定的微小晶体称为晶核，它的形成有两种方式。

（1）自发形核　液体在冷却过程中随时都在不断地产生许多类似于晶体中的原子排列规律的、尺寸不同的原子集团。在结晶温度以上时，这些原子集团是不稳定的，时聚时散，此起彼伏，但在冷却到结晶温度以下时，液体中超过一定尺寸的原子集团处于低能量状态，开始变得稳定，不再消失，成为晶核。如果过冷度越大，液态与固态的能量差别便越大，晶核形成的数量便越多。这种从液体内部自发形成晶核的方式即为自发形核。

（2）非自发形核　实际金属往往是不纯净的，当其熔化后，总有一些难熔杂质的微小质点分布于液体之中。在液体金属结晶时，存在的这些杂质质点常常能够促进晶核在其表面形成，这种依附于杂质质点而形成晶核的方式称为非自发形核。非自发形核在实际金属的结晶中，往往起优先和主导作用。

2. 晶核的长大

晶核形成后，随后便是长大。晶核长大的实质，就是原子由液体向固体表面的转移。由于晶核长大时，晶体棱角处散热条件优于其它部位，所以温度较低，过冷度较大，结晶驱动力较大，这样沿棱角处长大就快，致使晶体在长大过程中在某些方向突人液体而形成一次晶轴，进而在一次晶轴上形成新枝，即二次晶轴，由二次晶轴再形成三次晶轴，依次类推，直到晶间填满。这样长大得到的晶体就像树干和树枝，称为树枝状晶。过冷度越大，杂质越多，树枝晶就越明显。

金属的结晶过程如图 3-2 所示。液态金属冷却到凝固温度时，首先形成晶核，在继续冷却的过程中，晶核吸收周围的原子而长大，与此同时，又有新的晶核不断地形核和长大，直至相邻晶体彼此接触，液态金属完全消失，最后得到由许多形状、大小和晶格位向都不相同的小晶粒组成的多晶体。

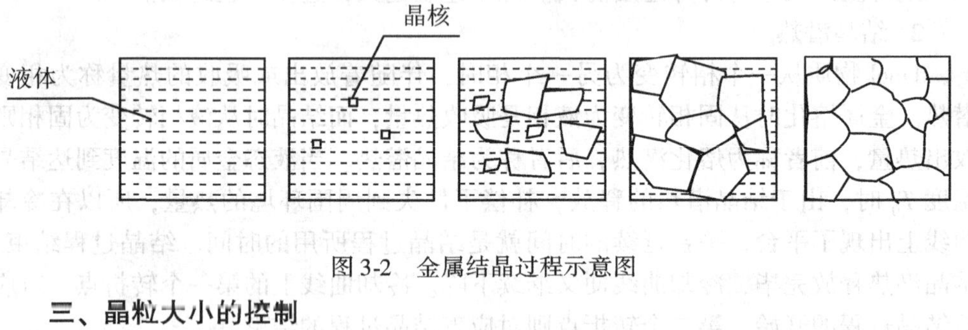

图 3-2　金属结晶过程示意图

三、晶粒大小的控制

（一）晶粒度

晶粒度是表示晶粒大小的指标，可用晶粒的平均面积或平均直径来表示。工业上通常采用晶粒度等级来表示晶粒大小。标准晶粒度分为八级，1 级最粗，8 级最细。晶粒度评级有两种方法。一是在放大 100 倍的显微镜下与标准图对照来评级；二是通过定量金相的测量按照以下公式计算晶粒度：

$$m = 2^{N+2} \tag{3-2}$$

式中　m——1mm^2 表面中的晶粒个数；

N——晶粒度等级。

按照式(3-2)可以测量比八级更细的晶粒，也可测量比一级更粗的晶粒，比如 0 级、-1 级、10 级、12 级等。

（二）晶粒大小对金属性能的影响

图 3-3 是退火态 H68 黄铜的硬度与晶粒尺寸的关系。从图中可以看出，晶粒

大小对硬度影响很大，晶粒越细，硬度越高。

一般来说，金属的晶粒越细，常温下的力学性能越好。所以细化金属晶粒是提高其常温性能的最佳手段之一。在高温下工作的金属材料，晶粒过大或过小都不好。但对于制造电动机和变压器的硅钢片来说，其晶粒越大性能越好。

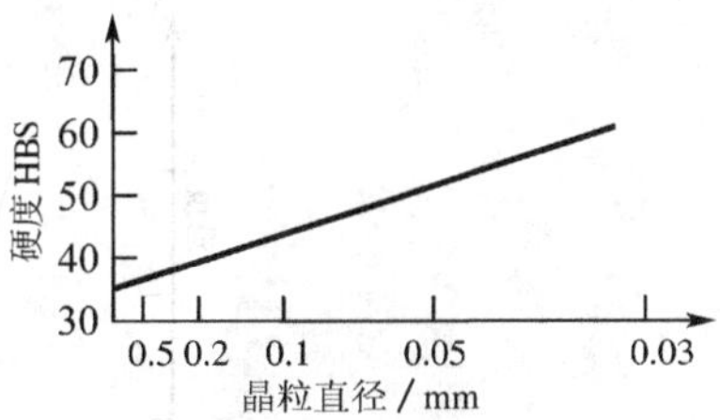

图 3-3 黄铜晶粒尺寸与硬度的关系

（三）晶粒大小的控制

1. 决定晶粒度的因素

结晶时，每个晶核都长大形成一个晶粒，所以在长大速度相同的情况下，形核越多，晶粒越细。通常把单位时间单位体积内形成晶核的数目叫做形核率（N）；把晶核在单位时间内生长的长度叫做长大速度（G）。比值 N/G 越大，晶粒越细小。

2. 控制晶粒度的方法

（1）控制过冷度　在目前所能达到的过冷度情况下，过冷度越大，N/G 值越高，得到的晶粒也越细小。由于过冷度与冷却速度有关，冷却速度越快，过冷度就越大。在生产上，为使晶粒细化，可以采用提高冷却速度的方法，如降低铸造温度，用金属型代替砂型等。但提高冷却速度细化晶粒的方法只能用于小型或薄壁零件。

（2）变质处理　变质处理就是在液态金属结晶前，加入一些细小的、高熔点的物质，使它在金属液中形成大量分散的固体质点，起到非自发形核的作用，从而提高了结晶时的形核率，使晶粒显著细化。这种方法称为变质处理，加入的这些高熔点物质称为变质剂。例如，在钢中加入钛、钒、铝，在铸铁中加入硅、钙、铝硅合金，在铝中加入钛、锆等，都能大大细化晶粒。

（3）振动、搅拌等方法　对即将凝固的金属进行振动或搅拌，使成长中的枝晶破碎，从而增加晶核数量，使晶粒细化。常用的方法有机械振动、超声波振荡和电磁搅拌等。

四、金属的同素异构转变

有些金属在固态时会发生晶格类型的转变，这种在固态下随温度的变化由一种晶格转变为另一种晶格的现象称为同素异构转变。同素异构转变是一种固态相变，与结晶相比，具有以下特点：

1）由于固态下原子的扩散比液态下的扩散困难，因而转变的过冷度大。

2）由于转变时晶格致密度的改变，将引起转变后体积的变化。

3）固态转变时，新相晶核往往在旧相的晶界或某些特定晶面上产生。

纯铁在固态下会发生同素异构转变。如图 3-4 所示是纯铁的冷却曲线。液态铁结晶后是体心立方晶格，称为 δ-Fe；在 1394℃ 以下转变为面心立方晶格，称

为 γ-Fe，这个转变也是成核长大过程，γ-Fe 的晶核容易在 δ-Fe 的晶界上形成；γ-Fe 冷却到 912℃又要转变为体心立方晶格，称为 α-Fe。

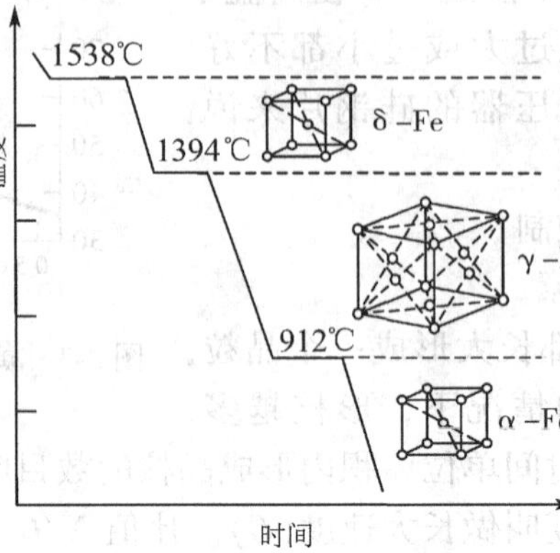

图 3-4　纯铁的同素异构转变

钛、锡、钴、锰等金属也存在同素异构转变。

五、金属铸锭的组织与缺陷

（一）金属铸锭组织

将液体金属浇入锭模中，冷却凝固后便得到金属铸锭。由于金属在凝固时，表层与心部的结晶条件不同，铸锭的组织将是不均匀的，金属铸锭的组织一般可以分为三个区，如图 3-5 所示。

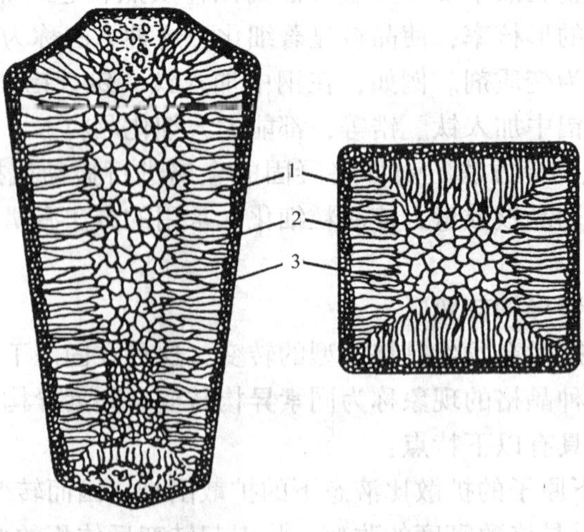

图 3-5　铸锭的三个晶区示意图

1—细晶区　2—柱状晶区　3—中心等轴晶区

（1）表层细晶区　液体金属刚注入锭模时，由于锭模温度较低，传热较快，造成很大的过冷度，因而大量生成晶核，同时模壁还能起非自发形核作用。结果在铸锭表面形成一层厚度不大的细晶粒区。

（2）柱状晶区　在表层细晶区形成后，模壁温度升高，散热变慢，凝固继续进行，依靠细晶区中那些取向有利的晶粒向液体中生长。由于垂直模壁方向散热速度最快，这些晶体优先沿模壁法线方向向中心长大而形成柱状晶区。

（3）中心等轴晶区　当柱状晶长大到一定程度，中心部分的液体散热减慢，温度趋于均匀，杂质的聚集减慢生长速度，表面晶粒的沉降、破碎或熔断枝晶作为新的晶核，并沿各个方向长大，形成中心等轴区。一般这些等轴晶区的晶粒都比较粗大。

（二）铸锭的缺陷

在铸锭或铸件中，经常存在一些缺陷，常见的缺陷有缩孔、气孔和夹杂物等。

（1）缩孔　大多数金属的液态密度小于固态密度，因此结晶时要发生体积收缩。金属收缩的结果是，原来填满铸型的液态金属，凝固后就不再能填满，此时如果没有液体金属继续补充的话，就会出现收缩孔洞，称为缩孔。

缩孔分为集中缩孔和分散缩孔两类。集中缩孔是整个铸锭结晶时的体积收缩都集中到最后结晶部分，形成集中的收缩孔洞。分散缩孔又叫疏松，它是因为结晶时的树枝晶的穿插和相互封锁作用，使一部分液体被孤立分隔于各枝晶之间，凝固后形成分散的显微缩孔。

缩孔是一种重要的铸造缺陷，对性能影响很大，它只能通过改变结晶时的冷却条件和铸锭的形状来控制其出现的部位和分布状况。

（2）气孔和夹杂　气孔是指铸锭中因有气体析出而形成的孔洞。气孔分为两种，一是溶于金属液体中的气体在冷却过程中析出而形成的孔洞，称为析出型气孔；二是金属液体中发生某种反应形成的气体保留在金属中形成的孔洞，称为反应型气孔。

夹杂是指在金属中与基体金属成分、结构都不同的颗粒。工业金属材料中的夹杂分为两大类，一是从炉膛、浇注系统或铸型中混入的外来夹杂；二是冶炼或凝固过程中内部反应生成的内生夹杂。夹杂和气孔都破坏了金属的连续性，使金属的性能变差。

第二节　聚合物的合成

高分子材料和人类的关系非常密切。但由于它的组成和结构的复杂性，到20世纪初才有人提出并逐步确立大分子链的学说。

高分子聚合物的相对分子质量虽然很大，但它的组成一般都比较简单，它是由某些简单的低分子单体通过聚合反应合成的。按照反应机理，聚合反应可分为两类：加成聚合反应和逐步聚合反应。

一、加成聚合反应(链型聚合反应)

加成聚合反应又叫链型聚合反应，单体经加聚合成高聚物，链节结构的化学式与单体分子式相同，如聚乙烯、聚氯乙烯的合成。它是制备高聚物应用最广的一种反应。加聚反应是由小分子单体相互加成而连接成大分子链的过程。

加聚反应的整个链式聚合过程由三步基元反应组成，以乙烯分子的加成聚合为例：

第一步：链的引发。由引发剂形成的自由游离基，并与乙烯基分子结合形成含有不成对电子的原子、原子团或离子。

引发剂为有机过氧化物：$(CH_3)_3COOC(CH_3)_3$。其中，$(CH_3)_3C$ 与 $C(CH_3)_3$称为官能团，记为 R。这样，引发剂可以写为：R—O—O—R ⟶ R—O · + · O—R。

引发剂与乙烯基结合，得到自由基(活性反应中心)：

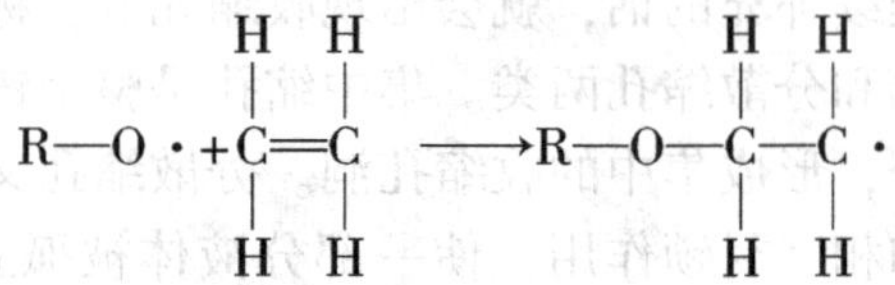

第二步：链的增长，是以自由基为基础，形成生长链，再往生长链的末端结合更多的单体：

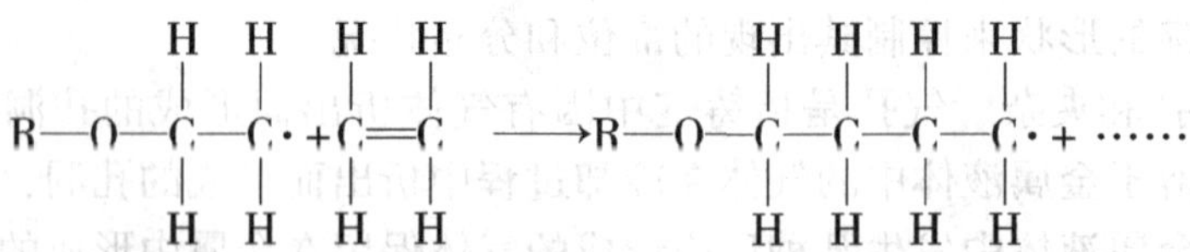

这个过程迅速进行，聚合物的链节越来越多。

第三步：链终止。当乙烯单体显著减少，供应耗竭时，或两个生长链的端部相遇而连接时，链节的增长就终止了。链终止有以下两种方式：

(1) 偶合　两个生长链相互结合，使链终止。

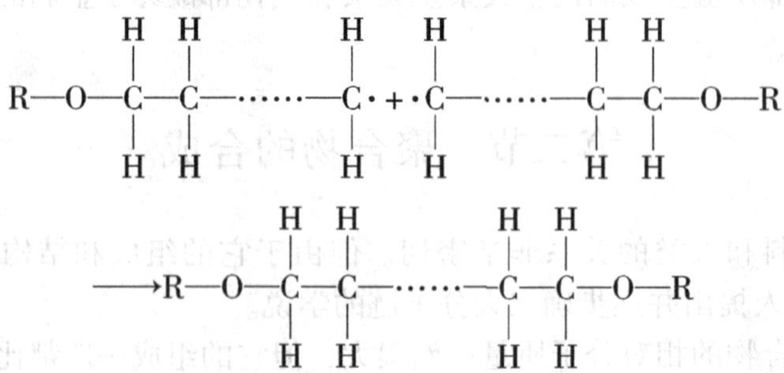

（2）歧化反应　一个生长链获得一个 H 原子，另一个生长链丢掉一个 H 原子，丧失反应活性。

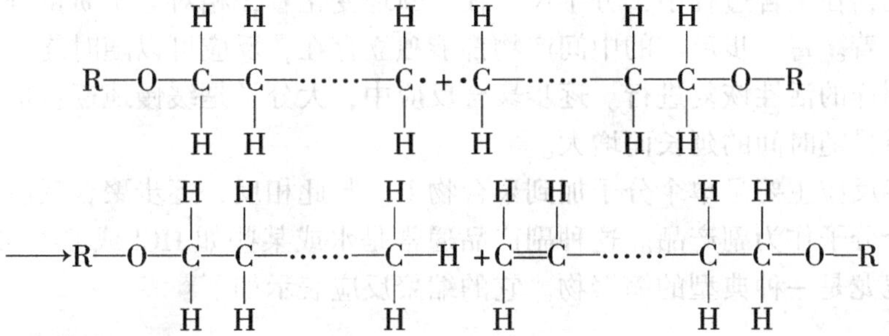

链式聚合反应的链增长阶段进行得很快，通常在几秒钟之内或更短的时间内即可完成。但是，由于链引发阶段相对较缓慢，因而限制了全部单体分子的转化速率。因为不同的分子在不同时刻终止其生长，所以造成分子大小不一，而分布在一定范围内。

一种单体经过加聚反应生成的高分子叫做均聚物。例如乙烯经过加聚反应生成的聚乙烯即为均聚物。其反应条件是适宜的温度、压力和催化剂等。很多常见的高分子材料都是均聚物，诸如聚氯乙烯、聚苯乙烯、聚丙烯、聚四氟乙烯等。它们的产量大、用途广，在高分子材料中占有重要地位。

两种或两种以上单体经过加聚反应生成的高分子叫共聚物。它可以不断创制新的品种。能有效地改善均聚物某些性能的不足。共聚物和均聚物有点类似金属材料中合金和纯金属的关系。许多著名的高分子材料都是共聚物。例如 ABS 工程塑料，由于丙烯腈(A)、丁二烯(B)、苯乙烯(S)的配比不同，生产工艺不同，可以有许多不同的牌号，性能也可在很宽的范围内变化。当丙烯腈(A)的含量增加时，材料的硬度、强度和热稳定性增加，而弹性和冲击韧性下降。

二、逐步聚合反应(缩聚反应)

逐步聚合反应又叫缩聚反应，它是制备高聚物的另一重要反应。具有双官能团的低分子化合物相互作用，生成高聚物，同时析出某些小分子化合物(水、氨、醇等)的反应叫缩聚反应。其反应产物叫缩聚物。

逐步聚合的过程是由单体分子和反应中间产物通过官能团之间的逐步反应完成的。随着反应的进行，单体分子首先聚合成二聚物、三聚物、四聚物、五聚物等直到最终形成具有高聚合度的聚合物分子。逐步聚合反应既可在中间产物(二聚物、三聚物等)和单体之间进行，也可在中间产物之间进行，即下面两种反应都可能发生：

$$n\text{ 聚物} + \text{单体} \longrightarrow (n+1)\text{ 聚物}$$

$$n\text{聚物}+m\text{聚物}\longrightarrow(m+n)\text{聚物}$$

因此，在聚合过程中，分子尺寸在不断地变化着，相对分子质量分布也在不断地变化着。每一步反应的中间产物都能独立存在，反应可以随时终止，又可以随时以同样的活性恢复进行。逐步聚合反应中，大分子是缓慢地逐步形成的，相对分子质量随时间的延长而增大。

加聚反应主要是单个分子加到聚合物上。与此相反，逐步聚合反应产生第二种非聚合分子作为副产品。这种副产品通常是水或某些如 HCl 或 CH_3OH 的简单分子。尼龙是一种典型的缩聚物。它的缩聚反应表示如下：

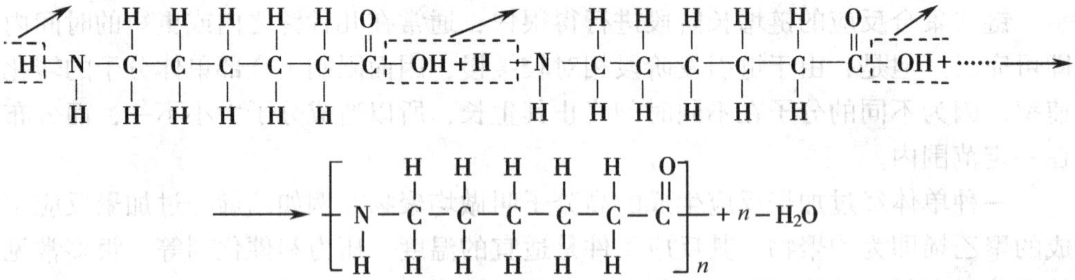

H 和 OH 从分子的端部移去而生成小的水分子(副产品)。水又可以从塑料中除去而留下一线型聚合物，这种聚合物是由若干“—CH_2—”单元和酰胺基键合而成的。

缩聚反应在高分子合成工业中占有重要地位。一些性能优良的工程塑料及耐热聚合物，如聚对苯二甲酸乙二酯(的确良或叫涤纶)，就是由对苯二甲酸和乙二醇经缩聚反应生成的。其它如聚碳酸酯、聚砜、聚酰亚胺、酚醛树脂(电木)、环氧树脂等都是通过缩聚反应制得的。

第三节　陶瓷材料的制备过程

大部分的陶瓷材料是由下列两种普通工艺制成的：粘滞成形或烧结。粘滞成形主要用于玻璃的生产，包括熔化和粘性液体的成形。烧结则主要用于陶瓷的生产，它是从细的分散颗粒开始，聚集成所需的形状，通常还需随之进行焙烧以使颗粒间产生结合。第三种具有广泛而专门用途的工艺是化学键合，例如普通水泥的水化作用。本节着重讨论粘滞成形和烧结工艺。

一、粘滞成形与非晶态凝固

粘滞成形属于非晶态凝固，当熔体的粘度较大，或者冷却速度非常快，凝固后就只能得到非晶体。工业玻璃就是用这种工艺制成的。当加热时，玻璃变得具有足够的热塑性，可成形为最终的制品。但是在最后成形前必须使组成氧化物完全熔化，使成分均匀并除去吸入的气体。除气是粘滞成形中最重要的工艺过程，因为玻璃中所含的碱和石灰来自 Na_2CO_3 和 $CaCO_3$，而二者都要释放 CO_2 气体。留在玻璃中的气泡当然是个缺陷。最后的成形工艺可以是压制(用于结构玻璃块)、热弯成形(用于许多汽车窗玻璃)、吹制(用于灯泡)或拉制(用于玻璃纤维)等。

控制粘度也是粘滞成形工艺中最重要的环节之一。在玻璃的熔化期间必须具有低的粘度，以利于气泡逸出并达到均匀化；玻璃在加工期间，其粘度则可以高一点，以利于成形。

二、烧结过程

大部分非玻璃化陶瓷材料是由研磨得十分细小的颗粒烧结(焙烧)而成整体的制品。

传统的陶瓷成形工艺主要有两种：可塑法和注浆法。可塑法是将可塑性原料(如粘土)经过塑性成形制成坯，干燥后再进行焙烧。注浆法适用于非可塑性原料，它是将原料制成悬浮的泥浆，然后注入模型内，利用模型使靠近模壁的泥浆脱水，然后再进行干燥和焙烧。伴随着这一过程将发生相当大的收缩，因为在泥浆浇注的坯料中，固体颗粒的致密度是很低的。

现代工业陶瓷制品通常采用压制成形，例如火花塞绝缘子就是采用等静压成形的。这种工艺具有重要的优点，成形所加的高压是均匀的，干燥过程中的收缩也很小，且成形过程易于控制。

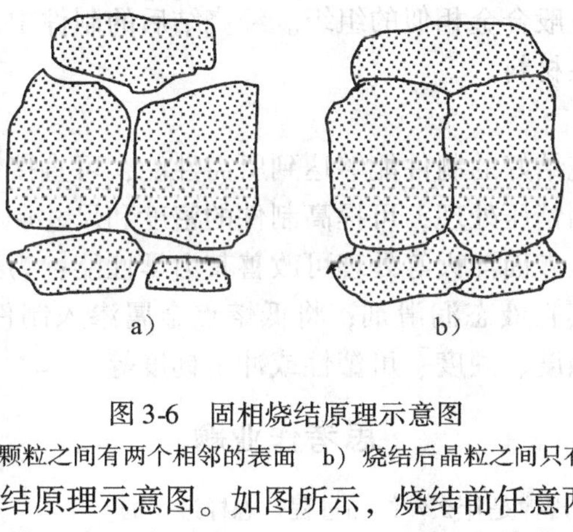

图 3-6　固相烧结原理示意图

a）烧结前颗粒之间有两个相邻的表面　b）烧结后晶粒之间只有一个晶界

图 3-6 是固相烧结原理示意图。如图所示，烧结前任意两个颗粒之间都有两个表面，而烧结后，就只有一个晶粒边界。两个表面是高能量的边界；而晶界的能量则比较低。因此，当温度足够高，从而允许相当数量的原子进行移动时，自然就发生这一反应。所以，烧结的驱动力是颗粒表面积的减少，因而也是表面能的降低。

由于陶瓷颗粒在烧结时伴随着表面的减少，所以不可避免地要出现收缩，并产生气孔，使陶瓷材料的性能下降。为了尽量减小气孔率，现在常常采用热等静压烧结的新工艺。热等静压烧结的工艺是成形和加热同时进行，使坯料的收缩和气孔率大大降低。

第四节　粉末冶金工艺过程

粉末冶金材料是指不经熔炼和铸造，直接用几种金属粉末或金属粉末与非金属粉末，通过配制、压制成型，烧结和后处理等制成的材料。粉末冶金是金属冶金工艺与陶瓷烧结工艺的结合，它通常要经过以下几个工艺过程：

一、粉料制备与压制成形

常用机械粉碎、雾化、物理化学法制取粉末。制取的粉末经过筛分与混合，混料均匀并加入适当的增塑剂，再进行压制成形，粉粒间的原子通过固相扩散和机械咬合作用，使制件结合为具有一定强度的整体。压力越大则制件密度越大，强度相应增加。有时为减小压力和增加制件密度，也可采用热等静压成形的方法。

二、烧结

将压制成形的制件放置在采用还原性气氛的闭式炉中进行烧结，烧结温度约为基体金属熔点的2/3～3/4。由于高温下不同种类原子的扩散，粉末表面氧化物的被还原以及变形粉末的再结晶，使粉末颗粒相互结合，提高了粉末冶金制品的强度，并获得与一般合金相似的组织。经烧结后的制件中，仍然存在一些微小的孔隙，属于多孔性材料。

三、后处理

一般情况下，烧结好的制件能够达到所需性能，可直接使用。但有时还需进行必要的后处理。如精压处理，可提高制件的密度和尺寸形状精度；对铁基粉末冶金制件进行淬火、表面淬火等处理可改善其力学性能；为达到润滑或耐蚀目的而进行浸油或浸渍其它液态润滑剂；将低熔点金属渗入制件孔隙中去的熔渗处理，可提高制件的强度、硬度、可塑性或冲击韧度等。

思考作业题

1. 金属结晶的基本规律是什么？结晶过程是怎样进行的？

2. 过冷度与冷却速度有何关系？为什么金属结晶一定要有过冷度？它对晶粒大小有何影响？

3. 如果其它条件相同，试比较在下列条件下铸件晶粒的大小：

（1）砂型铸造与金属型铸造；

（2）厚壁铸件与薄壁铸件；

（3）加变质剂与不加变质剂；

（4）浇注时振动与不振动。

4. 凝固与结晶是不是一回事？影响凝固的因素有哪些？

5. 晶粒度等级 N 是由关系式 $m=2^{N+2}$ 来确定的，试计算晶粒度为 7 级时，晶粒的实际的平均直径是多少？

6. 聚合物的加成聚合反应与逐步聚合反应有何区别？

7. 陶瓷烧结时为什么会产生收缩现象？

8. 试比较陶瓷粘滞成形与烧结工艺之间的区别。

9. 粉末冶金的基本工艺过程是什么？

第四章　二元相图及应用

相图是描述系统的状态、温度、压力及成分之间关系的一种图解，又称为状态图。利用相图可以知道不同成分的材料在不同温度下存在哪些相、各相的相对量、成分及温度变化时可能发生的变化。所以，相图在生产中，可以作为制定金属材料熔炼、铸造、锻造和热处理等工艺规程的重要依据；也可以作为陶瓷材料选配原料、制定生产工艺、分析性能的重要依据。

第一节　二元相图的建立

测定二元相图最常用的方法是热分析法。现在以 Cu-Ni 合金系为例，说明用热分析法建立相图的具体步骤。

图 4-1 是用热分析法建立 Cu-Ni 合金相图的示意图。

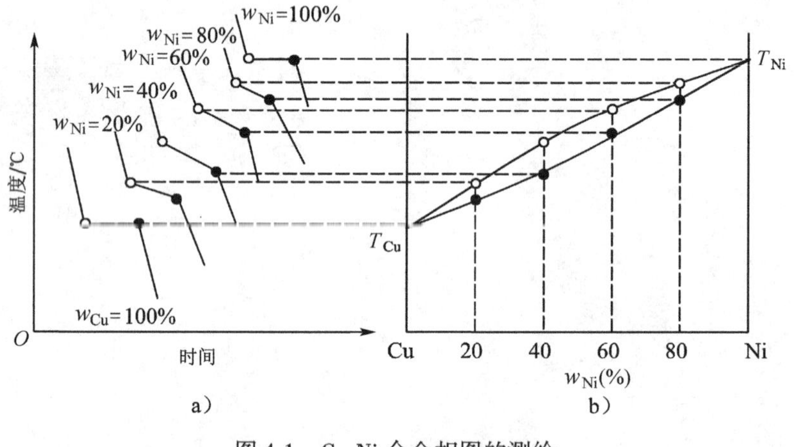

图 4-1　Cu-Ni 合金相图的测绘

a）冷却曲线　b）Cu-Ni 相图

先测定 w_{Ni} = 100%、80%、60%、40%、20%，w_{Cu} = 100% 各金属和合金的热分析冷却曲线，见图 4-1a，然后将冷却曲线中的结晶开始温度(上临界点)和结晶终了温度(下临界点)，在温度—成分坐标图中，对应各合金成分线取点，分别连接各上临界点和下临界点，得到两条曲线，与坐标共同组成 Cu-Ni 合金相图。

第二节 二元相图的基本类型及应用

大多数二元相图都比 Cu-Ni 合金相图复杂，但不论多复杂，都可以看成是由几类最基本的相图组合而成的。下面就分别讨论几种基本的二元相图。

一、二元匀晶相图

从液相中直接结晶出固溶体的反应称为匀晶反应，只发生匀晶反应的相图称为匀晶相图。匀晶相图中两组元在液态、固态下都能无限互溶。具有这类相图的二元合金系有 Cu-Ni、Cu-Au、Au-Ag 等，有些硅酸盐材料如镁橄榄石(Mg_2SiO_4)、铁橄榄石(Fe_2SiO_4)等也具有此类特征。下面以 Cu-Ni 合金为例来进行分析。

1. 相图分析

图 4-2a 是 Cu-Ni 合金相图。图中只有两条曲线，其中 Al_1B 称为液相线，是各种成分的合金在冷却时开始结晶或加热时熔化终止的温度；$A\alpha_4B$ 称为固相线，是各种成分的合金在加热时开始熔化或冷却时结晶终止的温度。显然，在液相线以上为液相单相区，以 L 表示；在固相线以下为固相单相区，各种成分的合金均呈 α 固溶体，以 α 表示；在液相线与固相线之间是液相与 α 固溶体两相共存区，以 L+α 表示。A 点是 Cu 的熔点，B 点是 Ni 的熔点。

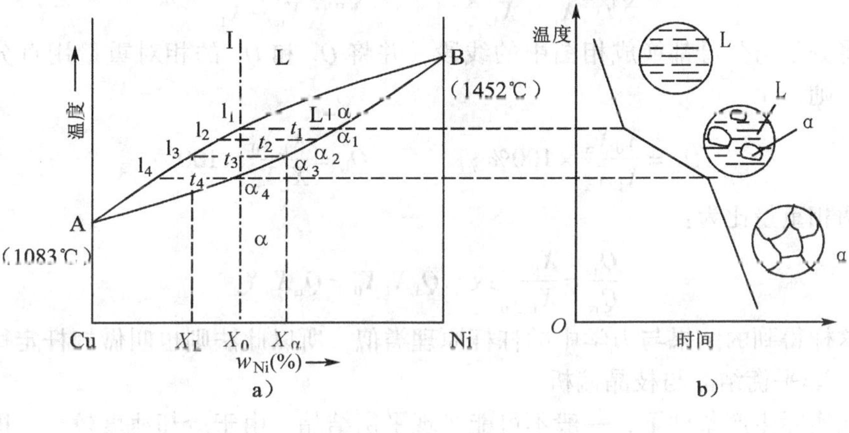

图 4-2 Cu-Ni 合金相图

2. 合金的结晶过程

现在以合金 I 为例来说明合金的结晶过程。

如图 4-2 所示，当合金缓慢冷却至 l_1 点以前时，均为单一的液相，成分不发生变化，只是温度的降低。冷却到 l_1 点时，开始从液相中析出 α 固溶体，冷却到 α_4 点时，合金全部转变为 α 固溶体，在 l_1 点与 α_4 点之间，液相和固相两相共存。若继续从 α_4 点冷却到室温，合金只是温度的降低，组织和成分不再变化，

为单一的 α 固溶体。

在液固两相共存区，随着温度的降低，液相的量不断减少，固相的量不断增多，同时液相和固相的成分也将通过原子的扩散不断改变。当合金的温度在 t_1 ~ t_4 之间时，液相的成分是温度水平线与液相线的交点，固相的成分是温度水平线与固相线的交点。由此可见，在两相共存区，液相的成分沿液相线变化，固相成分沿固相线变化。这对于其它性质相同的两相区也是一样，即相互处于平衡状态的两个相的成分，分别沿两相区的两条边界相线变化。

3. 杠杆定律

如上所述，在合金的结晶过程中，合金中各个相的成分及其相对量都在不断地变化。不同条件下各相的成分及其相对量，可通过杠杆定律求得。

以图 4-2a 为例，在 t_3 温度时，液相的成分是 X_L，固相的成分是 X_α，X_0 是合金的成分。设合金的总重量为 1，液相的重量为 Q_L，固相的重量为 Q_α。则可列出下列方程：

$$\begin{cases} Q_L + Q_\alpha = 1 \\ Q_L X_L + Q_\alpha X_\alpha = X_0 \end{cases}$$

解此方程组得：

$$Q_L = \frac{X_\alpha - X_0}{X_\alpha - X_L}\ ; \qquad Q_\alpha = \frac{X_0 - X_L}{X_\alpha - X_L}$$

将分子与分母都换成相图中的线段，并将 Q_L 和 Q_α 的相对重量用百分数表示时，则

$$Q_L = \frac{X_0X_\alpha}{X_LX_\alpha} \times 100\%\ ; \qquad Q_\alpha = \frac{X_LX_0}{X_LX_\alpha} \times 100\%$$

两相重量比为：

$$\frac{Q_L}{Q_\alpha} = \frac{X_0X_\alpha}{X_LX_0} \text{或} \quad Q_L X_L X_0 = Q_\alpha X_0 X_\alpha$$

这样得到的结果与力学中的杠杆原理类似，所以此法则也叫做杠杆定律。

4. 非平衡结晶与枝晶偏析

在实际生产条件下，一般不可能实现平衡结晶。由于冷却速度较快，即使液相中原子扩散来得及，固相中就来不及扩散，以致于固溶体先结晶的中心与后结晶部分成分不同，称为晶内偏析。又因金属的结晶多以枝晶方式长大，所以这种偏析多数呈树枝状，先结晶的枝轴与后结晶的枝间成分不同，所以又称为枝晶偏析。

枝晶偏析的存在将影响合金性能，因此在生产中通常把具有晶内偏析的合金加热到高温(低于固相线)并进行长时间保温，使合金进行充分的扩散，可消除枝间偏析。这种处理被称为扩散退火或均匀化。

二、二元共晶相图

两组元在液态无限互溶，固态有限互溶或完全不互溶，且冷却过程中发生共晶反应的相图，称为共晶相图。属于这类相图的有：Pb-Sn、Cu-Ag、Al-Ag、Al-Si、Pb-Bi 等，一些陶瓷材料也具有共晶相图，如 Al_2O_3-ZrO_2。

下面以 Pb-Sn 合金为例，对共晶相图及其合金的结晶过程进行分析。

1. 相图分析

Pb-Sn 相图如图 4-3 所示。

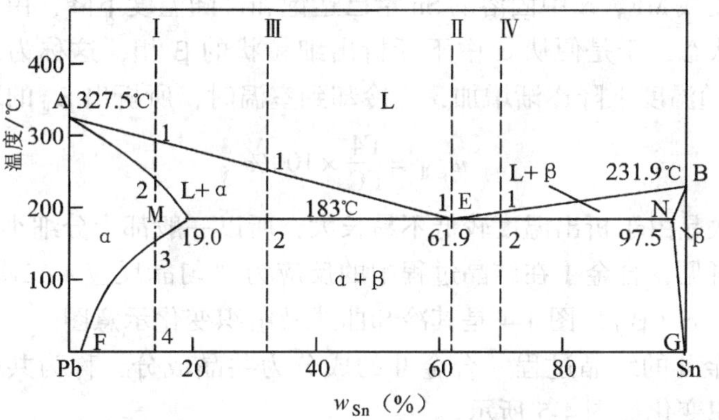

图 4-3 Pb-Sn 相图

图中有 α、β、L 三种相。其中，α 是以 Pb 为溶剂，以 Sn 为溶质的有限固溶体；β 是以 Sn 为溶剂，以 Pb 为溶质的有限固溶体。

图中共包含有 α、β、L 三个单相区，还有 L+α、L+β、α+β 三个两相区。AEB 是液相线，AMENB 是固相线，MF 是 Sn 在 α 相中的溶解度线，NG 是 Pb 在 β 相中的溶解度线。A 为 Pb 的熔点，B 为 Sn 的熔点。

在 MEN 水平线所对应的温度下，成分为 $w_{Sn}=61.9\%$ 的 L 相将同时结晶出成分为 $w_{Sn}=19.0\%$ 的 α 相和成分为 $w_{Sn}=97.5\%$ 的 β 相，即：

$$L_E \rightleftharpoons \alpha_M + \beta_N$$

这种在一定条件(温度、成分)下，由均匀液相同时结晶出两种不同固相的转变称为共晶转变或共晶反应。MEN 线称为共晶线，E 点的成分称为共晶成分，E 点的温度称为共晶温度，共晶转变的产物称为共晶组织或共晶体，它是一种均匀的机械混合物。所谓机械混合物是指合金的组成物在固态下按一定重量比混合而成的新物质，它的各个组成物仍保持自己原来的晶格类型和性能，其性能介于各组成物之间。机械混合物既可是纯金属、固溶体或金属化合物各自的混合物，也可以是它们之间的混合物。这里的共晶体是两种固溶体 α 和 β 的均匀机械混合物。

2. 合金的结晶过程

根据共晶合金的成分和组织特点，Pb-Sn 合金系可以分为固溶体合金、共晶合金、亚共晶合金和过共晶合金四类。下面分析 Pb-Sn 合金系各类合金(如图 4-3 所示)的结晶过程及组织。

（1）合金Ⅰ($w_{Sn}<19\%$)的结晶过程　由图 4-3 可见，这一合金在缓冷到 3 点温度以前，完全是按匀晶相图反应进行的，开始结晶出来的 α 称为一次晶。匀晶反应完成后，在 2、3 点之间，合金为均匀的 α 单相组织。当温度降到 3 点时，碰到 α 溶解度线 MF，α 中固溶的 Sn 量已达饱和。随温度下降，由于 α 的浓度已处于过饱和状态，于是便从 α 中不断析出细粒状的 β 相，这称为二次晶，写作 β_{II}。其数量随温度下降逐渐增加，当冷却到室温时，所析出 β_{II} 的质量分数为：

$$w_{\beta\,\text{II}}=\frac{\text{F4}}{\text{FG}}\times 100\%$$

这类二次晶由于析出温度较低不易长大，所以一般都十分细小。

由上述可见，合金Ⅰ在结晶过程中的反应为“匀晶反应 + 二次析出”，其室温下的组织为 $\alpha+\beta_{\text{II}}$。图 4-4 是其冷却曲线及组织变化示意图。

（2）合金Ⅱ的结晶过程　合金Ⅱ的成分为共晶成分，称为共晶合金，其冷却曲线和组织变化如图 4-5 所示。

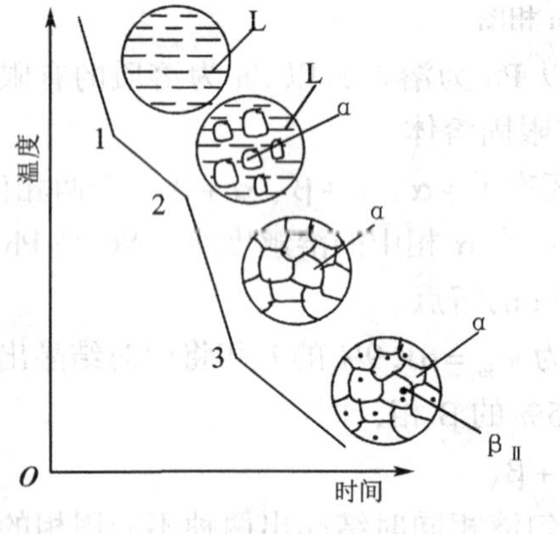

图 4-4　合金Ⅰ的冷却曲线及组织变化示意图

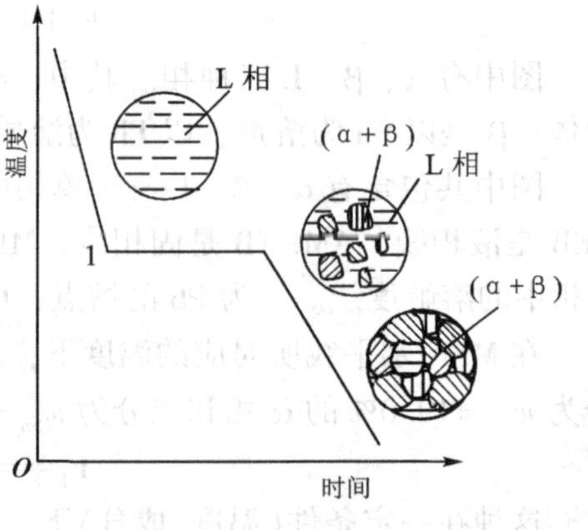

图 4-5　合金Ⅱ的冷却曲线及组织变化示意图

合金Ⅱ由液态缓慢冷却到温度 1 时，发生共晶转变，由 L 相同时结晶出 α、β 两种固溶体相的机械混合物。这一转变在温度 1 一直进行到液相完全消失为止，这时合金全部为共晶组织(α + β)。继续冷却，共晶组织中的 α 和 β 的成分将分别沿溶解度曲线 MF 和 NG 变化，并从其中析出 α_{II} 和 β_{II}。由于共晶体是非常细密的混合物，二次晶的析出难以看到，而且共晶体中二次晶析出量较少，故一般可以忽略不计。

因此，合金Ⅱ在结晶过程中的反应为“共晶反应+二次析出”，其室温平衡组织为共晶组织$(\alpha+\beta)$。

（3）合金Ⅲ的结晶过程　合金Ⅲ的成分位于M、E点之间，称为亚共晶合金。其冷却曲线及组织变化如图4-6所示。

合金Ⅲ在温度1以上均为液相，冷却到温度1时，开始从液相中析出初生α固溶体。继续冷却时，α相的数量增多，成分沿固相线AM变化，液相数量减少，成分沿液相线AE变化。冷却到温度2时，α相达到M点成分，液相达到E点共晶成分，这时共晶成分的剩余液相将发生共晶转变，形成共晶组织$(\alpha+\beta)$，而成分为M点的α相保持不变。因此，共晶转变结束后，合金Ⅲ由初生α相和共晶体$(\alpha+\beta)$组成。若继续冷却，将从α固溶体(初生的和共晶的)中析出β_{II}，从β固溶体(共晶的)中析出α_{II}。由于共晶组织中的二次晶可忽略不计，因此合金Ⅲ冷却至室温时的平衡组织为$\alpha+(\alpha+\beta)+\beta_{\mathrm{II}}$。如前所述，合金Ⅲ在结晶过程中的反应为“匀晶反应+共晶反应+二次析出”。

（4）合金Ⅳ的结晶过程　合金Ⅳ的成分大于共晶成分，称为过共晶合金。其冷却曲线及组织变化如图4-7所示。

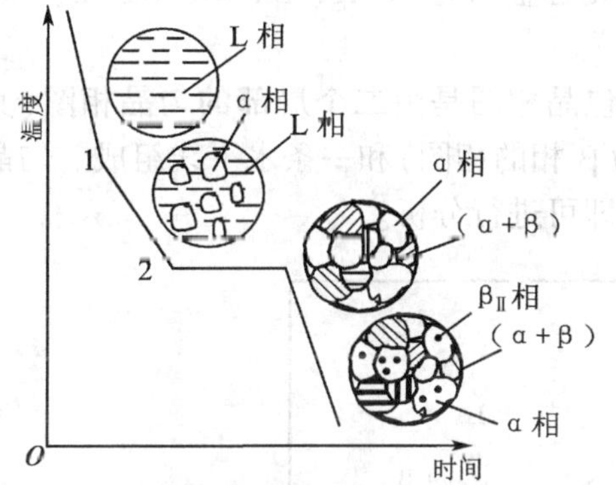

图4-6　合金Ⅲ的冷却曲线及组织变化示意图

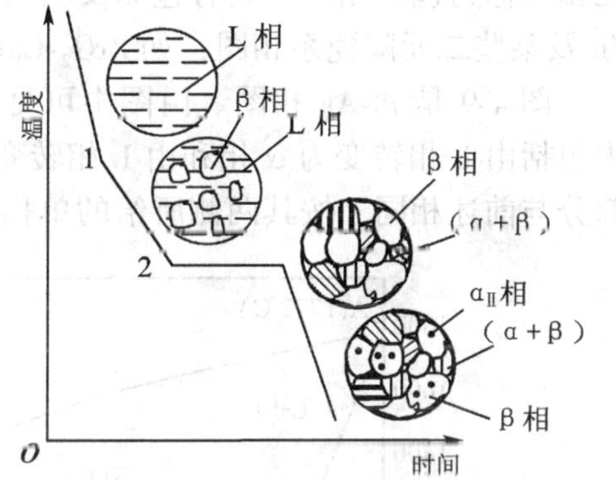

图4-7　合金Ⅳ的冷却曲线及组织变化示意图

由图可见，合金Ⅳ的结晶过程与合金Ⅲ(即亚共晶合金)很相似，其反应也是“匀晶反应+共晶反应+二次析出”。所不同的是匀晶反应的初次晶为β；二次析出为α_{II}，所以其室温组织为$\beta+(\alpha+\beta)+\alpha_{\mathrm{II}}$。

综上所述，从相角度看，Pb-Sn合金结晶的产物只有α和β两相，它们称为相组成物。但不同方式析出的α和β相具有不同的特征，上述各合金结晶所得的α、β、α_{II}、β_{II}及共晶$(\alpha+\beta)$，在显微镜下可以看到各具有一定的组织特征，它们称为组织组成物。按组织来填写的相图如图4-8所示，这样填写的合金组织与显微镜下看到的金相组织是一致的。

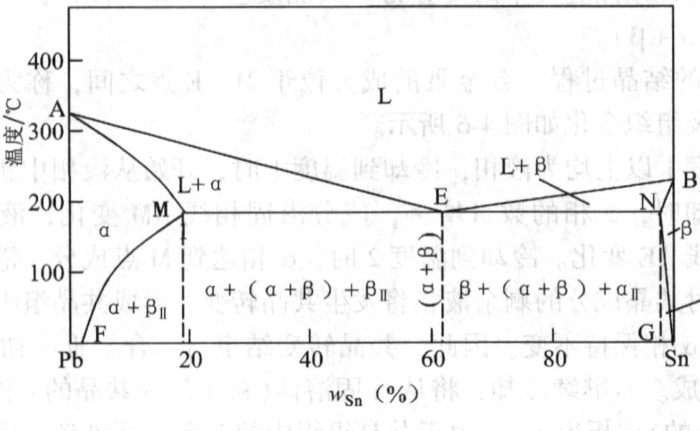

图 4-8　由组织组成物填写的 Pb-Sn 相图

三、二元包晶相图及其它相图

1. 包晶相图

两组元在液态时无限互溶，在固态时形成有限固溶体，并发生包晶反应的二元相图称为包晶相图。具有包晶反应的二元合金系有 Pt-Ag、Sn-Sb、Cu-Sn、Cu-Zn 及某些二元陶瓷系相图，如 ZrO_2-CaO 等。

图 4-9 是 Pt-Ag 相图。由图中可见，包晶相图是由二个局部的匀晶相图(其中包括由 L 相转变为 α 相和由 L 相转变为 β 相的相图)和一条水平线组成。匀晶部分与前述相同，按其两侧所给的单相区即可进行分析。

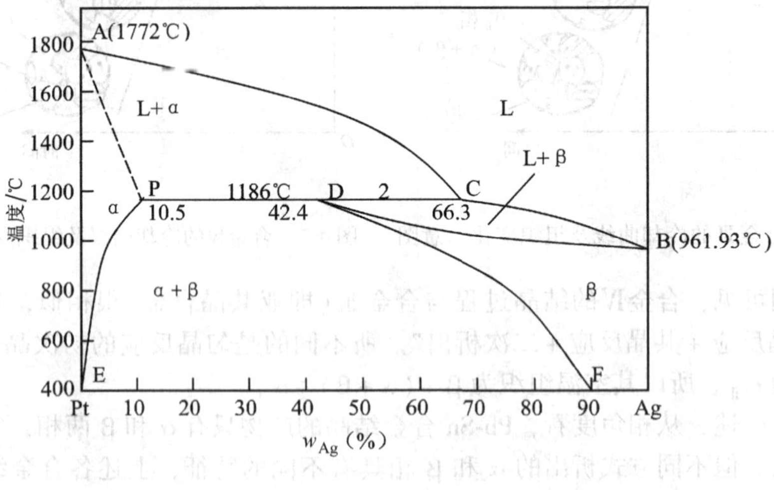

图 4-9　Pt-Ag 合金相图

包晶水平线上发生的反应，与共晶水平线上发生的反应完全不同。在包晶反应温度下，已结晶出来的成分为P点的α固溶体(α_P)与包围它的成分为C点的液相(L_C)作用，形成一个成分为D点的新固溶体β_D，这种转变称为包晶转变或包晶反应。反应式可以写成：

$$L_C + \alpha_P \rightleftharpoons \beta_D$$

相图中的D点为包晶点，D点所对应的温度为包晶温度，PDC为包晶线。由于两相反应必从相界面处开始，即β_D相必然包着α_P相形成，故称包晶反应。这种相图也是二元相图的一种基本类型，但工业上遇到较少，所以不作详细叙述。

2. 具有稳定化合物的二元相图

稳定化合物是指在熔化前既不分解也不产生任何化学反应的化合物，形成稳定化合物的二元合金系有Mg-Si、Mn-Si、Fe-P、Cu-Sb等。

图4-10是Mg-Si合金相图，Mg和Si能形成稳定化合物Mg_2Si。由于稳定化合物的结晶过程与纯组元完全类似，所以在二元合金相图中，可以把稳定化合物看作一个组元对待，它在相图中是一条垂线，此线的垂足代表化合物的成分，其顶点代表它的熔点。若把化合物Mg_2Si看成一个组元，就可以认为，Mg-Si合金相图是由Mg-Mg_2Si和Mg_2Si-Si两个共晶相图所组成，因此可分别按共晶相图来进行分析。

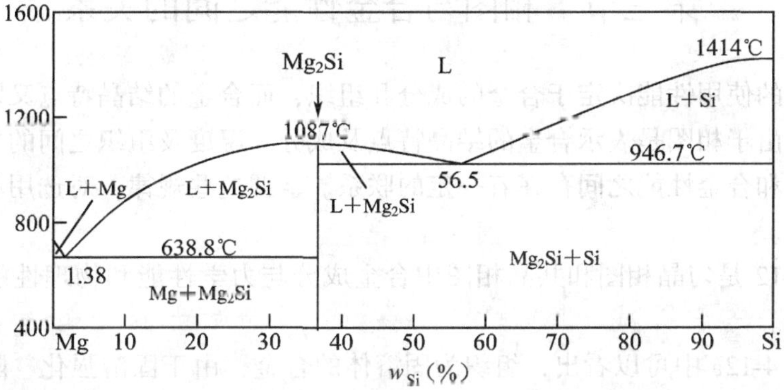

图4-10 Mg-Si合金相图

3. 共析相图

一定成分的固相，在一定温度下，同时析出两种化学成分和晶格结构完全不同的新固相，这个转变过程称为共析反应。图4-11是一种包括共析反应的相图，下部共析反应相图与共晶相图很相似，但不同点在于水平线上的共析反应，不是自液相中而是自α固相中同时析出β_1和β_2两种不同的新相，即

$$\alpha_C \rightleftharpoons \beta_{1D} + \beta_{2E}$$

其中，水平线DCE称为共析线，其反应产物称为共析体。这类相图的分析

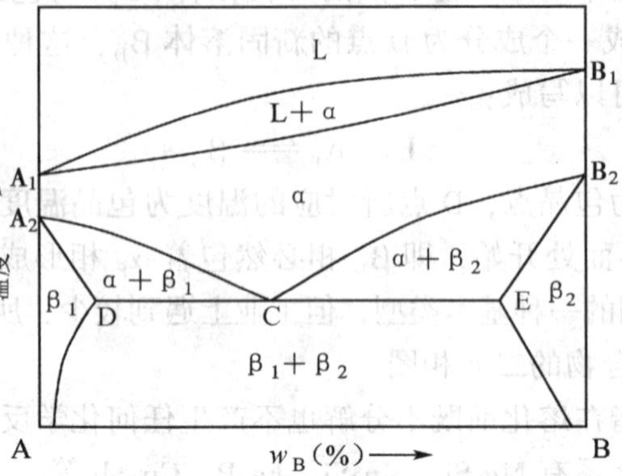

图 4-11　具有共析反应的二元相图

方法与共晶相图相同，这里不再叙述。

由于共析反应是在固态下进行的，转变温度低，反应中的原子扩散比较困难，易于达到较大的过冷度，从而形核率高。因此，与共晶组织相比，共析组织要细得多。

第三节　相图与合金性能之间的关系

合金的使用性能决定于合金的成分和组织，而合金的结晶特点又影响了其工艺性能。由于相图是表示合金的结晶特点及成分、温度及组织之间的关系的，因此，相图和合金性能之间存在着一定的联系。掌握这些规律，对选用和配制合金是必要的。

图 4-12 是匀晶相图和共晶相图中合金成分与力学性能和物理性能之间关系的示意图。

从图 4-12a 中可以看出，组织为固溶体的合金，由于固溶强化，随着溶质组元含量的增加，其强度和硬度提高，呈曲线关系变化。而固溶体合金的电阻率与成分之间的关系也呈曲线关系变化，随着溶质组元含量的增加，晶格畸变加大，增加了合金中自由电子的运动阻力，导致合金的电阻率增大。

从图 4-12b 中可以看出，共晶系的合金，相图两端均为固溶体，其性能与合金成分之间呈曲线关系。而相图中间部分为两相机械混合物，在平衡状态下，若两相的大小和分布都比较均匀，合金的性能大致是两相性能的算术平均值，即合金的强度、硬度、电阻率与成分呈直线关系。但两相十分细密时，合金的强度、硬度将偏离直线关系而出现峰值，如图中虚线所示。

图 4-13 是匀晶相图和共晶相图中合金成分与合金铸造性能之间关系的示意图。

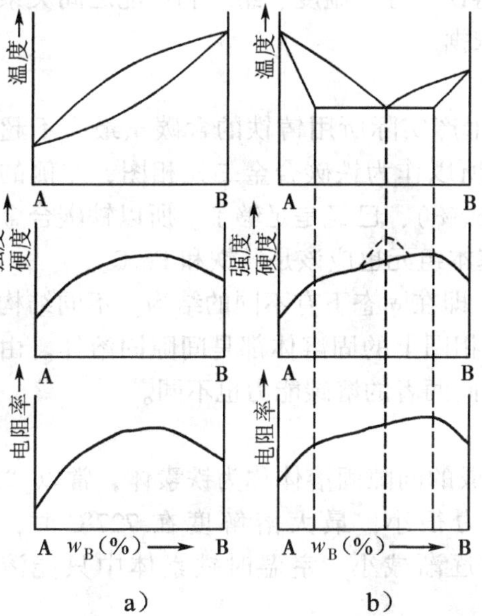

图 4-12　相图与合金强度、硬度、电阻率之间关系

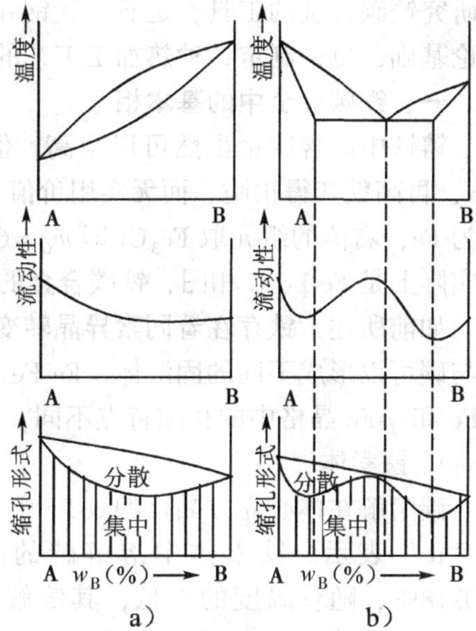

图 4-13　相图与合金铸造性能之间关系

合金的铸造性能主要表现为流动性、缩孔、裂纹、偏析等。这些性能主要取决于相图上液相线与固相线之间的垂直距离和水平距离，即结晶的温度范围和成分范围。由图 4-13 可见，在恒温下结晶的共晶合金，不仅结晶温度一定，而且结晶温度最低，所以具有最好的流动性，并在结晶时易形成集中缩孔。固溶体合金的固相线与液相线距离越大，越容易产生偏析；在结晶过程中，若结晶树枝比较发达，则会阻碍液体流动，从而流动性变差，并会在枝晶内部与枝晶之间产生分散缩孔，这对铸造性能不利。结晶温度范围小时，流动性提高，并可得到集中缩孔。

第四节　铁碳合金相图

碳钢和铸铁是工业中应用范围最广的金属材料，它们都是以铁和碳为基本组元的合金，通常称之为铁碳合金。钢作为工程材料，其通用性已由制成的许多种不同类别的钢所证实。其中一个极端的例子是软钢，它可以用于深冲压作成汽车挡板或加热炉的炉壁。另一个极端的例子则是高硬度和高冲击韧度的钢，它可用做齿轮或推土机的刮板。有的钢必须具有非常高的耐腐蚀性能。用作变压器片的钢又必须具有特殊的磁性能，以便能够磁化和退磁，每秒钟达许多次，而功率损耗很低。另外有些钢却必须是完全无磁性的，例如用于手表和扫雷艇中的钢。铁碳合金相图能够帮助我们解释上述的各种特征。从这个意义上讲，铁碳合金相图是研究铁碳合金的工具，是研究碳钢和铸铁成分、温度、组织和性能之间关系的理论基础，也是制定各种热加工工艺的依据。

一、铁碳合金中的基本相

铸铁中的含碳量虽然可以很高，但生产实际所用铸铁的含碳量最高不超过5%，再高就变得很脆，而无实用价值。所以作为铁碳合金二元相图，左侧的组元为Fe；右侧的组元取Fe_3C(即$w_C=6.69\%$)，已经是足够了。所以铁碳合金相图实际上是Fe-Fe_3C相图，铁碳合金的基本组元也应该是纯铁和Fe_3C。

如前所述，铁存在着同素异晶转变，即在固态下有不同的结构。不同结构的铁与碳可以形成不同的固溶体，Fe-Fe_3C相图上的固溶体都是间隙固溶体。由于α-Fe和γ-Fe晶格中的孔隙特点不同，因而两者的溶碳能力也不同。

1. 铁素体

碳溶解在体心立方晶格的α-Fe中形成的间隙固溶体称为铁素体，常以“F”或“α”表示。铁素体中溶解碳的能力很小，最大溶解度在727℃时，为0.0218%，随着温度的降低，其溶解度逐渐减小，室温时铁素体中只能溶解0.0008%的碳。

因为铁素体中溶解碳的数量很少，所以其力学性能以及物理、化学性能与纯铁极为相近，是一个塑性、韧性很好，强度、硬度很低的相，是室温下铁碳合金的基本相。

碳溶解于δ-Fe中形成的体心立方晶格间隙固溶体称作δ铁素体，也叫高温铁素体，碳在δ铁素体中的最大溶解度在1495℃时，为0.09%。

2. 奥氏体

碳溶解在面心立方晶格的γ-Fe形成的间隙固溶体即为奥氏体，以“A”或“γ”表示。

奥氏体的溶碳能力比铁素体大，在1148℃时，碳在γ-Fe中的最大溶解度为2.11%，随着温度降低，其溶解度也减小，在727℃时，为0.77%。

奥氏体的强度、硬度低，塑性、韧性高。在铁碳合金平衡状态时，奥氏体为高温下存在的基本相，也是绝大多数钢种进行锻压、轧制等加工变形所要求的组织。

3. 渗碳体

渗碳体是具有复杂晶格的间隙化合物，每个晶胞中有4个碳原子和12个铁原子。渗碳体一般以“Fe_3C”表示，有时也用“Cm”符号表示。

渗碳体的硬度很高，为800HB，塑性、韧性很差，几乎等于零，所以渗碳体的性能特点是硬而脆。

渗碳体在钢与铸铁中，一般呈片状、网状或球状存在。渗碳体是钢中重要的硬化相，它的数量、形状、大小和分布对钢的性能有很大的影响。

渗碳体中部分铁原子，也可以被其它金属原子取代而形成合金渗碳体，如

(Fe,Cr)$_3$C、(Fe,Mn)$_3$C 等。

渗碳体是一个亚稳定化合物，它在一定的条件下，可以分解而形成石墨状态的自由碳：$Fe_3C \longrightarrow 3Fe + C$(石墨)，这种反应在铸铁中有重要意义。

二、铁碳合金相图分析

1. Fe- Fe_3C 相图中的特性点。

图 4-14 是 Fe- Fe_3C 相图。图中各点的温度、含碳量及其意义示于表 4-1 中。Fe- Fe_3C 相图中的特性点均采用固定的字母表示。

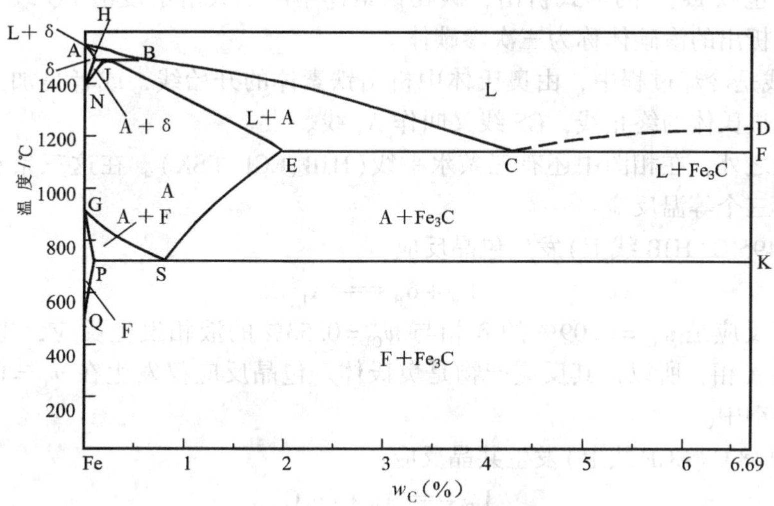

图 4-14 Fe-Fe_3C 相图

表 4-1 铁碳合金状态图中的特性点

符 号	温度/℃	w_C(%)	说 明
A	1538	0	纯铁的熔点
B	1495	0.53	包晶转变时液态合金的成分
C	1148	4.30	共晶点
D	1227	6.69	渗碳体的熔点
E	1148	2.11	碳在 γ-Fe 中的最大溶解度
F	1148	6.69	渗碳体的成分
G	912	0	α-Fe $\rightleftharpoons$ γ-Fe 的转变温度(A_3)
H	1495	0.09	碳在 δ-Fe 中的最大溶解度
J	1495	0.17	包晶点
K	727	6.69	渗碳体的成分
N	1394	0	γ-Fe $\rightleftharpoons$ δ-Fe 的转变温度(A_4)
P	727	0.0218	碳在 α-Fe 中的最大溶解度
S	727	0.77	共析点(A_1)
Q	室温	0.0008	室温时碳在 α-Fe 中的溶解度

2. $Fe—Fe_3C$ 相图中的特性线

相图中的 ABCD 线为液相线，AHJECFD 为固相线，从液相中直接析出的渗碳体称为一次渗碳体。

ES 线是碳在 γ-Fe 中的固溶度曲线，又叫作 A_{cm} 线。随着温度的降低，碳在奥氏体中的固溶度减少，并以 Fe_3C 的形式析出，碳在奥氏体中的溶解度沿 A_{cm} 线变化，从奥氏体中析出的 Fe_3C 称为二次渗碳体。

PQ 线是碳在 α-Fe 中的固溶度曲线。随着温度的降低，碳在铁素体中的固溶度减少，也以 Fe_3C 的形式析出，碳在铁素体中的最大溶解度沿 PQ 线变化，从铁素体中析出的渗碳体称为三次渗碳体。

GS 线是冷却过程中，由奥氏体中析出铁素体的开始线，或者是加热时，铁素体溶入奥氏体的终止线，GS 线又叫作 A_3 线。

除此之外，在相图中还有三条水平线（HJB、ECF、PSK）。在这三条水平线上发生以下三个等温反应：

在 1495℃（HJB 线上）发生包晶反应：

$$L_B + \delta_H \rightleftharpoons A_J$$

包晶反应是 $w_C = 0.09\%$ 的 δ 相与 $w_C = 0.53\%$ 的液相发生反应，生成 $w_C = 0.17\%$ 的 A 相，所以，其反应产物是奥氏体。包晶反应仅发生在 $w_C = 0.09\% \sim 0.53\%$ 的钢中。

在 1148℃（ECF 线上）发生共晶反应：

$$L_C \rightleftharpoons A_E + Fe_3C$$

共晶反应产物是奥氏体和渗碳体的机械混合物，称为莱氏体，记为 Ld。此反应发生在 $w_C > 2.11\%$ 的铁碳合金中。莱氏体中的渗碳体称为共晶渗碳体。

在 727℃（PSK 线上）发生共析反应，是固态下的相变。PSK 线又称为 A_1 线。

$$A_S \rightleftharpoons F_P + Fe_3C$$

共析反应产物为铁素体与渗碳体的机械混合物，称为珠光体，记为 P。$w_C > 0.0218\%$ 的铁碳合金都要发生共析反应。珠光体中的渗碳体称为共析渗碳体。

可见，根据生成条件的不同，渗碳体可分为一次渗碳体、二次渗碳体、三次渗碳体、共晶渗碳体、共析渗碳体五种。它们的不同形态与分布，除对铁碳合金性能有不同影响外，就其本身来讲，并无本质区别。

三、铁碳合金的结晶过程

根据铁碳合金的含碳量及组织的不同，可将其分为三类：

（1）工业纯铁（$w_C < 0.0218\%$） 组织为铁素体和极少量的三次渗碳体。

（2）钢（$w_C = 0.0218\% \sim 2.11\%$） 根据室温组织的不同，钢又可以分为三类：

亚共析钢（$w_C < 0.77\%$）：组织是铁素体和珠光体；

共析钢($w_C=0.77\%$)：组织是珠光体；

过共析钢($w_C>0.77\%$)：组织是珠光体和二次渗碳体。

(3) 白口铸铁($w_C=2.11\%\sim6.69\%$) 根据室温组织的不同，白口铸铁又分为三类：

亚共晶白口铸铁($w_C<4.3\%$)：组织是珠光体、二次渗碳体和莱氏体；

共晶白口铸铁($w_C=4.3\%$)：组织是莱氏体；

过共晶白口铸铁($w_C>4.3\%$)：组织是一次渗碳体和莱氏体。

下面以几种典型的铁碳合金为例，分析其平衡结晶过程及组织。由于工业纯铁的实际应用较少，所以这里不分析其结晶过程。所选合金的成分如图4-15所示。

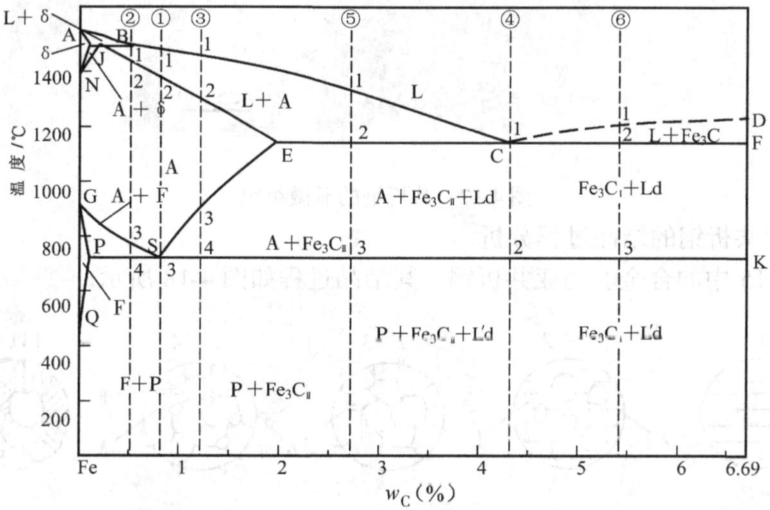

图4-15 6个典型的铁碳合金结晶过程分析

1. 共析钢的结晶过程分析

图4-15中，合金①是共析钢，其结晶过程示于图4-16。

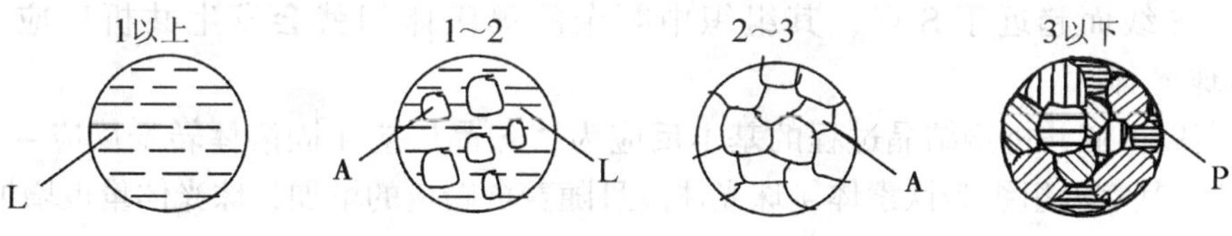

图4-16 共析钢结晶过程示意图

共析钢降温时，在第1点与第2点温度之间，按匀晶转变从液相(L)中结晶出奥氏体，随着温度的不断降低，液相越来越少，奥氏体越来越多，液相的成分沿着BC线变化，而奥氏体的成分则沿着JE线变化，在第2点结晶完毕。第2点与3点温度之间，是奥氏体的单相冷却。当温度降到第3点时，奥氏体要发生共析反应：$A_{0.77} \rightleftharpoons P(F_{0.0218}+Fe_3C)$，最终奥氏体全部转变为珠光体。

所以，共析钢结晶过程的基本反应为"匀晶反应+共析反应"，其室温组织为珠光体，如图4-17所示。

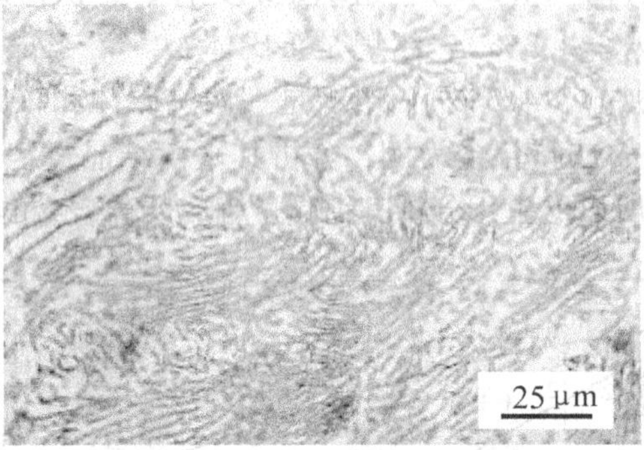

图4-17　共析钢的显微组织

2. 亚共析钢的结晶过程分析

图4-15中的合金②是亚共析钢，其结晶过程如图4-18所示。

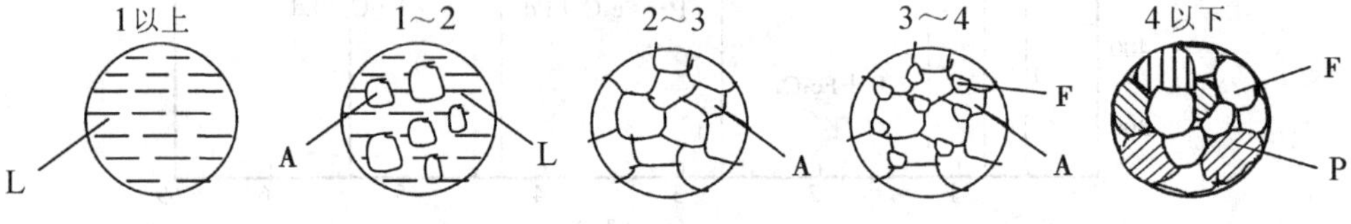

图4-18　亚共析钢结晶过程示意图

当合金②冷却到第1点时，开始结晶得到奥氏体，冷却至第2点时，全部转变为奥氏体。继续冷却到第3点，便会发生奥氏体向铁素体的转变，同时引起奥氏体相中碳浓度的变化。当冷却到第4点即727℃时，奥氏体中的含碳量沿GS线而趋近于S点，其组织中剩余的奥氏体相就会发生共析反应，转变为珠光体。

所以，亚共析钢结晶过程的基本反应为"匀晶反应+固溶体转变反应+共析反应"，其室温组织为铁素体+珠光体。且随着含碳量的增加，珠光体量也增加。

亚共析钢的显微组织如图4-19所示。

3. 过共析钢的结晶过程分析

图4-15中的合金③是过共析钢，其结晶过程如图4-20所示。

过共析钢冷却时，先从液相通过匀晶反应结晶出奥氏体，在第2～3点之间为单一的奥氏体，当冷却到第3点温度时，由于奥氏体成分沿ES线向S点变化，

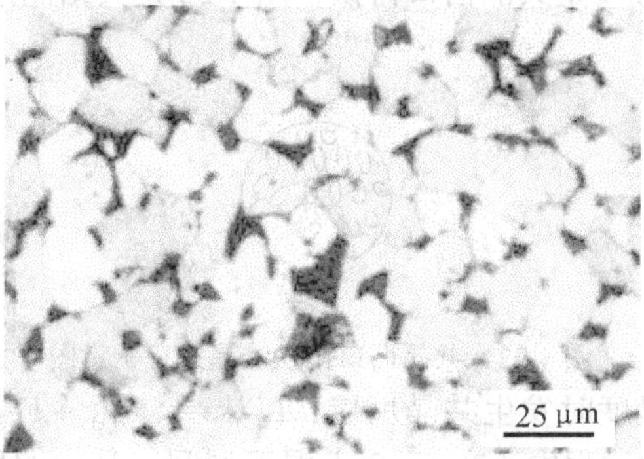

图 4-19　亚共析钢的显微组织

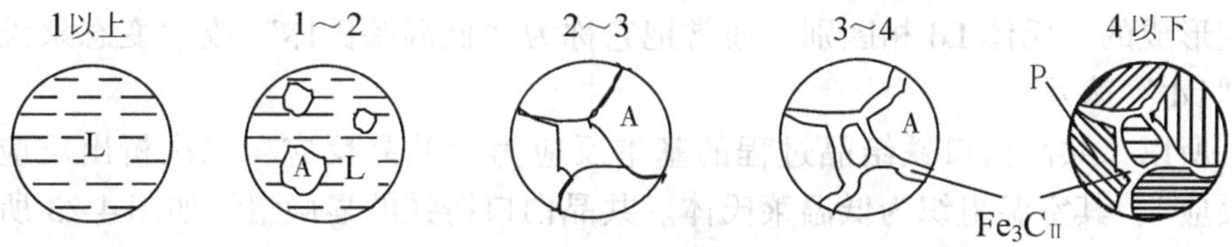

图 4-20　过共析钢结晶过程示意图

所以不断从奥氏体中沿晶界析出二次渗碳体，呈网状包围奥氏体晶粒。当冷却到第 4 点温度时，奥氏体中碳的质量分数降为 0.77%，于是发生共析转变：$A_{0.77} \rightleftharpoons P(F_{0.0218} + Fe_3C)$，转变为珠光体。

所以，过共析钢结晶过程的基本反应为“匀晶反应 + 二次析出反应 + 共析反应”，其室温组织为二次渗碳体 + 珠光体。过共析钢的显微组织如图 4-21 所示。

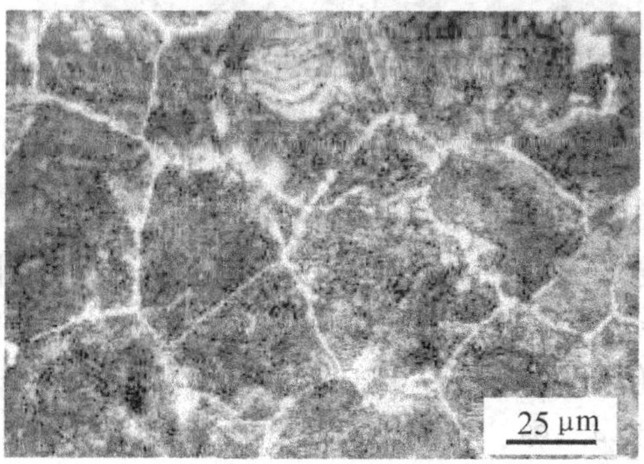

图 4-21　过共析钢的显微组织

4. 共晶白口铸铁的结晶过程分析

图 4-15 中的合金④是共晶白口铸铁，图 4-22 是其结晶过程示意图。

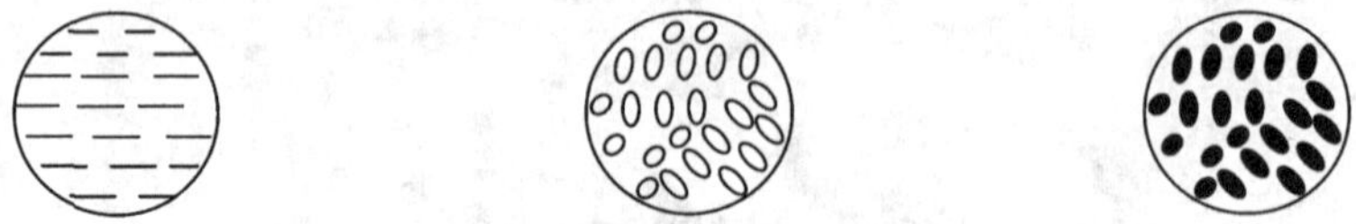

图 4-22　共晶白口铸铁结晶过程示意图

该合金在共晶温度时发生共晶反应：$L_{4.3} \rightleftharpoons A_{2.11} + Fe_3C$，形成莱氏体 Ld，莱氏体在继续冷却的过程中，在 1 ~ 2 点温度区间，其中的奥氏体会析出二次渗碳体，当冷却到第 3 点即 727℃时，剩余的奥氏体会发生共析反应，转变为珠光体。室温下，共晶白口铸铁的组织是珠光体和共晶渗碳体的混合物，为了与共晶转变形成的莱氏体 Ld 相区别，通常把它称为“低温莱氏体”或“变态莱氏体”，以“Ld′”表示。

所以，共晶白口铁结晶过程的基本反应为“共晶反应 + 二次析出反应 + 共析反应”，其室温组织为低温莱氏体。共晶白口铸铁的显微组织如图 4-23 所示。

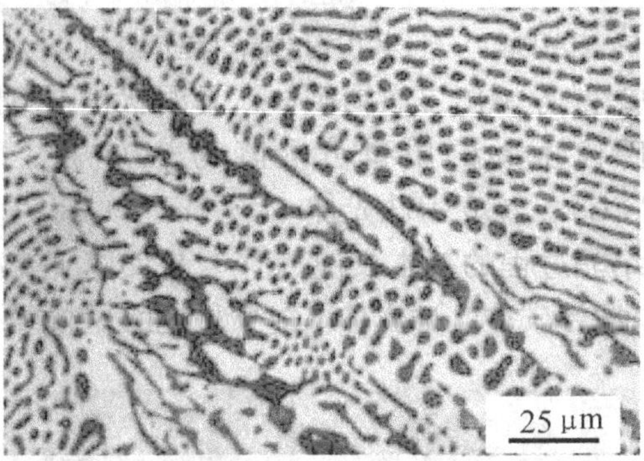

图 4-23　共晶白口铸铁的显微组织

5. 亚共晶白口铸铁的结晶过程分析

图 4-15 中的合金⑤是亚共晶白口铸铁，其结晶过程如图 4-24 所示。

该合金从高温冷却下来时，首先从液相中结晶出所谓的“初生奥氏体”或“先共晶奥氏体”。随温度的降低，奥氏体不断增多，当冷却到第 2 点（1148℃）时，剩余液相中 w_C 为 4.3%，此时液相发生共晶反应：$L_{4.3} \rightleftharpoons A_{2.11} + Fe_3C$ 形成莱氏体，而初生奥氏体保持不变。共晶转变结束时的合金组织为“初生奥氏体 + 莱氏体”。继续冷却，初生奥氏体和共晶奥氏体中要不断析出二次渗碳体，而奥氏体的含碳量沿 ES 线逐渐降低。当温度降到第 3 点（727℃）时，所有的奥氏

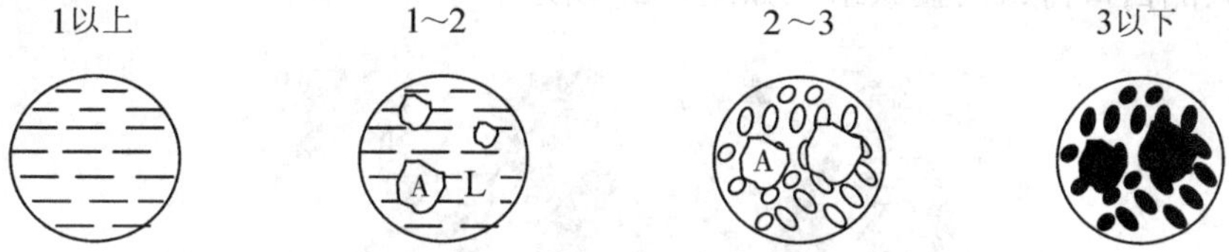

图 4-24　亚共晶白口铸铁结晶过程示意图

体相都要发生共析转变：$A_{0.77} \rightleftharpoons P(F_{0.0218}+Fe_3C)$，生成珠光体，此时 Ld 转变为 Ld′。

所以，该合金结晶过程的基本转变为“匀晶反应 + 共晶反应 + 二次析出反应 + 共析反应”，其室温组织为珠光体 + 二次渗碳体 + 低温莱氏体。

亚共晶白口铸铁的显微组织如图 4-25 所示。

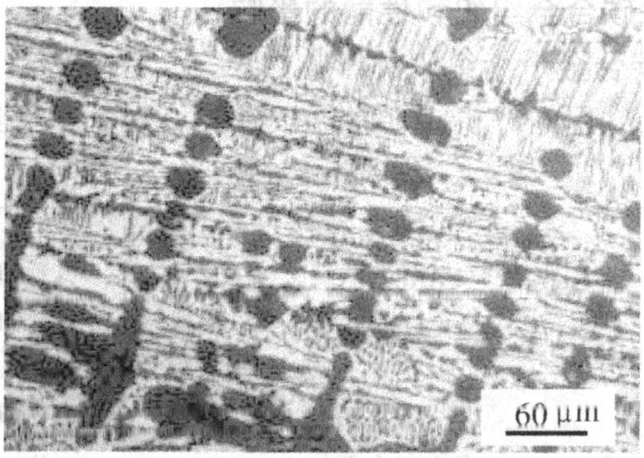

图 4-25　亚共晶白口铸铁的显微组织

6. 过共晶白口铸铁的结晶过程分析

图 4-15 中的合金⑥是过共晶白口铸铁，其结晶过程如图 4-26 所示。

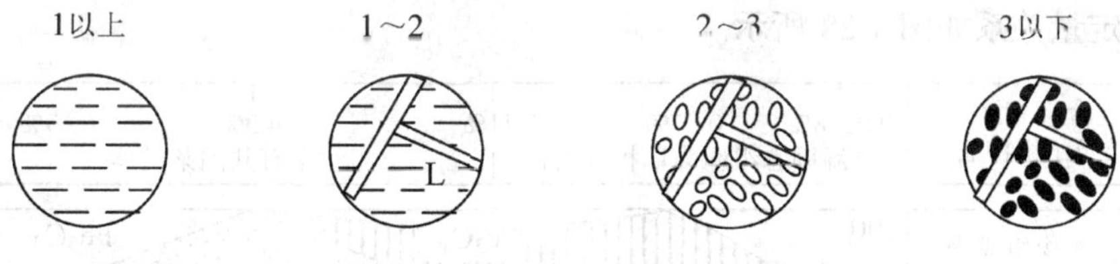

图 4-26　过共晶白口铸铁结晶过程示意图

过共晶白口铸铁结晶过程中的基本转变与亚共晶合金相同，也是“匀晶反应 + 共晶反应 + 二次析出反应 + 共析反应”。但不同的是它在匀晶反应中从液相中不断结晶出呈大条片状的一次渗碳体 Fe_3C_{I}。其室温组织是一次渗碳体 + 低温莱氏体。

过共晶白口铸铁的显微组织如图 4-27 所示。

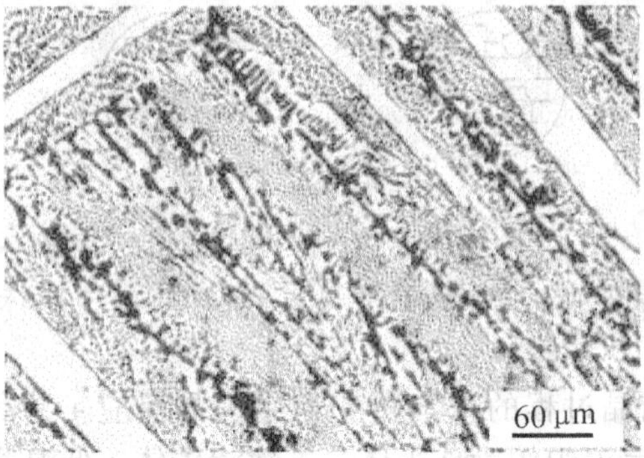

图 4-27　过共晶白口铸铁的显微组织

四、含碳量对铁碳合金组织和性能的影响

1. 含碳量对铁碳合金平衡组织的影响

根据上述对结晶过程的分析，在常温下铁碳合金的平衡组织见表 4-2。

表 4-2　铁碳合金室温平衡组织

合 金 名 称	w_C(%)	室 温 平 衡 组 织
工业纯铁	<0.0218	$F+Fe_3C_{III}$(少量)
亚共析钢	0.0218~0.77	F+P
共析钢	0.77	P
过共析钢	0.77~2.11	$P+Fe_3C_{II}$
亚共晶白口铸铁	2.11~4.3	$P+Fe_3C_{II}+Ld'$
共晶白口铸铁	4.3	Ld′
过共晶白口铸铁	4.3~6.69	$Ld'+Fe_3C_I$

按杠杆定律计算，可总结出含碳量与铁碳合金室温时的组织组成物和相组成物间的定量关系如图 4-28 所示。

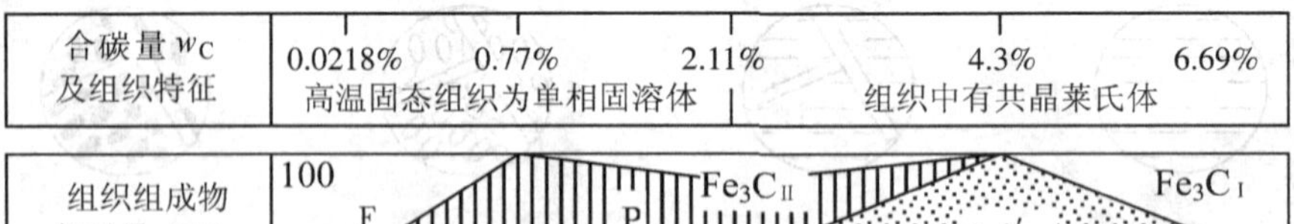

图 4-28　铁碳合金的含碳量与组织的关系

2. 含碳量对力学性能的影响

铁碳合金的力学性能受含碳量的影响很大，含碳量的多少直接决定着铁碳合金中铁素体和渗碳体的相对比例，含碳量越高，渗碳体的相对量越多。由于铁素体是软韧相，而渗碳体是硬脆的强化相，所以渗碳体含量越多，分布越均匀，材料的硬度和强度越高，塑性和韧性越低；但当渗碳体分布在晶界或作为基体存在时，则材料的塑性和韧性大为下降，且强度也随之降低。这就是平衡状态的过共析钢和白口铸铁脆性高的原因，所以白口铸铁通常不能作为结构材料使用。图4-29所示为含碳量对钢的力学性能的影响。

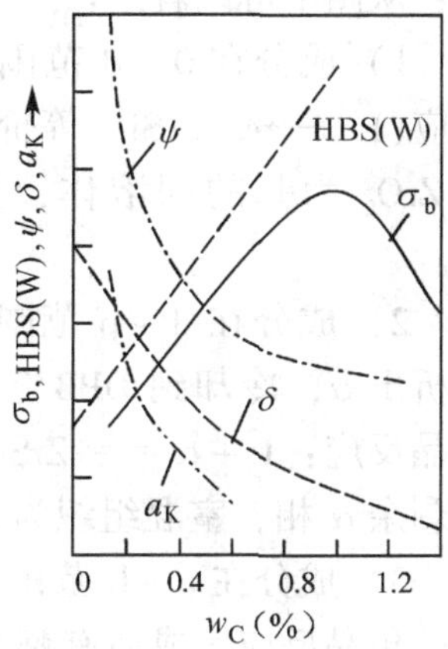

图4-29　含碳量对钢力学性能的影响

3. 含碳量对工艺性能的影响

铁碳合金相图总结了不同成分的合金在缓慢加热和冷却时组织转变的规律，即组织随温度变化的规律，这就为制定加工工艺提供了依据。

对切削加工性来说，一般认为中碳钢的塑性比较适中，硬度在200HBS左右，切削加工性能最好。含碳量过高或过低，都会降低其切削加工性能。

对可锻性而言，低碳钢比高碳钢好。由于钢加热呈单相奥氏体状态时，塑性好、强度低，便于塑性变形，所以一般锻造都是在奥氏体状态下进行。锻造时必须根据铁碳相图确定合适的温度，始锻温度不能过高，以免产生过烧；始锻温度也不能过低，以免产生裂纹。

对铸造性来说，铸铁的流动性比钢好，易于铸造，特别是靠近共晶成分的铸铁，其结晶温度低，流动性也好，更具有良好的铸造性能。从相图的角度来讲，凝固温度区间越大，越容易形成分散缩孔和偏析，铸造性能越差。

一般而言，含碳量越低，钢的焊接性能越好，所以低碳钢比高碳钢更容易焊接。

第五节　二元陶瓷相图

二元陶瓷相图与二元合金相图完全一样，只不过是把相图两端的纯金属组元变为氧化物陶瓷相，所以对陶瓷相图的分析与合金相图完全相同。图4-30是ZrO_2-SiO_2系的相图，下面以此相图为例对陶瓷相图进行分析。

图中有L、α、$ZrSiO_4$、SiO_2四个单相，其中α相为以ZrO_2为基的固溶体，由Si^{4+}与Zr^{4+}等价置换而形成；$ZrSiO_4$(锆莫石)是不稳定化合物。此系统有两个恒温反应：

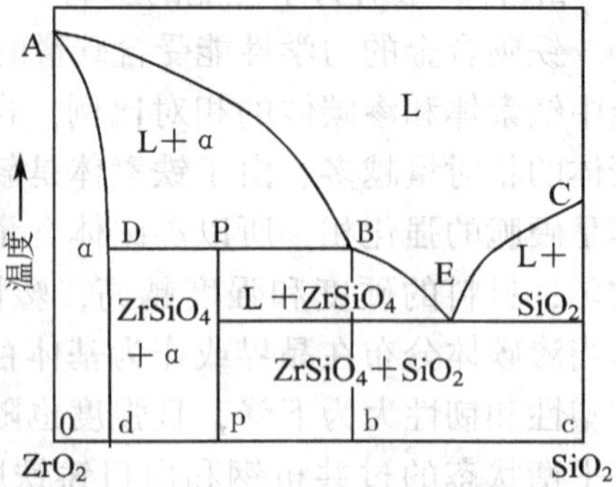

图 4-30 ZrQ_2-SiQ_2 相图

包晶反应：$L+\alpha \rightleftharpoons ZrSiO_4$

共晶反应：$L \rightleftharpoons ZrSiO_4+SiO_2$

从图中可以看出：

1）成分在 0～d 范围内，只发生匀晶反应($L \longrightarrow \alpha$)，Si^{4+} 等价置换 Zr^{4+}，形成以 ZrO_2 为基的固溶体，其室温组织为 α 相。

2）成分在 d～p 范围内，从高温熔体中析出 α，冷却到 DPB 包晶温度时，发生包晶反应：$L+\alpha \rightleftharpoons ZrSiO_4$，反应完成后有剩余 α 相，室温组织为 $ZrSiO_4+\alpha$。

3）成分在 p～b 范围内，从高温熔体中析出 α，在包晶温度下发生包晶反应，包晶反应完成后有剩余 L 相，此时组织为 $L+ZrSiO_4$。在后来的冷却过程中，L 相中析出 $ZrSiO_4$。温度降到 E 点时，发生共晶反应：$L \rightleftharpoons ZrSiO_4+SiO_2$，其室温组织为：锆莫石($ZrSiO_4$)＋共晶体(锆莫石＋石英)。

4）成分在 b～c 范围内，首先从液相中析出 α 相或 SiO_2，然后在 E 点温度发生共晶反应：$L \rightleftharpoons ZrSiO_4+SiO_2$，其室温组织为锆莫石($ZrSiO_4$)＋共晶体(锆莫石＋石英)或石英($SiO_2$)＋共晶体(锆莫石＋石英)。

思考作业题

1. 对比纯金属与固溶体结晶过程的异同，分析固溶体结晶过程的特点。

2. 何谓相组成物和组织组成物？请举例说明。

3. 一个二元共晶反应如下：$L(w_B=75\%) \rightleftharpoons \alpha(w_B=15\%)+\beta(w_B=95\%)$，计算：

（1）$w_B=50\%$ 的合金完全凝固时初晶 α 与共晶(α＋β)的质量分数，以及共晶体中 α 相与 β 相的质量分数；

（2）若已知显微组织中初晶 β 与共晶(α＋β)各占一半，求该合金的成分。

4. 计算在共析反应温度时，珠光体中铁素体与渗碳体的相对量。

5. 分析 w_C 为 0.2%、0.6%、0.77% 的铁碳合金从液态缓冷至室温时的结晶过程和室温组织，分别计算 w_C 为 0.2% 的铁碳合金在室温下相的相对量和组织相对量。

6. 什么是固溶体和化合物？它们的特性如何？

7. 纯铁的三个同素异构体是什么？晶体结构如何？

8. 渗碳体有哪五种基本形态？在显微镜下它们的形态有何特点？

9. α－Fe 和铁素体有何区别？γ－Fe 和奥氏体有何区别？

第五章 材料的变形

各种材料的变形特性可以有很大的不同。一般地说，金属材料有良好的塑性变形能力，具有较高的强度，因此被制备加工成各种形状的产品零件；高分子材料在玻璃化温度 T_g 以下是脆性的，在 T_g 以上可以加工成形，但其强度很低；而陶瓷材料则很脆，很难加工成形，虽然陶瓷材料有很高的强度、耐磨和耐腐蚀性能，但陶瓷材料的脆性是阻碍其应用的主要原因。各种材料在力学性能上的差别主要取决于结合键和晶体或非晶体结构。本章主要讨论各种材料的变形特性和行为。

第一节 金属的塑性变形与再结晶

金属的一项重要特性就是具有塑性，可以进行各种压力加工（如锻造、轧制、冲压等）来生产机器零件。实践表明，变形以后的金属材料再加热时，其组织和性能都会发生明显的变化。这些变化不但会影响到压力加工工艺的进行，而且还会影响到后续工艺的实施和零件的质量。因此，研究金属材料的塑性变形及变形以后再加热时的组织与性能的变化，对于制定零件的加工工艺和保证零件的质量是非常重要的。

一、金属的塑性变形与强化

1. 单晶体金属的塑性变形

工业上使用的金属材料大多数是多晶体，它们的塑性变形过程比较复杂，为了说明塑性变形的基本规律，有必要先了解单晶体的塑性变形。

将一个表面经过抛光的纯锌单晶体进行拉伸试验，在试样的表面上出现了许多互相平行的倾斜线条的痕迹，称为滑移带，如图5-1所示。

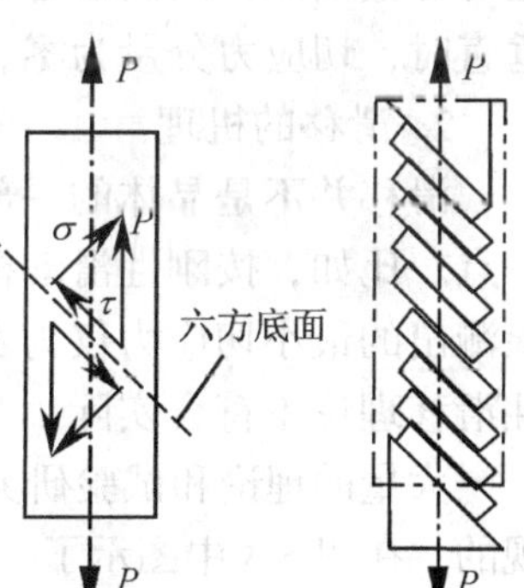

图5-1 锌单晶体拉伸试验示意图

a）变形前试样 b）变形后试样

金属塑性变形最基本的方式是滑移。所谓滑移，是指晶体的一部分沿一定的晶面和晶向相对于另一部分发生相对滑动位移的现象。滑移变形具有以下特点：

（1）滑移在切应力作用下产生 单晶体受力后，在任何晶面上都可以分解为正应力和切应力。

其中正应力只能引起正断，不能引起塑性变形，而只有在切应力的作用下才能产生滑移，使金属塑性变形。产生滑移的最小切应力称为临界切应力。

(2) 滑移沿原子密度最大的晶面和晶向发生　滑移是沿着一定的晶面和晶向进行的，但是，并不是在任意的晶面和晶向上都可以发生滑移，滑移总是优先沿着那些阻力最小的晶面和晶向发生的。而一般阻力最小的晶面和晶向就是那些原子排列最密的晶面和晶向(密排面和密排方向)。

我们把这些产生滑移的密排面和密排方向称为滑移面和滑移方向，一个滑移面与这个滑移面上的一个滑移方向构成一个滑移系。滑移系越多，金属发生滑移的可能性越大，塑性便越好。因而具有立方晶格金属的塑性好于具有密排六方晶格的金属，具有面心立方晶格金属的塑性好于具有体心立方晶格的金属。

(3) 滑移时两部分晶体的相对位移是原子间距的整数倍　晶体滑移后，在其表面上出现滑移痕迹，通常称为滑移带，如图 5-2 所示。在电子显微镜下观察还会发现，任何一条滑移带实际上都是由若干条滑移线组成的。

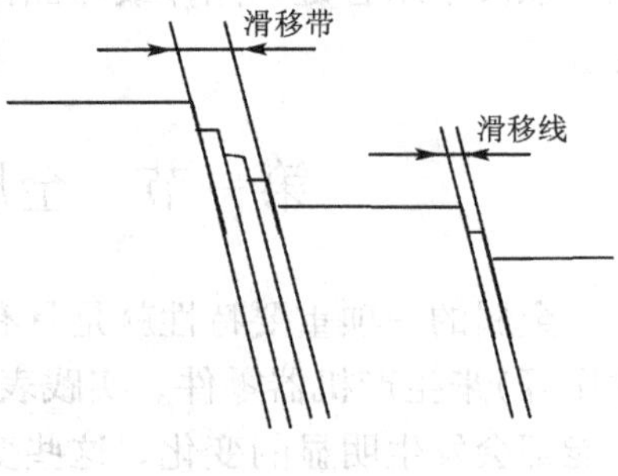

图 5-2　滑移带和滑移系的示意图

(4) 滑移的同时伴随着晶体的转动　晶体在滑移时，除了在滑移面上进行相对位移外，晶体还将发生转动。这种转动有两种，一种是滑移面向外力轴向的转动(转动轴线在滑移面上)；另一种是在滑移面上滑移方向向最大切应力方向的转动(转动轴线为滑移面的法线)。

计算表明，当滑移面和滑移方向与外力轴向都呈 45°角时，滑移方向上的切应力分量最大，因而最容易产生滑移。而当滑移面或滑移方向与外力轴向平行或垂直时，切应力分量为零，晶体不能进行滑移。

2. 滑移的机理

滑移并不是晶体的一部分相对于另一部分的刚性滑动，许多试验都证实了这一点。比如，按刚性滑动模型计算出铜滑移所需的最小切应力为 1500MPa，而试验测出的最小切应力仅为 1MPa，两者相差 1500 倍之多。因此，可以说明这种刚性滑移理论不符合实际。

大量的理论和试验研究的结果证明，滑移是通过位错在滑移面上的运动来实现的。在图 5-3 中图示了一刃型位错在切应力 τ 的作用下在滑移面上的运动过程，即通过一根位错线从滑移面的一侧到另一侧的运动造成一个原子间距滑移的过程。

从图 5-3 可以看出，当一条位错线扫过滑移面到达金属表面时，便产生一个原子间距的滑移量，同一滑移面上，若有大量位错移出，则会在金属表面形成一条滑移线。

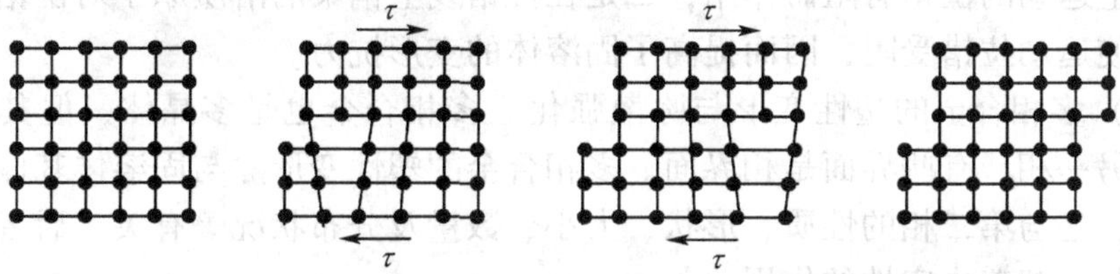

图 5-3　晶体中通过位错运动而造成滑移的示意图

3. 多晶体金属的塑性变形与细晶强化

多晶体金属的塑性变形与单晶体比较并无本质上的区别，即每个晶粒的塑性变形仍然以滑移等方式进行。但由于晶界的存在和每个晶粒中晶格位向不同，故多晶体的塑性变形要比单晶体复杂得多。

晶界是相邻晶粒的过渡区，这里的原子排列比较紊乱并常常有杂质集中于此。当位错运动到晶界附近时，便会受到晶界的阻碍而堆积起来(即位错的塞积)。若要使变形继续进行，必须增加外力，因此晶界导致强度提高。

在多晶体金属中，由于各个晶粒的位向不同，当受外力作用时，有的晶粒处于容易变形的位向(软位向)，有的晶粒则处于不容易变形的位向(硬位向)。当一个处于软位向的晶粒发生滑移时，必然要受到在它周围处于硬位向晶粒的约束，造成变形不协调。晶粒间的这种相互约束，使得多晶体金属的强度提高。晶粒越细小，晶界越多，晶粒间相互约束也越大，其强度和硬度就越高。

应该指出，金属的晶粒细化，不仅可以提高强度，而且可以改善其塑性和韧性。这是因为晶粒越细，单位体积内晶粒的数目越多，在同样的变形量下同时参与变形的晶粒数目也越多，变形越均匀，而不易造成局部应力集中，推迟了裂纹的形成和发展。因而断裂前可以承受较大的塑性变形量，并且具有较高的抗冲击载荷的能力，这使得金属的塑性和韧性都有所提高。

通过细化晶粒来同时提高金属的强度、硬度、塑性和韧性的方法叫做细晶强化。细晶强化是金属的一种重要的强韧化手段，在实际生产中得到了广泛的应用。

4. 合金的塑性变形与强化

合金中由于含有合金元素而使其晶格发生了畸变，因而也使它的性能发生显著变化。根据合金的组织可将其分为单相固溶体和多相混合物两大类。在这两种不同情况下，合金元素对塑性变形的影响也不相同。

(1) 单相固溶体的塑性变形与固溶强化　单相固溶体合金的组织与纯金属比较相似，所以其塑性变形过程也与多晶体纯金属相似。但是由于固溶体存在着溶质原子，有固溶强化现象。固溶强化是提高金属材料性能的一个重要途径，如在碳钢中加入能溶入铁素体的 Mn、Si 等合金元素，即可使其力学性能明显提高。

固溶强化的主要原因，一是溶质原子的溶入使固溶体的晶格发生畸变，对在滑移面上运动的位错有阻碍作用；二是在位错线上偏聚的溶质原子对位错的钉扎作用，使运动位错受阻，因而提高了固溶体的变形抗力。

（2）多相合金的塑性变形与弥散强化　多相合金也是多晶体，但其中有些晶粒是另一相，有些界面是相界面。多相合金的塑性变形除与固溶体基体密切相关以外，还与第二相的性质、形状、大小、数量及分布状况等有关，后者在塑性变形时甚至起着决定性的作用。

当第二相在晶界上呈网状分布时，对强度和塑性都不利；当在晶内呈片状和层状分布时，可提高强度和硬度，但会降低塑性和韧性；当在晶内呈弥散质点分布时，塑性、韧性稍会降低，但可显著提高强度和硬度，而且质点越细、越多，合金的强度、硬度越高。这种合金强化方法称为弥散强化或沉淀强化，它也是合金的主要强化方法之一。

二、塑性变形对组织和性能的影响

1. 塑性变形对金属显微组织的影响

在力的作用下，随着金属塑性变形的增加，不仅其外形要发生变化，而且其内部的晶粒形状也会相应的被拉长或压扁。当变形量很大时，晶粒将被拉长成纤维状，晶界变得模糊不清。此时，金属的性能将会有明显的各向异性。

塑性变形也会使晶粒内部的亚结构发生变化，使晶粒破碎成亚晶粒。这是因为塑性变形会促使晶体内部的位错发生增殖和缠结，进而使各晶粒破碎成细碎的亚晶粒。

2. 形变织构的产生

当金属的变形量很大时，由于晶体的转动，使多晶体中原为任意取向的各个晶粒会逐渐调整其取向而趋于一致。这种由于塑性变形而使晶粒具有择优取向的组织叫做形变织构。

当出现织构以后，多晶体金属就表现出一定程度的各向异性，这对材料的性能和加工工艺有很大的影响。例如当用有织构的板材冲压杯状的薄壁零件时，容易产生所谓的“制耳”现象，使边缘不齐，厚薄不均。但织构有时也有有利的一面，比如用有织构的硅钢片制作变压器铁心具有更高的磁导率。

3. 塑性变形对金属性能的影响

在塑性变形的过程中，随着金属内部组织的变化，金属的性能也将产生变化。随着变形程度的增加，金属的强度、硬度提高，而塑性、韧性下降，这一现象称为加工硬化或形变强化。

一般认为产生加工硬化的原因是晶体内部位错的增殖，造成位错间相互缠结，使位错运动困难，从而提高了强度。

加工硬化使金属继续变形更加困难，常常造成生产中生产工序的增加和能耗的提高，对材料的加工是不利的。但加工硬化促使金属塑性变形更加均匀，还可提高金属的强度，所以加工硬化也是金属强化的重要手段之一。

另外，塑性变形还会使金属的电阻增大，耐蚀性能下降。

4. 残余内应力

金属在塑性变形时，外力所作的功大部分转化为热能，但尚有小部分(约10%)保留在金属内部，形成残余内应力。

内应力分为三类：第一类内应力又叫宏观内应力，是由于金属表层与心部变形不一致造成的，所以存在于表层与心部之间；第二类内应力又叫微观内应力，是由于晶粒之间变形不均匀造成的，所以存在于晶粒与晶粒之间；第三类内应力又叫点阵畸变，是由于晶体缺陷增加引起点阵畸变增大而造成的内应力，所以存在于晶体缺陷中。第三类内应力是变形金属中的主要内应力(占90%以上)，是金属强化的主要原因。而第一、第二类内应力都使金属的强度降低。

残余内应力还会使金属耐蚀性下降，引起加工、淬火过程中零件的变形和开裂。因此，金属在塑性变形后，通常要进行退火处理，以消除或降低残余内应力。

三、变形金属在加热过程中组织和性能的变化

金属材料在冷变形加工以后，为了消除残余应力或恢复其某些性能(如提高塑性、韧性,降低硬度等)，一般要对金属材料进行加热处理。而加工硬化虽然使塑性变形比较均匀，但却给进一步的冷成形加工(例如深冲)带来困难，所以常常需要将金属加热进行退火处理，以使其性能向塑性变形前的状态转化。对冷变形金属加热使原子扩散能力增加，金属将依次发生回复、再结晶和晶粒长大。加热时的组织与性能变化如图5-4所示。

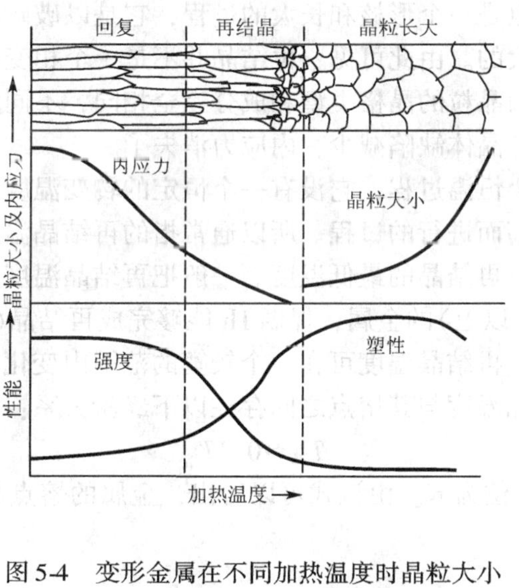

图5-4　变形金属在不同加热温度时晶粒大小和性能的变化示意图

1. 回复

回复是指冷变形金属加热时，在光学显微组织发生改变前(即再结晶晶粒形成前)所产生的某些亚结构和性能的变化过程。当加热温度不太高时，原子扩散能力较低，这时从显微组织上看不到任何变化，与此相应的变形金属的力学性能也没有明显变化，但内应力显著降低。

回复是由于金属中的点缺陷及位错的近距离迁移而引起的晶内某些变化。回复阶段加热时，冷变形金属的晶体结构，因原子作短距离的扩散，而使某些晶体缺陷相互抵消，导致缺陷数量减少，晶格畸变程度减轻，如空位与其它缺陷(如间隙原子)合并、同一滑移面上的异号位错的相互抵消。这些结构的变化导致了内应力的降低。

在工业生产中，利用冷变形金属的回复现象，可以将已经加工硬化的金属在较低的温度下加热，使其内应力基本消除，但同时又保持了强化了的力学性能。如冷拔钢丝制品，在制成以后都要进行一次 250 ~ 300℃ 的低温加热，以消除内应力使其定型。

2. 再结晶

冷变形金属加热到一定温度之后，在原来的变形组织中重新产生了无畸变的新晶粒，而性能也发生了明显的变化，并恢复到完全软化状态，这个过程称为再结晶。

再结晶的驱动力是预先冷变形所产生的储存能。随着储存能的释放，应变能也逐渐降低。新的无畸变等轴晶粒的形成及长大，使之在热力学上变得更加稳定。再结晶的过程也是一个形核和长大的过程，它是以破碎晶粒中无畸变的小晶块为核心并进行长大的。由此可见，再结晶并不是一个相变过程，它没有新相产生。再结晶前后新旧晶粒的晶格类型和成分完全相同，不同的只是再结晶后因塑性变形而造成的各种晶体缺陷减少，内应力消失了。

再结晶不是一个恒温过程，它没有一个恒定的转变温度，而是自某一温度开始，随着温度的升高而进行的过程。所以通常指的再结晶温度是指再结晶开始温度，也就是能够进行再结晶的最低温度。一般把再结晶温度定义为：经过严重冷变形(变形度在70%以上)的金属，保温 1h 能够完成再结晶(转变量 >95%)的温度。随条件的不同，再结晶温度可在一个较宽的范围内变化。大量实验结果统计表明，金属的再结晶温度与其熔点之间存在以下经验关系：

$$T_{再} \approx 0.4T_{熔}$$

式中，$T_{再}$、$T_{熔}$ 的单位为 K。由该式可以看出，金属的熔点越高，它的再结晶温度也越高。

3. 晶粒长大

冷变形金属刚刚结束再结晶时的晶粒是比较细小均匀的等轴晶粒，如果再结晶后不控制其加热温度或时间，继续升温或保温，晶粒之间便会相互吞并而长大，这一阶段称为晶粒长大。晶粒长大可以减小晶界的总面积，使表面能降低，所以晶粒长大是一个降低能量的自发过程，只要温度足够高，这一过程便会不可避免地发生。

晶粒长大分为两种类型：一种是随温度的升高或保温时间的延长，晶粒均匀连续地长大，称为正常长大；另一种是晶粒不均匀不连续地迅速长大，称为反常长大或二次再结晶。

4. 影响再结晶后晶粒度的因素

由于金属材料的晶粒大小对其性能影响很大，所以，控制再结晶后的晶粒度有着重要的意义。影响再结晶后晶粒度的因素很多，其中最主要的是加热温度、保温时间和预先变形程度。

（1）加热温度与保温时间的影响　再结晶加热温度越高，保温时间越长，金属的晶粒越大。其中加热温度的影响尤为显著，如图 5-5 所示。这是由于加热温度升高，原子扩散能力和晶界迁移能力增强，有利于晶粒长大。

（2）预先变形程度的影响　预先变形程度对再结晶晶粒度的影响如图 5-6 所示。预先变形程度的影响，实质上是变形均匀程度的影响。当变形程度很小时，由于金属的畸变能也很小，不足以引起再结晶，因而晶粒仍保持原来的形状。当变形度达到某一数值(一般金属均在 2% ~ 10% 范围内)时，金属中只有部分晶粒发生变形，变形极不均匀，再结晶时晶粒大小相差悬殊，晶粒容易相互吞并长大，因而再结晶后晶粒特别粗大。通常把对应于得到特别粗大晶粒的变形度称为临界变形度。当变形量超过临界变形度后，晶粒逐渐细化，变形度越大，晶粒越细小。这是由于变形度增加，则储存能增加，再结晶时形核量大而且均匀，使再结晶后晶粒细小而均匀。当变形度达到一定程度后，晶粒大小基本不变。

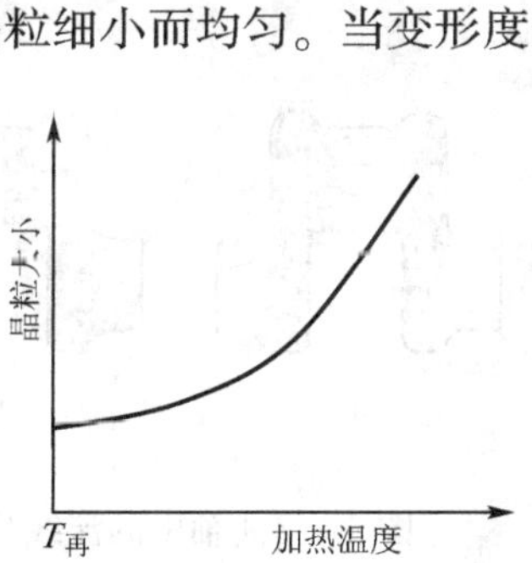

图 5-5　加热温度对晶粒度的影响

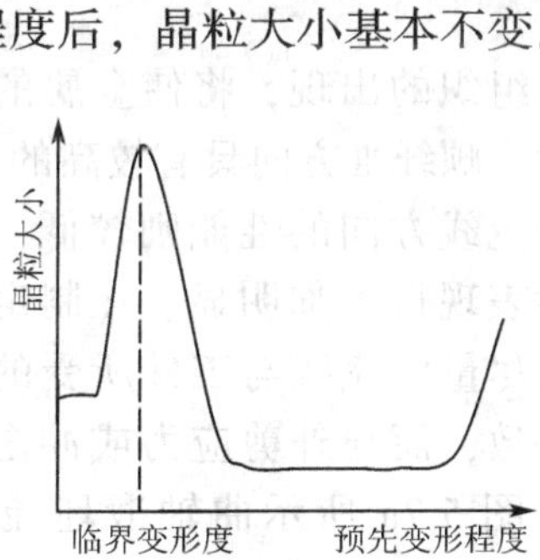

图 5-6　预先变形程度对晶粒度的影响

四、金属的热加工

1. 热加工与冷加工的区别

在工业生产中，热加工通常是指将金属材料加热至高温进行锻造、热轧等的压力加工过程。由于金属在高温下强度、硬度低，而塑性、韧性高，在高温下对金属进行加工变形比在低温下容易，因此生产上有冷、热加工之分。

从金属学的角度来看，所谓热加工是指在再结晶温度以上的加工过程；在再结晶温度以下的加工过程称为冷加工。例如铅的再结晶温度低于室温，因此在室温下对铅进行塑性加工属于热加工。而钨的再结晶温度约为1200℃，所以即使在1000℃拉制钨丝也属于冷加工。

由于热加工是在高于再结晶温度以上的塑性变形过程，所以因塑性变形引起的硬化过程和回复再结晶引起的软化过程几乎同时存在。由此可见，在热加工过程中，金属内部同时进行着加工硬化与回复再结晶软化两个相反的过程，塑性变形所产生的加工硬化将很快被再结晶产生的软化所抵消。

2. 热加工对金属组织和性能的影响

热加工虽然不能引起加工硬化，但它能使金属的组织和性能发生显著的变化。

（1）改善铸锭组织　热加工可使铸态组织缺陷得到改善。例如，热锻加工可使气泡、疏松大部分得到焊合，材料的致密度增大；改善夹杂物与脆性相的形态、大小及分布；可以部分地消除枝晶偏析；还可将粗大的柱状晶和树枝晶砸碎而成细小均匀的晶粒。

（2）热加工流线　在热加工过程中，铸锭中的粗大枝晶和各种夹杂物都要沿变形方向伸长，这样就使枝晶间富集的杂质和非金属夹杂物的走向逐渐与变形方向一致，一些脆性夹杂物如氧化物、碳化物、氮化物等破碎成链状，塑性夹杂物如 MnS 等则变成条带状、线状或片层状，在宏观试样上沿着变形方向变成一条条细线，这就是热加工中的流线。由一条条流线沟划出来的组织，叫做纤维组织。

纤维组织的出现，将使金属的性能呈现各向异性。顺纤维方向具有较高的力学性能，而垂直于流线方向的性能则较低，特别是塑性和韧性表现得更加明显。在制定热加工工艺时，应尽量使流线与工件所受的最大拉应力方向一致，而与外剪应力或冲击应力的方向垂直。图 5-7a 所示曲轴锻坯流线分布合理，而图 5-7b 中曲轴是由锻钢切削加工而成，其流线分布不合理，在轴肩处容易断裂。

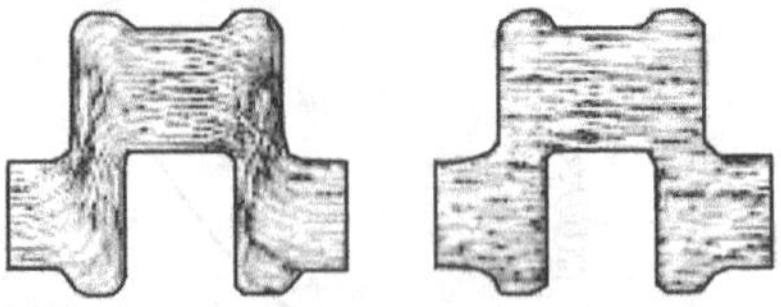

a)　　b)

图 5-7　曲轴中的流线分布

a）锻造变形　b）切削加工

（3）带状组织　复相合金中的各个相，在热加工时沿着变形方向交替地呈带状分布，这种组织称为带状组织。图 5-8 是低碳钢中的带状组织。

带状组织不仅降低金属的强度，而且还降低塑性和冲击韧度，对性能极为不利。轻微的带状组织可以通过正火来消除。

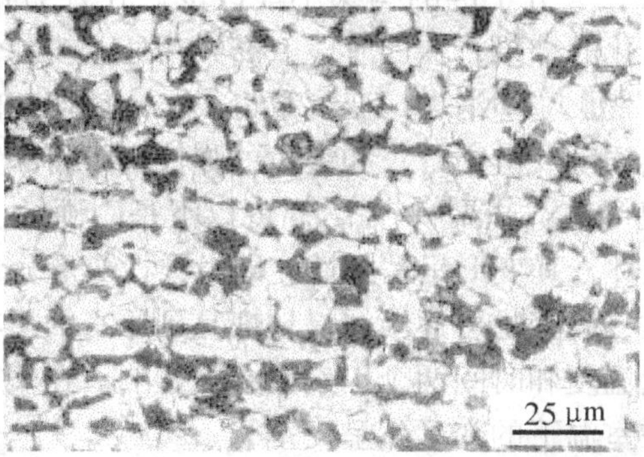

图 5-8 低碳钢中的带状组织

第二节 高分子材料的变形

一、高聚物的物理状态

1. 线型非晶态高聚物的物理状态

玻璃在玻璃化温度 T_g 以下只发生弹性变形，在 T_g 以上就产生粘性流动。对于线型非晶态高聚物，如果是简单结构，且是 100% 的非晶态，其变形情况和玻璃相似；另一种极端情况，如果得到结晶程度近于 100% 的塑料，那么其变形特性和金属相似。对一般的线型非晶态高聚物，由于结晶度和交联程度的不同，其变形特性随温度变化，这类聚合物在恒定应力下的温度—形变曲线见图 5-9。由图可见，线型非晶态高聚物在不同的温度下呈现出三种物理状态：

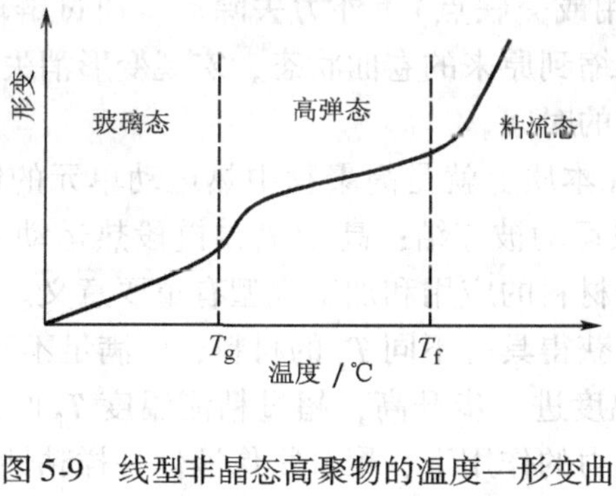

图 5-9 线型非晶态高聚物的温度—形变曲线

T_g—玻璃化温度 T_f—粘流温度

(1) 玻璃态 T_g 是高聚物的重要特征温度，叫玻璃化温度。它不是一个固定的温度值，而是随测试方法和条件不同而变化的。当 $T<T_g$ 时，高聚物是刚硬

的，处于玻璃态。由于温度低，分子难以运动，不足以激发链段的运动，链段处于被“冻结”的状态，大分子链的构象不能改变。在外力作用下，变形是主链键长的伸长和键角变化的结果。在此阶段，高聚物处于线弹性阶段，应力与应变成正比，外力去除，变形立即消失，变形量也很小。玻璃态的存在，是高聚物中链段和链节的微小热振动及链中键长和键角的弹性变形所决定的。

（2）粘弹态与高弹态　高聚物在 T_g 温度以下是刚硬的，但只要温度略超过 T_g，由于分子链的破坏，其变形呈粘弹性，即由弹性变形分量和粘性流动两部分组成。当外力去除时，高聚物可逐渐缓慢地恢复到原来的形状，在这段温度范围内其弹性模量也是受温度和时间两个因素的共同影响。在塑料中粘弹性状态又称为皮革态，聚乙烯在室温下的变形就呈皮革状。

当高聚物温度继续升高，$T_g < T < T_f$ 时，存在着一种很难得的物理状态——高弹态(也叫橡胶态)。它为高分子材料所独有。高弹态是橡胶的使用状态，所有室温下处于高弹态的高分子材料都叫橡胶。很明显，橡胶的玻璃化温度低于室温。处于高弹态的高聚物有以下重要特性：

1）可回复的弹性变形量高达 100% ~ 1000%，但变形的回复不是瞬时完成的。

2）弹性模量比普通弹性材料小三个数量级，一般只有 $10kg/cm^2$ 的数量级。

3）高弹态高聚物变形时生热，回弹时放热。

高弹态的出现是高聚物中链段热运动的结果。随着温度的升高，分子热运动能量增加，同时热膨胀造成的链间自由体积(即材料内部未被分子链占据的空间)也增大。当温度超过 T_g 时，链段热运动受到激发，在外力的作用下，通过链段运动，分子构象发生了变化，分子链沿外力方向拉直，发生很大的形变。但此时整个分子仍处于被冻结的状态，因为无规缠结在一起的大量分子链之间还有许多结合点(分子间力作用或交联点)。外力去除后，通过链段的运动，分子链能够逐渐地部分或完全回缩到原来的卷曲状态，宏观变形消失。显然，这种调整构象的回复过程需要一定的时间。

玻璃化温度 T_g 堡在本质上就是高聚物中热运动单元的链段发生热运动的分界温度。低于 T_g，链段运动被冻结；高于 T_g，链段热运动发生。T_g 的高低及其变化规律，对于高分子材料的应用和加工成型有重要意义。通过改变高聚物分子链的组成和结构，可以获得具有不同 T_g 的材料，以满足不同的使用要求。

（3）粘流态　当温度进一步升高，超过粘流温度 T_f 时，分子链作为一个整体可以相对滑动，在外力的作用下，聚合物像液体一样粘性流动，形变变得不可逆了，这称为粘流态。

粘流态是高聚物成型加工成制品的工艺状态。将高聚物原料(粉末、小颗粒或团块)加热至粘流态后，通过喷丝、吹塑、注射、挤压、模铸等方法，加工成各种形状的零件、型材或纤维等。加工成型过程的工艺条件（如应力、温度、冷却方式、模具形状等）都影响产品的组织结构和性能。

2. 结晶高聚物的物理状态

当线型非晶态高聚物中有数量不等的结晶区域时，则在分子链规则排列的区域内，链段的运动无法进行，所以高聚物的这些部分不会有高弹态。如果高聚物是完全结晶的，则和低分子晶体材料类似；若是部分结晶时，未结晶区域将保持线型非晶态高聚物的特性。所以部分结晶的高聚物存在有一种既韧又硬的皮革态。在 T_g 温度以上和晶体相熔点（T_m）以下，非晶态相处于柔韧的高弹态，晶体相则保持着较高的强度和硬度，两者复合组成皮革态。当 $T_g > T_m$ 时，晶体相熔化，高聚物全部变成非晶态，进入高弹态范围。图 5-10 是部分结晶高聚物的物态和温度、相对分子质量的关系。

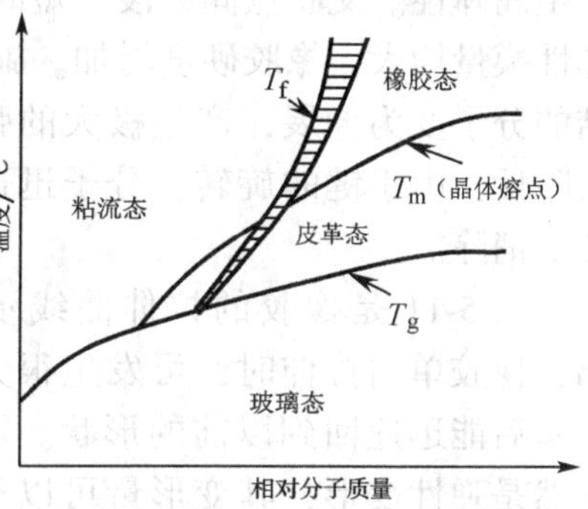

图 5-10　部分结晶高聚物的物理状态和温度、相对分子质量的关系

随着结晶度的增加，熔点提高，高弹态缩小，至完全结晶时高弹态消失。

部分结晶高聚物的上述特性，为通过调整和控制结晶度来改变材料的性能提供了可能。低于 T_g 时，高聚物为刚性硬塑料，在 $T_g \sim T_m$ 之间，高聚物为韧性塑料。

3. 高聚物的交联结构对其物理状态的影响

高聚物的大分子链之间，通过支链或化学键相连接，可以形成一个三维的网状大分子，即所谓交联结构。当轻度交联时，仍有大量可以进行热运动的链段存在，所以有玻璃化转变和高弹态。交联点的存在限制了柔性分子链之间的滑脱，而可提高材料的尺寸稳定性、强度和刚度。橡胶的硫化，就是在分子链之间搭起“硫桥”；适度的交联是橡胶质量的重要工艺准则。当硫的质量分数为 0.5% ~ 5% 时为软橡胶。通过含硫量的控制可调节橡胶制品的刚度和强度等性能。

当交联密度达到一定大小时，交联点相距很近，以致在各种温度下均不能实现链段的运动，这时 $T_g = T_f$，高弹态消失，高聚物与其它低分子固体材料没有多大区别，例如酚醛树脂（电木）网状高聚物等。

不同的组成、相对分子质量大小、结晶度和交联密度的高分子材料，对各种外部条件（如应力、温度、环境介质等）的反应特性不同，其敏感性及变化幅度都比金属材料的大。

二、高聚物的变形特点

1. 高聚物的弹性变形

轻度交联的高聚物在玻璃化温度以上，具有典型的高弹性，即弹性变形大，弹性模量小，而且随着温度升高而增大。而低于玻璃化温度时，弹性体则又脆又硬。

高聚物具有高弹性的必要条件是要有柔性链，但是柔性好的链容易引起链间滑动而造成粘性流动。所以必须采用分子链间的适当交联来防止链间的滑动。交联点密度应该既保证链间部滑动，又保证两相邻交联点间链段有足够的活动性以产生高弹性。交联点间链段太短时，柔性降低，弹性下降直至消失。与此同时，弹性模量增大，橡胶硬度增加。施加应力时，橡胶分子通过其构象的变化，使扭结的分子变为伸展，产生极大的弹性变形，而当应力去除后，由于键的旋转，分子迅速地再度扭结，弹性变形消除。

图 5-11 是橡胶的拉伸曲线示意图，从中可以看出，橡胶单向拉伸时，可发生很大的变形，而在应力去除后能迅速回到以前的形状。需要注意的是，橡胶虽然是弹性变形，其变形量可以很大，但和应力没有线性关系，这是和金属弹性变形不同的地方。

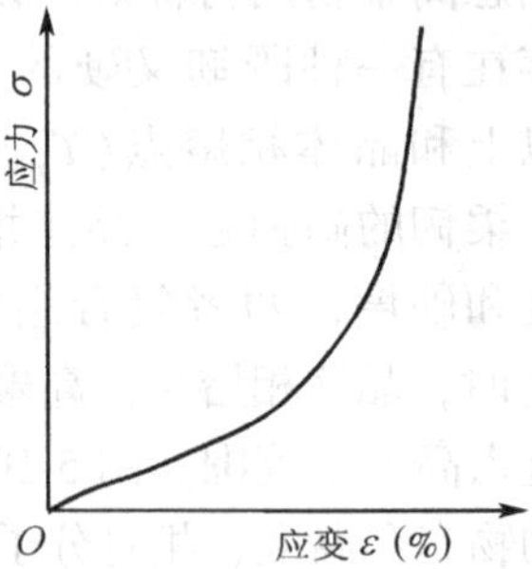

图 5-11　橡胶拉伸曲线示意图

2. 高聚物的粘弹性变形

高聚物处于皮革态时，其变形是粘弹性变形，这是一种与理想弹性变形不同的状态。理想的弹性固体材料受力时产生的弹性变形与时间无关，即变形与外力是同步的。粘性流体的流变是随时间而发展的。线型非晶态高聚物是很典型的粘弹性材料，它的力学行为强烈地依赖于温度和时间。

皮革态和橡胶态的变形都是弹性变形，但皮革态的变形是粘弹性变形，而橡胶态变形则是高弹性变形。粘弹性和高弹性变形主要的差别只是弹性回复快慢不同，粘弹性变形后是逐渐恢复，而高弹性变形后是立即恢复。

高聚物受力后产生的宏观变形，通过调整内部分子链构象来实现。显然，这种分子链构象的改变需要时间，这就是高分子材料粘弹性特别突出的原因。

3. 线型高聚物的变形特点

线型高聚物冷变形时在性能和机制上都有与金属不同的特点。所谓冷变形，对于不易结晶的无定形塑料大约在低于其 T_g 以下 50℃左右，而对结晶态的塑料则是在晶体相熔点以下。

对于容易结晶的玻璃化温度较低的塑料，如聚乙烯、聚丙烯和尼龙等，在室温下呈高弹态，拉伸时的应力—应变曲线如图 5-12a 所示。由图可见，当变形量很小时为弹性变形，变形量达到一定值时就开始屈服。塑料的屈服点对应的应变量一般在 5% ~10% 左右，比金属屈服点的应变量大得多。过了屈服点之后，材料开始在局部区域出现缩颈，好像塑性好的金属材料一样。但金属材料一出现缩颈，很快就会断裂；而塑料出现缩颈以后，再继续变形，其变形不是集中在原缩颈处，而是缩颈区扩大，不断沿着试样长度方向延伸，直到整个试样的截面尺寸都均匀减小。这一阶段的变形过程中应力几乎不变，其应变量最大可达200%～300%。当缩颈消失后，应力急剧升高，最后断裂。

对于不易结晶的玻璃化温度较高的高聚物，如聚苯乙烯、聚碳酸酯等，在室温下呈玻璃态，拉伸时的应力—应变曲线如图5-12b所示。这类材料开始变形时就不是均匀的而是局集的，形成一种叫做“银纹”的变形区。银纹在肉眼下就可看见，在该处存在着明显的体积膨胀，可发生光的反射与散射。实际上“银纹”只是一些空穴状的区域，它并不是裂纹而只是裂纹将要萌生的早期阶段，在随后的变形过程中，这些空穴区域逐渐演变为裂纹，造成断裂。

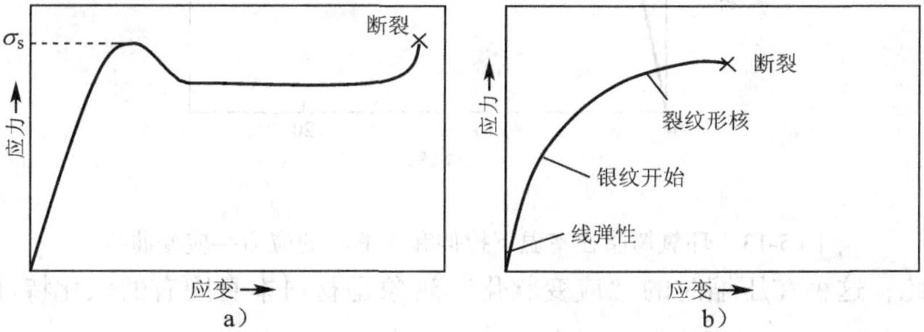

图5-12 线型高聚物的应力—应变行为

a）易结晶，T_g 低的高聚物 b）无定形，T_g 高的高聚物

由上述可见，线型高聚物的变形行为主要取决于玻璃化温度 T_g，表5-1是部分线型高聚物的 T_g 值。

表5-1 部分线型高聚物的玻璃化温度 T_g （单位：℃）

高聚物	代号	T_g	高聚物	代号	T_g
聚乙烯	PE	-33	聚苯乙烯	PS	100
聚丙烯(全同)	PP	-20	聚偏二氯乙烯	PVC^{2}	15
聚丙烯(无规)	PP	-20	尼龙6-10	6-10	40
硅橡胶	—	-123	尼龙6-6	6-6	50
聚碳酸酯	PC	150	聚氯乙烯	PVC	87
天然橡胶	NR	-72	聚四氟乙烯	PTFE	-33
有机玻璃(全同)	PMMA	45	聚丙烯腈	PAN	104
有机玻璃(间规)	PMMA	115	聚甲醛	POM	-70

4. 体型高聚物的变形特点

热固性塑料因为是刚硬的三维网络结构，分子不易运动，所以在通常拉伸试验时，它们表现出像脆性金属一样的变形特性。但是，在压应力下它们仍能发生大量的塑性变形。图5-13为环氧树脂在室温下单向拉伸和压缩时的应力—应变曲线。环氧树脂的玻璃化温度 T_g 为 100℃，这种交联作用很强的聚合物，在室温下因呈刚硬的玻璃态，拉伸时好像典型的脆性材料，而压缩时则容易剪切屈服，并有大量的变形。值得注意的是，在屈服之后有“应变软化”现象，即在屈服之后其应力下降。然而，这并不意味着产生了缩颈，因为在压应力作用下是不发生缩颈的。

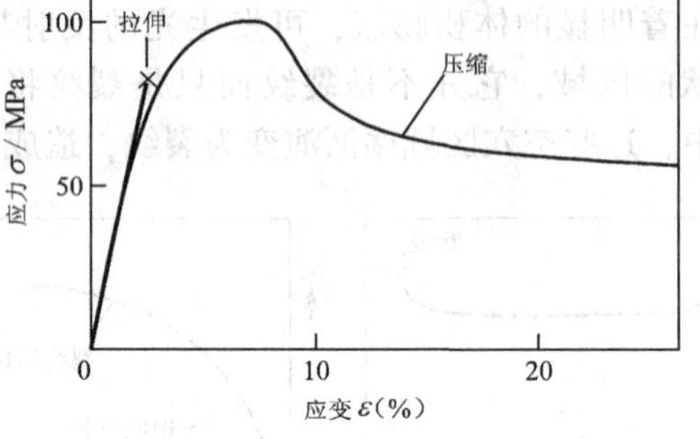

图 5-13　环氧树脂在室温下拉伸和压缩时的应力—应变曲线

因此，这种在压缩时的“应变软化”现象是材料本身固有的软化特性。

第三节　陶瓷材料的变形

一、陶瓷材料的弹性变形

材料在静拉伸载荷下，一般都要经过弹性变形、塑性变形及断裂三个阶段。然而陶瓷材料在室温静拉伸(或静弯曲)载荷下，并不出现塑性变形阶段，即弹性变形阶段结束后，立即发生脆性断裂。描述弹性变形阶段材料力学行为的重要性能指标为 $\sigma—\varepsilon$ 曲线中直线部分的斜率，即弹性模量 E。

与金属材料相比，陶瓷材料的弹性模量有如下特点：

1）陶瓷材料的弹性模量比金属大得多，常相差数倍，这是因为陶瓷材料具有强固的离子键和共价键的缘故。表 5-2 是部分陶瓷材料与金属材料的弹性模量的比较。

表 5-2　部分陶瓷材料与金属材料弹性模量的比较

材　　料	弹性模量 E/MPa	材　　料	弹性模量 E/MPa
Al_2O_3	350000	钢	205000
石英(SiO_2)	310000	铁	205000
TiC	350000	铜	110000
MgO	205000	铝合金	70000
混凝土	14000	镁	45000
玻璃	70000	铅	14000

2）与金属材料不同，陶瓷材料的弹性模量，不仅与结合键有关，而且还与构成陶瓷材料的种类、分布比例及气孔率有关。金属材料的弹性模量是一个极为稳定的力学性能指标，合金化、热处理、冷热加工等均难以改变其数值。但是陶瓷的工艺过程却对陶瓷材料的弹性模量有着重大影响。例如气孔率 P 较小时，弹性模量随气孔率的增加而线性降低，可用下面的经验公式表示：

$$E/E_0 = 1 - KP$$

式中 E_0——无气孔时的弹性模量；

K——常数。

3）陶瓷材料压缩状态的弹性模量($E_{压}$)一般大于拉伸状态的弹性模量。一般说来，在弹性范围内，金属的 σ—ε 曲线，无论是拉还是压，其弹性模量相等，即拉伸与压缩两部分的 σ—ε 曲线为一条直线。而陶瓷材料压缩时的弹性模量一般大于拉伸时的弹性模量，这与陶瓷材料显微结构的复杂性和不均匀性有关。

二、陶瓷材料的塑性变形及蠕变

由于陶瓷材料脆性大，在常温下基本不出现或极少出现塑性变形。金属材料容易滑移而产生塑性变形，原因是金属键没有方向性。陶瓷材料的结合键是共价键和离子键，共价键有明显的方向性和饱和性，而离子键的同号离子接近时斥力很大，所以主要由离子晶体和共价晶体组成的陶瓷，滑移系很少，一般在产生滑移以前就发生断裂。因此，大多数陶瓷在室温下几乎不能产生塑性变形，这是陶瓷力学行为的最大特点。

随着温度的升高和时间的延长，有些陶瓷材料可表现出一定的塑性变形能力。此时，陶瓷材料的塑性变形主要是以蠕变的形式发生。通常，含有玻璃相的陶瓷材料，在高温下承受一定载荷时，会发生蠕变现象，这种行为对于高温结构陶瓷是非常重要的。

三、陶瓷材料的强度、硬度和断裂

结合键和晶体构造决定了陶瓷具有很高的抗压强度和硬度，而抗拉强度和抗剪强度则很低。陶瓷的实际断裂强度小得多，一般差 2 ~ 3 个数量级，主要原因是内部存在许多不同大小、形状和分布的裂纹。由于陶瓷的塑性变形能力极差，所以受力时在裂纹尖端容易产生很高的应力集中，并且材料的裂纹扩展抗力很低，在应力峰值超过一定的大小时，裂纹很快扩展，发生脆性断裂。为了提高陶瓷材料的实际强度，改善其脆性，目前有以下几种办法：

1）制造颗粒细的、致密度高的、均匀的、较纯净的陶瓷，以尽量减少组织中的各种杂质和缺陷。例如用热压法制造的 Si_3N_4 陶瓷，几乎没有气孔，密度和强度都接近于理论值。

2）将陶瓷制成纤维，甚至晶须，可以大大减小各种缺陷产生的机率，能使强度提高 1 ~ 2 个数量级。

3）在陶瓷表面造成一个残余应力层，在某些受力情况下(可承受横向弯曲载荷的板材)，可以抵消一部分表面拉应力，从而降低了材料表面实际承受的拉应力峰值。由于断裂往往从表面的受拉应力处开始，所以这种残余压应力可以提高陶瓷的强度。制造钢化玻璃就是利用这种方法。

硬度也是陶瓷材料的一个重要性能指标。陶瓷材料的硬度一般都很高，典型的共价键晶体——金刚石的硬度最高。陶瓷和矿物常采用莫氏硬度，或叫划痕硬度，它只反映材料硬度的相对大小。硬度按大小顺序分十级或十五级。滑石最软，金刚石最硬。石英为十级莫氏硬度中的第七级。

思考作业题

1. 试述金属经冷塑性变形后，其结构、组织与性能所发生的变化，分析发生变化的实质。
2. 试述加工硬化对金属材料的强化作用，这些变化有何实际意义？试举一些有用的例子和有害的例子来说明其利弊。
3. 当把铅锭在室温下经多次轧制成薄铅板时，需不需要进行中间退火？为什么？
4. 试阐述为什么金属的实际强度比理论强度低得多？
5. 说明为什么橡胶在液氮温度(77℃)下是脆性的？
6. 用热固性塑料制造零件，应采用什么样的工艺方法？
7. 线型无定形高聚物的三种力学状态各具什么特征？如何应用于生产实际？
8. 陶瓷的变形有何特点？陶瓷在受拉应力和受压应力时的变形过程有何不同？
9. 陶瓷性能的主要缺点是什么？分析其原因，并指出改进方法。

第六章　钢的热处理

热处理是改善金属材料的使用性能和加工性能的一种非常重要的工艺方法。在机械行业中，绝大部分重要的机件都必须经过热处理。材料热处理归属材料加工工程领域。本章介绍钢的热处理基本类型、含义、工艺要点以及应用场合有关内容。

第一节　热处理的基本概念

一、热处理的作用

机床、汽车、摩托车、火车、矿山、石油、化工、航空、航天等用的大量零部件需要通过热处理工艺改善其性能。据初步统计，在机床制造中，约60%～70%的零件要经过热处理；在汽车、拖拉机制造中，需要热处理的零件多达70%～80%；而工模具及滚动轴承，则要100%进行热处理。总之，凡重要的零件都必须进行适当的热处理才能使用。

材料的热处理通常指的是将材料在一定的介质中加热、保温和冷却，以改变其整体或表面组织，从而获得所需性能的一种工艺过程。通过热处理，材料的内部组织会发生变化，因而性能也随之发生变化。

例如碳素工具钢T8，在市面上购回的经球化退火的材料，其硬度仅为20HRC，作为工具需经淬火并低温回火使硬度提高到60～63HRC，这是因为内部组织由淬火之前的粒状珠光体转变为淬火加低温回火后的回火马氏体。同一种材料热处理工艺不一样其性能差别很大。表6-1列出45钢制直径为φ15mm的均匀圆棒材料经退火、正火、淬火＋低温回火以及淬火＋高温回火的不同热处理后的力学性能。导致性能差别如此大的原因是不同的热处理后内部组织截然不同。同类型热处理(例如淬火)的加热温度与冷却条件要由材料成分确定。材料内部组织的变化依赖于材料热处理及其它热加工工艺，材料性能的变化又取决于材料的内部组织变化。材料成分—加工工艺—组织结构—材料性能这四者相辅相成的关系贯穿在材料加工的全过程之中。

表6-1　45号钢经不同热处理后的力学性能(试样直径15mm)

热处理方法	σ_b/MPa	σ_s/MPa	δ(%)	ψ(%)	A_K/J
退火(随炉冷却)	600～700	300～350	15～20	40～50	32～48
正火(空气冷却)	700～800	350～450	15～20	45～55	40～64

（续）

热处理方法	σ_b/MPa	σ_s/MPa	δ(%)	ψ(%)	A_K/J
淬火(水冷)低温回火	1500～1800	1350～1600	2～3	10～12	16～24
淬火(水冷)高温回火	850～900	650～750	12～14	60～66	96～112

二、热处理的基本要素

热处理工艺中有三大基本要素：加热、保温、冷却。这三大基本要素决定了材料热处理后的组织和性能。

加热是热处理的第一道工序。不同的材料，其加热工艺和加热温度都不同。加热分为两种，一种是在临界温度 A_1 以下的加热，此时不发生组织变化。另一种是在 A_1 以上的加热，目的是为了获得均匀的奥氏体组织，这一过程称为奥氏体化。

保温的目的是要保证工件烧透，防止脱碳、氧化等。保温时间和介质的选择与工件的尺寸和材质有直接的关系。一般工件越大，导热性越差，保温时间就越长。

冷却是热处理的最终工序，也是热处理最重要的工序。钢在不同冷却速度下可以转变为不同的组织。

三、热处理的基本类型

根据加热、冷却方式的不同及组织、性能变化特点的不同，热处理可以分为下列几类：

(1) 普通热处理　包括退火、正火、淬火和回火等。

(2) 表面热处理　包括感应加热表面淬火、火焰加热表面淬火、电接触加热表面淬火、渗碳、渗氮和碳氮共渗等。

(3) 其它热处理　包括可控气氛热处理、真空热处理和形变热处理等。

按照热处理在零件生产过程中的位置和作用不同，热处理工艺还可分为预备热处理和最终热处理。预备热处理是零件加工过程中的一道中间工序(也称为中间热处理)，其目的是改善锻、铸毛坯件组织，消除应力，为后续的机加工或进一步的热处理做准备。最终热处理是零件加工的最终工序，其目的是使经过成形工艺达到要求的形状和尺寸后的零件的性能达到所需要的使用性能。

四、钢的临界转变温度

根据铁碳相图，共析钢加热到 A_1 温度以上时，全部转变为奥氏体；而亚共析钢和过共析钢必须加热到 A_3 和 A_{cm} 以上时才能获得单相奥氏体。在实际热处理加热条件下，相变是在不平衡条件下进行的，其相变点与相图中的相变温度有一些差异。由于过热和过冷现象的影响，加热时相变温度偏向高温，冷却时偏向低温，这种现象称为滞后。加热或冷却速度越快，则滞后现象越严重。图 6-1 表示加热和冷却速度对碳钢临界温度的影响。通常把加热时的实际临界温度标以字母“c”，如 Ac_1、Ac_3、Ac_{cm}；而把冷却时的实际临界温度标以字母“r”，如 Ar_1、Ar_3、Ar_{cm} 等。

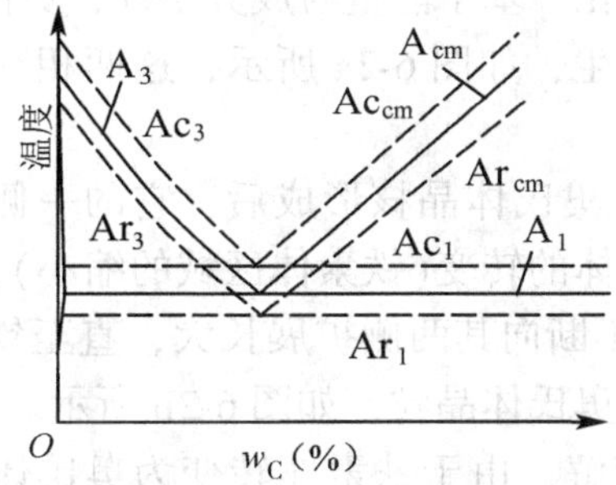

图 6-1　加热和冷却速度对碳钢临界温度的影响

第二节　钢在加热时的转变

钢的热处理多数需要先加热得到奥氏体，然后以不同速度冷却，使奥氏体转变为不同的组织，得到钢的不同性能。因此掌握热处理规律，首先要研究钢在加热时的变化。

一、加热时奥氏体的形成过程

1. 共析钢的加热转变

从铁碳相图中看到，共析钢加热到 A_1 温度以上时，珠光体转变为奥氏体。这个加热速度十分缓慢，实际热处理的加热速度均高于这个缓慢加热速度，因此实际珠光体转变为奥氏体的温度高于 A_1，为 Ac_1 加热速度越快，Ac_1 越高，同时完成珠光体向奥氏体转变的时间亦越短。

共析钢加热前为珠光体组织，一般为铁素体相与渗碳体相相间排列的层片状组织，加热过程中奥氏体转变过程可分为 4 个阶段进行，如图 6-2 所示。

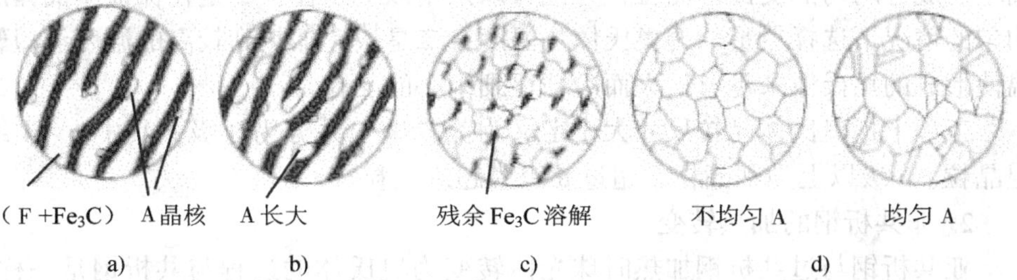

图 6-2　珠光体向奥氏体转变示意图

（1）奥氏体晶核的形成　由 $Fe\text{-}Fe_3C$ 相图可知：在 A_1 温度，共析钢中铁素体中 $w_C=0.0218\%$，渗碳体中 $w_C=6.69\%$，奥氏体中 $w_C=0.77\%$。在珠光体转变为奥氏体过程中，原铁素体由体心立方晶格改组为奥氏体的面心立方晶格，原渗碳体由复杂斜方晶格转变为面心立方晶格。所以，钢的加热转变既有碳原子的扩散，也有晶体结构的变化。基于能量与成分条件，奥氏体晶核在珠光体的铁素体与渗碳体两相交界处产生，如图 6-2a 所示，这两相交界面越多，奥氏体晶核越多。

（2）奥氏体的长大　奥氏体晶核形成后，它的一侧与渗碳体相接，另一侧与铁素体相接。随着铁素体的转变(铁素体区域的缩小)，以及渗碳体的溶解(渗碳体区域缩小)，奥氏体不断向其两侧扩展长大，直至铁素体完全消失，奥氏体彼此相遇，形成一个个的奥氏体晶粒，如图 6-2b 所示。

（3）残余渗碳体的溶解　由于铁素体转变为奥氏体的速度远高于渗碳体的溶解速度，在铁素体完全转变之后尚有不少未溶解的“残余渗碳体”存在,如图 6-2c 所示，因此还需一定的时间保温，让渗碳体全部溶解。

（4）奥氏体成分的均匀化　即使渗碳体全部溶解，奥氏体内的成分仍不均匀，在原铁素体区域形成的奥氏体含碳量偏低，在原渗碳体区域形成的奥氏体含碳量偏高，因此还需保温足够的时间，让碳原子充分扩散，奥氏体成分才可能均匀，如图 6-2d 所示。

上述分析表明，珠光体转变为奥氏体并使奥氏体成分均匀必须有两个必要而充分条件：一是温度条件，必须在 Ac_1 以上温度加热；二是时间条件，要求在 Ac_1 以上温度保持足够时间。在一定加热速度条件下，超过 Ac_1 的温度越高，奥氏体的形成与成分均匀化需要的时间越短；在一定的温度(高于 Ac_1)条件下，保温时间越长，奥氏体成分越均匀。

还要看到奥氏体晶粒由小尺寸变为大尺寸是一个自发过程，在 Ac_1 以上的一定加热温度下，过长的保温时间会导致奥氏体晶粒的合并而使尺寸变大。相比之下，若加热相同时间，高的温度导致奥氏体晶粒尺寸的增大倾向明显大于低的温度。奥氏体晶粒尺寸过大往往导致热处理后钢的强度降低。工程上往往希望得到细小而成分均匀的奥氏体晶粒，为此可以采用以下途径：一是在保证奥氏体成分均匀的情况下选择尽量低的奥氏体化温度；二是快速加热到较高的温度经短暂保温使形成的奥氏体来不及长大而冷却得到细小的晶粒。

工程上把奥氏体晶粒尺寸大小定义为晶粒度，并分为 8 级，其中 1 ~ 4 级为粗晶粒，5 级以上为细晶粒，超过 8 级为超细晶粒。

2. 非共析钢的加热转变

亚共析钢与过共析钢加热时珠光体转变为奥氏体的过程与共析钢是一样的，即在 Ac_1 温度以上加热，珠光体均转变为奥氏体。不同的是非共析钢中还有亚共析钢的铁素体的转变与过共析钢的二次渗碳体的溶解。亚共析钢中铁素体的完全转变要在 A_3 温度以上，考虑热滞后实际要在 Ac_3 以上；亚共析钢中二次渗碳体的完全溶解要在温度 A_{cm}以上，考虑热滞后实际要在 Ac_{cm}以上。即亚共析钢加热后组织全转变为奥氏体需在 Ac_3 以上，过共析钢需在 Ac_{cm} 以上。如果亚共析钢仍仅在 $Ac_1 \sim Ac_3$ 温度之间加热，无论加热时间多长，加热后的组织仍为铁素体与奥氏体共存。若对过共析钢在 $Ac_1 \sim Ac_{cm}$温度之间加热，加热后的组织为二次渗碳体与奥氏体共存。未完全奥氏体化的非共析钢加热后，在冷却过程中的组织转变也仅是奥氏体向其它组织的转变，其中的铁素体及二次渗碳体在冷却过程中不会发生转变。

二、钢的加热工艺选择

钢的加热工艺包含加热温度与加热时间。

加热温度的选择，原则上可根据钢的相图参考确定。实际生产中还要考虑加热方式、不同热处理类型以及钢的具体成分等因素作必要调整。

加热时间指的是升温与保温时间的总和。将工件加热到要求的温度(实际为零件表面温度)所需的时间为升温时间。保温时间是工件表面与心部都达到要求的温度所需时间。升温时间主要取决于加热速度。保温时间取决于钢的化学成分、工件尺寸与形状以及加热炉类型等诸因素。加热速度快，升温时间短、生产效率高。但是对于高合金钢以及形状复杂的工件，过快的加热速度会导致升温过程中工件变形甚至开裂报废。保温时间以工件心部热透(到达要求温度)及成分均匀化合乎要求进行计算。一般碳素结构钢在 800℃ 左右温度的箱式电炉中加热，以每 1mm 直径或 1mm 厚度保温 1.0 ~ 1.5min 为宜，若采用盐浴炉加热，保温时间可以缩短，每 1mm 直径或 1mm 厚度保温时间可为 0.3 ~ 0.45min。

三、钢的加热缺陷

1. 钢加热时常见的缺陷：

(1) 氧化　钢铁在氧化性气氛(如空气、气氛中 O_2、CO_2、H_2O 等)中加热，其表面形成 FeO，Fe_2O_3，Fe_3O_4 等氧化物的过程即氧化。温度在 560℃ 以下时，主要形成 Fe_3O_4 这类比较致密的氧化物，它可使钢表面与氧化性气氛隔离，阻止钢表面进一步氧化。但钢的奥氏体化温度都在 560℃ 以上，当温度高于 560℃ 时，钢被氧化形成以 FeO 为主的疏松的氧化物层。随着加热温度升高、加热时间增长，氧化物层厚度增加。这不仅导致钢的烧损加大，而且使零件尺寸变小，表面粗糙，更重要的还严重影响后序热处理的质量。

(2) 脱碳　钢加热过程中脱碳，即钢中的碳被烧损使钢表面含碳量降低的现象。伴随氧化常发生脱碳，氧化性气氛也是脱碳的气氛，H_2 虽是还原性气氛亦是脱碳气氛。一般钢中含碳量越高，脱碳越严重。由于脱碳使钢件表面含碳量下降，导致钢件机械强度下降，特别是工件的疲劳强度下降，耐磨损性能降低。

（3）过热　钢的过热指加热温度比正常温度偏高，出现过热的现象是钢的奥氏体晶粒较正常的要大，即晶粒变粗。过热会导致钢的塑性、韧性、强度降低，工件热处理后变形加大，还可能导致热处理裂纹、使工件报废。过热的工件一般可再在较低温度加热，重新使奥氏体晶粒细化，予以补救。

（4）过烧　过烧是指加热温度太高，奥氏体晶界或部分晶界氧化甚至熔化的现象。工件过烧后很脆，一锻即裂。过烧的工件无法挽救，只能报废，因而是致命性的。

2. 加热缺陷的防止办法

（1）真空加热　工件在真空中加热是防止氧化脱碳的最有效措施，是热处理工艺的发展方向，在发达国家应用普遍，但真空加热用的设备投资大，工艺成本较高。

（2）可控气氛加热　工件加热过程中向炉内充入一定量的保护性气氛，保证钢在不脱碳、不增碳、不氧化的气氛下加热。实践证明它是行之有效与可靠的方法，也是发达国家应用十分普遍的工艺，是现代热处理的发展方向之一。但需要一套制取可控气氛的发生装置。由于成本较高、原材料来源不广泛，限制了它的应用。

（3）盐浴加热　工件置于一熔化了的中性盐液中加热，盐液进行充分脱氧，保证工件加热过程中少氧化，甚至无氧化。盐浴加热的主要缺陷是粘在工件上的盐难以清洗洁净。如果工件上的盐清洗不干净会导致工件储存及应用过程易于长锈。此外操作过程中盐液遇水易炸，不小心易使人体灼伤，要十分注意安全。

第三节　钢在冷却时的转变

同一种钢加热到奥氏体状态后，由于尔后的冷却速度不一样，奥氏体转变成的组织不一样，因而所得的性能也不一样。研究奥氏体冷却转变常用过冷奥氏体等温冷却转变曲线及连续冷却转变曲线。

一、过冷奥氏体转变曲线

1. 过冷奥氏体等温转变曲线（TTT 曲线）

图 6-3 为共析钢过冷奥氏体的等温转变曲线。纵坐标表示转变温度，横坐标表示转变时间。它反映了奥氏体在快速冷却到临界点以下，在各个不同温度的保温过程中，温度、时间与转变组织、转变量的关系。在 A_1 温度与 Ms（马氏体开始形成温度）之间有两条形如“C”字的曲线，所以又叫 C 曲线。

图中左边的一条曲线，反映过冷奥氏体相应于一定温度开始转变为其它组织的时间，称为转变开始线；右边的一条曲线，反映了过冷奥氏体相应于一定温度转变为其它组织的终了时间，称为转变终了线。在 A_1 ~ Ms 之间及转变开始线以左的区域为过冷奥氏体区；转变终了线以右，Mf 以下的区域为转变产物区；而转变开始线与转变终了线之间为转变过渡区。

（1）C 曲线分析　在转变开始线以左的时间内过冷奥氏体没有转变，称为孕育期。孕育期最短处，过冷奥氏体最不稳定，转变最快，这里被称为 C 曲线的“鼻尖”。对于碳钢而言，“鼻尖”处温度一般为 550℃。

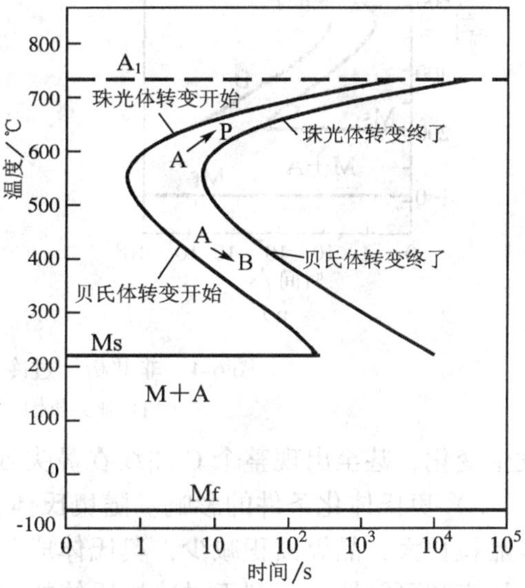

图 6-3　共析钢过冷奥氏体等温转变曲线

过冷奥氏体的稳定性取决于相变的驱动力和扩散两个因素。在鼻尖以上，温度越高，过冷度越小，因而驱动力也越小，过冷奥氏体稳定性增加，孕育期延长；在鼻尖以下，温度越低，原子扩散越困难，过冷奥氏体的稳定性也会增加，孕育期也越长。因此，鼻尖温度正是珠光体转变和贝氏体转变的分界线。在鼻尖温度以上是珠光体转变区；在鼻尖温度以下，Ms 温度以上是贝氏体转变区；而在 Ms 温度以下则是马氏体转变区。在转变过渡区，既有未转变的过冷奥氏体又有转变出的产物，鼻尖温度以上为珠光体与过冷奥氏体共存区，鼻尖温度以下为贝氏体与过冷奥氏体共存区。

（2）影响 C 曲线的因素　影响 C 曲线的主要因素是奥氏体的成分和奥氏体化条件。

1）含碳量的影响。在正常加热条件下，亚共析钢的 C 曲线随着含碳量的增加而右移，过共析钢的 C 曲线随着含碳量的增加而左移。所以，碳钢中以共析钢的过冷奥氏体最稳定。

图 6-4 为亚共析钢及过共析钢的过冷奥氏体等温转变示意图。对照图 6-3 的共析钢等温转变曲线可见，在鼻尖温度以上亚共析钢多出了一条先析铁素体析出线，如图 6-4a 所示；过共析钢多出了一条二次渗碳体析出线，如图 6-4b 所示。其余两条线同共析钢一样：左边的一条为过冷奥氏体的转变开始线，右边的一条为转变终了线。这表明，在鼻尖温度以上等温冷却，亚共析钢的过冷奥氏体先转变为铁素体，过共析钢先析出渗碳体，接着未转变的奥氏体转变为珠光体；在鼻尖温度以下，过冷奥氏体转变为贝氏体。

2）合金元素的影响。除 Co 以外，所有的合金元素溶入奥氏体后，都能增加奥氏体的稳定性，使 C 曲线右移。某些合金元素含量较多时，C 曲线的形状将

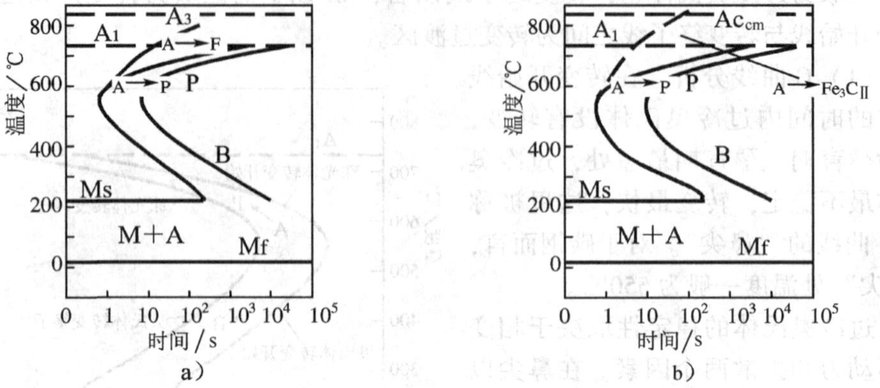

图 6-4　非共析钢过冷奥氏体等温转变曲线

a）亚共析钢　b）过共析钢

发生变化，甚至出现整个 C 曲线在鼻尖处分开，形成上下两个 C 曲线。

3）奥氏体化条件的影响。随奥氏体化温度的提高和保温时间的延长，奥氏体晶粒长大，晶界面积减少，奥氏体成分更加均匀。这降低了过冷奥氏体转变的形核率和可能性，不利于过冷奥氏体的转变，从而提高了奥氏体的稳定性，使 C 曲线右移。对于同一种钢，由于奥氏体化的条件不同，测出的 C 曲线可能有很大的差别。因此，在使用 C 曲线时，必须注意加热温度和奥氏体晶粒度的影响。

2. 过冷奥氏体连续冷却转变曲线(CCT 曲线)

在实际生产中，过冷奥氏体一般都是在连续冷却过程中进行转变的。所以，连续冷却转变曲线对于确定热处理工艺及选材更具有实际意义。连续冷却转变曲线简称 CCT 曲线。它是通过测定不同速度下过冷奥氏体的转变量而获得的。

图 6-5 是共析钢的 CCT 曲线。图中，Ps 线为过冷奥氏体转变为珠光体的开始线，Pf 为转变终了线，两线之间为转变过渡区。KK′线为转变的终止线，当冷却曲线碰到此线时，过冷奥氏体就终止向珠光体组织转变，继续冷却一直保持到 Ms 点以下，使剩余的奥氏体转变为马氏体。v_K 称为 CCT 曲线的临界冷却速度，它是获得全部马氏体组织(实际还含有一小部分残留奥氏体)的最小冷却速度。

以不同的冷却速度连续冷却时，过冷奥氏体将会转变为不同的组织。通过连续转变冷却曲线可以了解冷却速度与过冷奥氏体转变组织的关系。根据 CCT 曲线与 C 曲线交点的位置，可以判断连续冷却转变的产物。由图中可知，冷却速度大于 v_K 时，连续冷却转变得到马氏体组织；当冷却速度小于 $v_{K'}$ 时，连续冷却转变得到珠光体组织；而冷却速度大于 $v_{K'}$ 而小于 v_K 时，连续冷却转变将得到珠光体 + 马氏体的组织。

临界冷却速度越小，奥氏体越稳定，因而即使在较慢的冷却速度下也会得到马氏体。这对淬火工艺操作具有十分重要的意义。

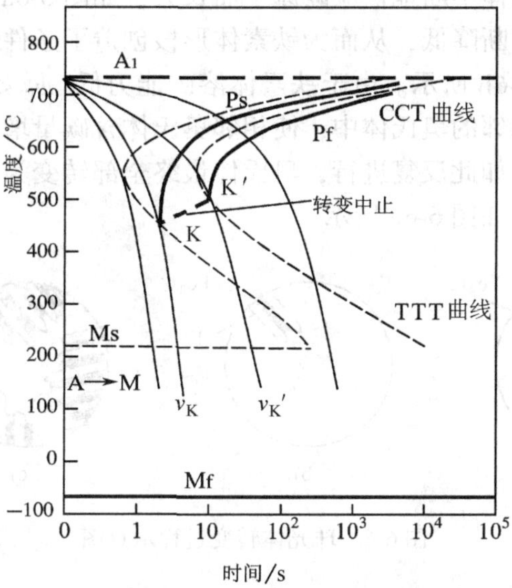

图 6-5　共析钢过冷奥氏体连续冷却转变曲线

二、珠光体转变及其组织

1. 珠光体组织

在温度 A_1 以下至 550℃左右的温度范围内，过冷奥氏体转变产物是珠光体，即形成铁素体与渗碳体两相组成的相间排列的层片状的机械混和物组织(如图 4-17 所示)，所以这种类型的转变又叫珠光体转变。

在珠光体转变中，由 A_1 以下温度依次降到鼻尖的 550℃左右，层片状组织的片间距离依次减小。根据片层的厚薄不同，这类组织又可细分为三种：

(1) 珠光体　其形成温度为 A_1 ~650℃，片层较厚，一般在 500 倍的光学显微镜下即可分辨。用符号“P”表示。

(2) 索氏体　其形成温度为 650 ~600℃，片层较薄，一般在 800 ~1000 倍光学显微镜下才可分辨。用符号“S”表示。

(3) 托氏体　其形成温度为 600 ~550℃，片层极薄，只有在电子显微镜下才能分辨。用符号“T”表示。

实际上，这三种组织都是珠光体，其差别只是珠光体组织的片间距大小，形成温度越低，片间距越小。这个片间距越小，组织的硬度越高，托氏体的硬度高于索氏体，远高于粗珠光体。

2. 珠光体转变过程

奥氏体转变为珠光体的过程也是形核和长大的过程。如图 6-6 所示，当奥氏体过冷到 A_1 以下时，首先在奥氏体晶界上产生渗碳体晶核，通过原子扩散，渗碳体依靠其周围奥氏体不断地供应碳原子而长大，如图 6-6a。同时，由于渗碳体周围奥氏体含碳量不断降低，从而为铁素体形核创造了条件，使这部分奥氏体转变为铁素体，如图 6-6b 所示。由于铁素体溶碳能力低（$w_C < 0.0218\%$），所以又将过剩的碳排挤到相邻的奥氏体中，使相邻奥氏体含碳量增高，这又为产生新的渗碳体创造了条件。如此反复进行，奥氏体最终全部转变为铁素体和渗碳体片层相间的珠光体组织，如图 6-6c 所示。

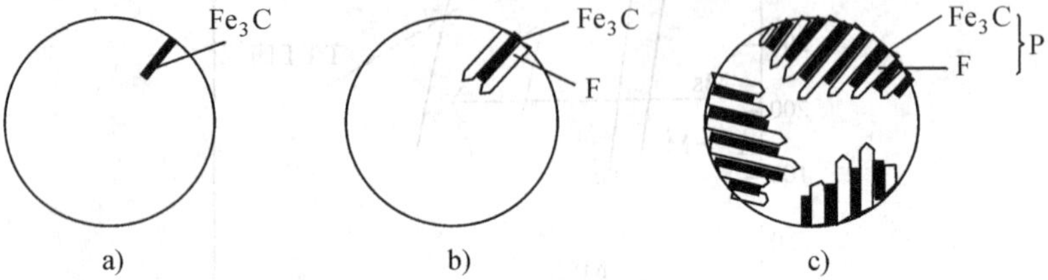

图 6-6　珠光体转变过程示意图

珠光体转变是一种扩散型转变，即铁原子和碳原子均进行扩散。

三、贝氏体转变及其组织

1. 贝氏体组织

过冷奥氏体在 550℃ ~ Ms（马氏体转变开始温度）的转变称为中温转变，其转变产物为贝氏体型，所以也叫贝氏体转变。贝氏体用符号“B”表示，它仍是由铁素体与渗碳体组成的机械混和物，但其形貌与渗碳体的分布与珠光体不同，硬度也比珠光体的高。

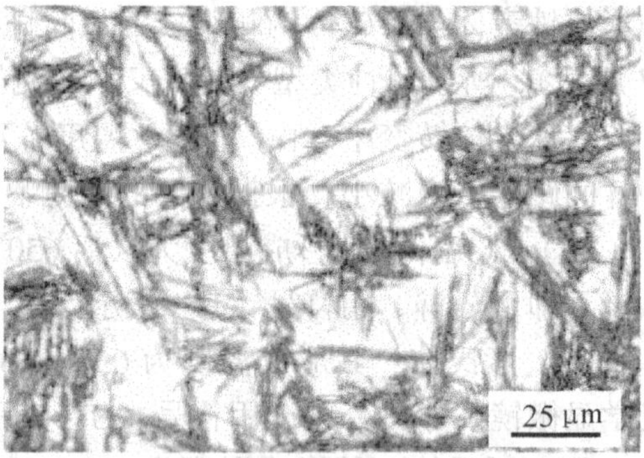

图 6-7　下贝氏体的显微组织

根据贝氏体的组织形态和形成温度区间的不同又可将其划分为上贝氏体（$B_上$）与下贝氏体（$B_下$）。上贝氏体的形成温度为 550 ~ 350℃，它的硬度比同样成分的下贝氏体低，韧性也比下贝氏体差，所以上贝氏体的力学性能很差，脆性很大，强度很低，基本上没有实用价值。下贝氏体的形成温度为 350℃ ~ Ms，它有较高的强度和硬度，还有良好的塑性和韧性，具有较优良的综合力学性能，是生产上常用的组织。获得下贝氏体组织是强化钢材的途径之一。下贝氏体的组织特征如图 6-7 所示，贝氏体的性能特征见表 6-2。

表 6-2　共析钢中温转变产物的名称与特征

组织名称	形成温度/℃	显微组织特征	硬度 HRC	其　它
上贝氏体	400～550	铁素体呈平行扁平状，细小渗碳体条断续分布在铁素体之间，在光学显微镜下呈暗灰色羽毛状特征	40～45	韧性差
下贝氏体	240～400	铁素体呈针叶状，细小碳化物呈点状分布在铁素体中，在光学显微镜下呈黑色针叶状特征	45～55	韧性较好

2. 贝氏体的转变过程

在中温区发生奥氏体转变时，由于温度较低，铁原子扩散困难，只能以共格切变的方式来完成原子的迁移，而碳原子则有一定的扩散能力，可以通过短程扩散来完成原子迁移，所以贝氏体转变属于半扩散型相变。在贝氏体转变中，存在着两个过程：一是铁原子的共格切变，二是碳原子的短程扩散。

当温度较高(550～350℃)时，条状或片状铁素体从奥氏体晶界开始向晶内以同样方向平行生长。随着铁素体的伸长和变宽，其中的碳原子向条间的奥氏体中富集，最后在铁素体条之间析出渗碳体短棒，奥氏体消失，形成上贝氏体。

当温度较低(350℃～Ms)时，碳原子扩散能力低，铁素体在奥氏体的晶界或晶内的某些晶面上长成针状。尽管最初形成的铁素体固溶碳原子较多，但碳原子不能长程迁移，因而不能逾越铁素体片的范围，只能在铁素体内一定的晶面上以断续碳化物小片的形式析出，从而形成下贝氏体。

四、马氏体转变及其组织

1. 马氏体组织及其性能特点

过冷奥氏体在马氏体开始形成温度 Ms 以下转变为马氏体，这个转变持续至马氏体形成终了温度 Mf。在 Mf 以下，过冷奥氏体停止转变。除 Al、Co 元素外，溶解到奥氏体中的元素均使 Ms、Mf 下降，奥氏体中碳含量对 Ms、Mf 温度的影响如图 6-8 所示。可见碳含量增多，Ms、Mf 点降低。经冷却后未转变的奥氏体保留在钢中，称为残留奥氏体。在 Ms 与 Mf 温度之间过冷奥氏体与马氏体共存。在 Ms 温度以下，转变温度越低，残留奥氏体量越少。由于 Ms 和 Mf 均随奥氏体中含碳量的增加而降低，可见在同样的冷却速度下(或冷却介质中)，奥氏体中含碳量越高，马氏体中的残留奥氏体就越多。

马氏体形成的温度已是碳原子难以扩散的温度，它是由过冷奥氏体按无扩散型转变机制的转变产物，马氏体与过冷奥氏体含碳量相等，晶格与铁素体相同为体心立方。体心立方晶格的铁素体在室温时含碳 $w_C \approx 0.008\%$。对于共析钢，马氏体的晶格内含碳 $w_C \approx 0.77\%$，为此导致体心立方晶格畸变为体心正方晶格，如图 6-9 所示，因此马氏体是含过饱和碳的固溶体，是单一的相，同高温、中温转变产物有本质区别。

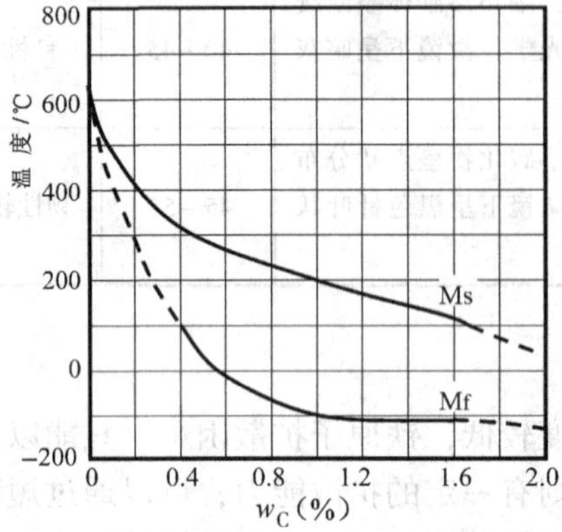

图 6-8　含碳量对 Ms 与 Mf 温度的影响

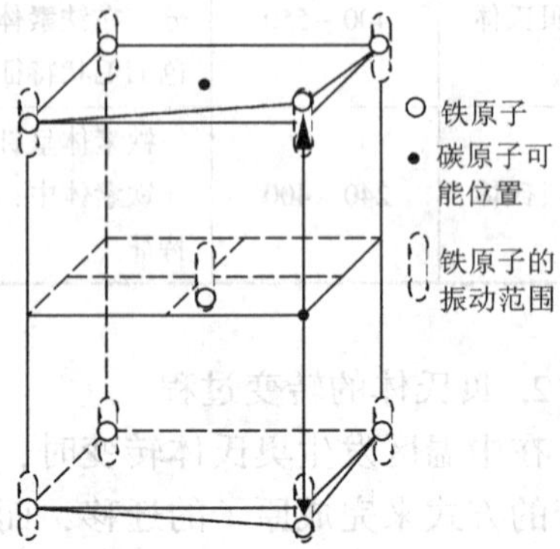

图 6-9　马氏体晶格示意图

马氏体的形貌常有针状(见图 6-10)及板条状(见图 6-11)两种。针状马氏体一般出现在高碳钢中，板条状马氏体一般出现在低碳钢中。“针”或“条”的粗细主要取决于奥氏体晶粒的尺寸大小，奥氏体晶粒越大，“针”或“条”越粗。

图 6-10　针状马氏体显微组织

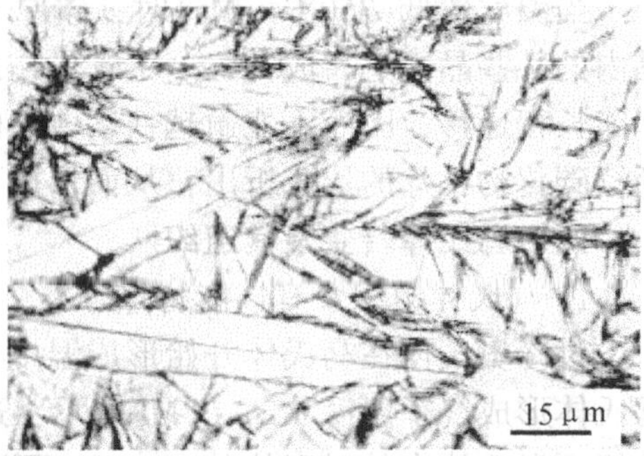

图 6-11　板条状马氏体显微组织

马氏体的韧性主要依赖于马氏体的形貌。针状马氏体韧性差，板条马氏体韧性较好，高碳针状马氏体是硬而脆的组织，低碳板条马氏体是强而韧的组织。作为工具与模具可以采用高碳马氏体再经低温回火得到回火马氏体组织，以增强钢的耐磨性。作为结构零件(如轴类零件)可以选用低合金高强度钢经淬火加回火获得回火板条马氏体组织，以提高钢的强度。马氏体的硬度主要取决于其中的含碳量，含碳量越高，马氏体硬度越高，如图 6-12 中的曲线 c 所示为纯马氏体的硬度与含碳量的关系。实际淬火钢硬度取决于马氏体、残留奥氏体，以及其它不转变物(铁素体或二次渗碳体)的含量。图 6-12 中曲线 a 示出了亚共析钢在 Ac_3

温度以上及过共析钢在 Ac_{cm} 以上奥氏体化加热再淬火后钢的硬度同含碳量的关系。此时，所有钢加热后处于单一奥氏体相状态，经过淬火后由马氏体与残留奥氏体两相组成，对低、中碳钢残留奥氏体极少，对高碳钢依碳含量增加残留奥氏体增多，碳的质量分数超过0.8%的钢淬火后硬度因而随含碳量的增高而降低。如图6-12中曲线b所示为亚共析钢在 Ac_3 以上及过共析钢在 Ac_1 以上加热淬火后硬度与含碳量的关系，过共析钢在温度 Ac_1 至 Ac_{cm} 之间加热后处于奥氏体及二次渗碳体两相混和状态，其中奥氏体含碳量由状态图的ES平衡线确定(一般接近于共析钢含碳量)，经淬火后钢中处于马氏体、残留奥氏体及二次渗碳体三相混和状态(其中残留奥氏体数量接近于共析钢淬火后的数量)，钢径淬火后，马氏体硬度接近于共析成分的值，总硬度为这三相的加权平均值。

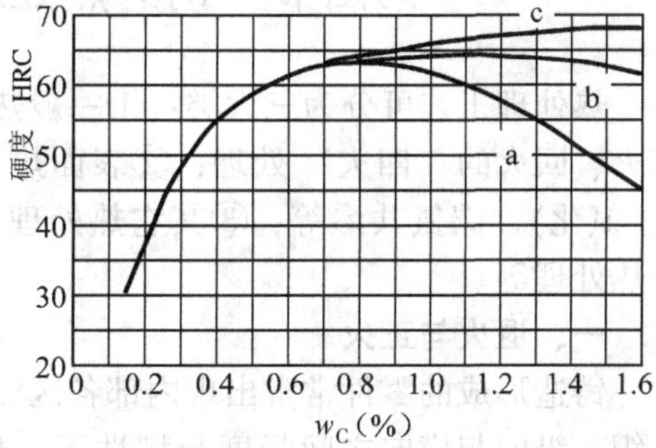

图6-12　含碳量对淬火钢硬度的影响

2. 马氏体转变的特点

马氏体转变同样是一个形核和长大的过程。它的主要特点是：

(1) 无扩散性　马氏体转变是在很大的过冷度下进行的，转变温度低，转变时没有铁原子和碳原子的扩散，只发生从γ-Fe到α-Fe的晶格改组。因而在马氏体转变过程中没有成分变化，马氏体和原奥氏体中固溶的碳量一致。

(2) 有共格位向关系　由于原子不能进行扩散，因而马氏体转变中晶格的转变以切变的方式进行。在切变过程中，由面心立方的奥氏体转变为体心立方的马氏体。切变不仅使晶格改变，还使切变部分的形状和体积发生变化，引起相邻奥氏体随之变形。所以，马氏体形成时，马氏体和奥氏体相界面上的原子是共有的，既属于马氏体，又属于奥氏体，这种关系称为共格关系。

(3) 在不断降温的过程中形成　在通常情况下，过冷奥氏体向马氏体转变开始后，必须在不断降温条件下转变才能继续进行，冷却过程中断，转变立即停止。

(4) 高速长大　马氏体形成速度极快，瞬间形核，瞬间长大。由于马氏体的形成速度极快，所以一片马氏体形成时可能因撞击作用而使已形成的马氏体产生微裂纹。

(5) 马氏体转变的不完全性　即使温度降低到Mf以下，奥氏体也不能100%地转变为马氏体，总有部分奥氏体未转变而残留下来，这部分奥氏体称为残留奥氏体，用“A′”或“γ′”表示。

第四节　钢的热处理基本工艺及应用

热处理工艺可分为三大类：①一般热处理(或常规热处理)，即退火、正火、淬火、回火的“四火”处理；②表面热处理，如高频感应加热淬火、渗碳、渗氮(氮化)、碳氮共渗等；③其它热处理，如可控气氛热处理、真空热处理、形变热处理等。

一、退火与正火

铸造形成的零件常常出现内部各区域之间化学成分差异；轧制后常出现带状组织、纵向与横向之间强度与韧性不一样；焊接后常出现异常组织。铸造、轧制、锻造、焊接、冷拉、冷挤压等热加工与冷加工后还会使零件的应力增加。这些热加工或冷加工后给零件造成的内应力若不消除则会导致零件变形甚至开裂；若不使化学成分均匀化，异常组织给予消除，则会使零件内各部分的性能差异很大，危及零件的正常安全使用。通过正火、退火可消除零件内存在的内应力，改善组织、性能，以适应零件后续冷、热加工及使用过程的需要。

正火是将钢加热到 Ac_3 或 Ac_{cm} 以上保温再在空气中冷却的热处理工艺，退火是将钢加热到相变温度 Ac_1 以上或以下，较长时间保温并缓慢冷却(一般随炉冷却)的一种工艺。

1. 退火

退火的种类很多，常用的主要有如下几种类型：

(1) 完全退火　完全退火是将钢件或钢材加热到 Ac_3 以上 20～30℃，经完全奥氏体化后进行随炉缓慢冷却，以获得近于平衡组织的热处理工艺。完全退火主要用于亚共析钢($w_C=0.3\%\sim0.6\%$)，它的主要目的是清除铸造、轧制、锻造、焊接等造成的异常组织，均匀化学成分，消除内应力，细化组织，降低硬度和改善切削加工性。对于 $w_C<0.3\%$ 的低碳钢不适宜用完全退火，需用正火以便保证处理后的硬度满足零件的切削加工性能。

(2) 球化退火　球化退火是将钢随炉升温加热到 Ac_1 以上、Ac_{cm} 以下的双相区，较长时间保温，并缓慢冷却的热处理工艺。这种工艺主要适用于共析或过共析的工、模具钢，目的是让其中的碳化物球化(粒化)和消除网状的二次渗碳体，因此叫做球化退火。钢球化退火加热时由奥氏体及碳化物两相组成，在保温过程中其中的碳化物球化，在保温后的冷却过程中，尤其在共析温度附近的缓慢冷却过程中自奥氏体析出的碳化物进行球化。经球化退火的钢由铁素体及均匀分布的球状碳化物组成。经球化退火以后的工具、模具钢硬度降低，韧性提高，切削加工性能也变好，与此同时存在于钢内部的内应力得以消除。

(3) 去应力退火和再结晶退火　为了消除由于变形加工以及铸造、焊接过程引起的残余内应力而进行的退火称为去应力退火。钢的去应力退火加热温度范围较宽，但不超过 Ac_1 点，一般在 500～650℃之间。铸铁件去应力退火温度一般为 500～550℃，超过 550℃容易造成珠光体的石墨化。焊接工件的退火温度一般为 500～600℃。去应力退火过程未发生相变。

再结晶退火是把冷变形后的金属加热到再结晶温度以上保持适当的时间，使变形晶粒重新转变为均匀等轴晶粒而消除加工硬化的热处理工艺。钢材经过冷冲、冷轧或冷拉后会产生加工硬化现象，使钢的强度、硬度升高，塑性、韧性下降，切削加工性能和成形性能变差。经过再结晶退火，消除了加工硬化，钢的力学性能恢复到冷变形前的状态。再结晶退火通常作为钢材或其它合金多道次冷变形之间的中间退火，也可作为冷变形钢材或其它合金成品的最终热处理。

（4）扩散退火　扩散退火是将工件加热到略低于固相线的温度（亚共析钢通常为 1050～1150℃），长时间（一般为 10～20h）保温，然后随炉缓慢冷却到室温。扩散退火的主要目的是均匀钢内部的化学成分。主要适用于铸造后的高合金钢。

2. 正火

正火是将钢材或钢件加热到临界温度以上，保温后空冷的热处理工艺。亚共析钢的正火加热温度为 $Ac_3+30\sim50$℃；而过共析钢的正火加热温度则为 $Ac_{cm}+30\sim50$℃。

正火与退火的主要区别在于冷却速度不同，正火冷却速度较大，得到的珠光体组织很细，因而强度和硬度也较高。正火后的组织与材料的成分及原始组织有关，正火后的组织一般为片间距较小的索氏体，其强度和硬度都较好，韧性也较好，且先共析相（铁素体或渗碳体）的数量显著减少。对于 $w_C=0.6\%\sim1.4\%$ 的碳钢，正火后甚至不出现先共析相，而全部是索氏体。因此，钢经正火后的力学性能比退火后提高。

正火主要应用于以下几个方面：

（1）消除网状二次渗碳体　所有的钢铁材料通过正火，均可使晶粒细化。而原始组织中存在网状二次渗碳体的过共析钢，经正火处理后可消除对性能不利的网状二次渗碳体，以保证球化退火质量。

（2）作为最终热处理　对于力学性能要求不高的结构钢零件，经正火后所获得的性能即可满足使用要求，可用正火作为最终热处理。

（3）改善切削加工性能　对于低碳钢或低碳合金钢，由于完全退火后硬度太低，一般在 170HBS 以下，切削加工性能不好。而用正火，则可提高其硬度，从而改善切削加工性能。所以，对于低碳钢和低碳合金钢，通常采用正火来代替完全退火，作为预备热处理。

从改善切削加工性能的角度出发，低碳钢宜采用正火；中碳钢既可采用退火，也可采用正火；$w_C=0.45\%\sim0.6\%$ 的高碳钢则必须采用完全退火；过共析钢用正火消除网状渗碳体后再进行球化退火。图 6-13 是钢的几种热处理工艺与合适加工硬度范围的关系。

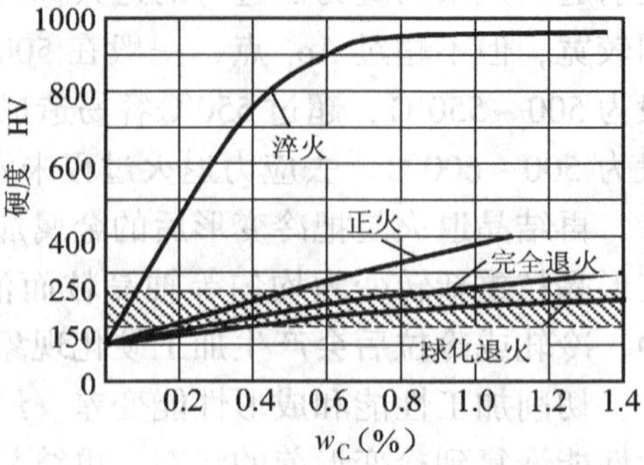

图 6-13 钢的热处理与加工硬度

(阴影部分为合适的切削加工硬度范围)

二、钢的淬火

将亚共析钢加热到 Ac_3 以上，共析钢与过共析钢加热到 Ac_1 以上（低于 Ac_{cm}）的温度，保温后以大于 v_K 的速度快速冷却，使奥氏体转变为马氏体的热处理工艺叫淬火。马氏体强化是钢的主要强化手段，因此淬火的目的就是为了获得马氏体，提高钢的力学性能。淬火是钢的最重要的热处理工艺，也是热处理中应用最广的工艺之一。

1. 淬火温度的确定

淬火温度即钢的奥氏体化温度，是淬火的主要工艺参数之一。选择淬火温度的原则是获得均匀细小的奥氏体组织。

图 6-14 是碳钢的淬火温度范围。亚共析钢的淬火温度一般为 Ac_3 以上 30 ~ 50℃，淬火后获得均匀细小的马氏体组织。如果温度过高，会因为奥氏体晶粒粗大而得到粗大的马氏体组织，使钢的力学性能恶化，特别是使塑性和韧性降低；如果淬火温度低于 Ac_3，淬火组织中会保留未溶铁素体，使钢的强度、硬度下降。

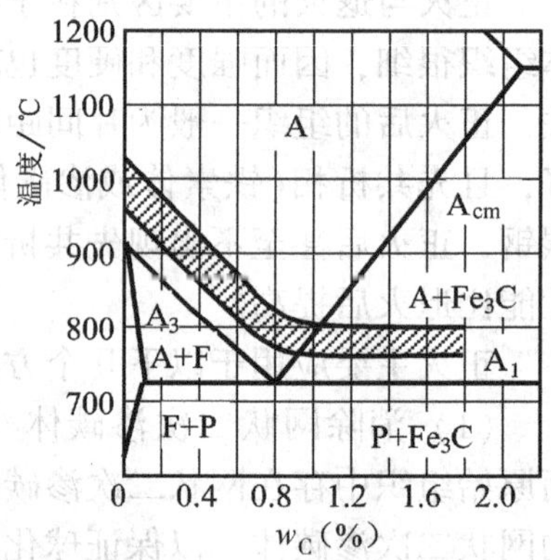

图 6-14 碳钢的淬火温度范围

过共析钢的淬火温度为 Ac_1 以上 30 ~ 50℃，这个加热温度限制了奥氏体的含碳量，减少了淬火组织中的残留奥氏体数量。淬火后获得均匀细小的马氏体和未溶粒状二次渗碳体（共析钢获均匀细小的马氏体组织）组织，未溶二次渗碳体的存在有利于淬火钢的硬度及耐磨性。如果将过共析钢加热到 Ac_{cm} 以上，则由于奥氏体晶粒粗大，含碳量提高，使淬火后的马氏体也粗大，且残留奥氏体量增加，这不仅降低钢的硬度、耐磨性和韧性，而且还会增大变形和开裂的倾向。

对于合金钢，由于其导热性较差，而且合金元素有阻碍奥氏体晶粒长大的作用，所以淬火温度可适当提高到临界温度以上 50 ~ 100℃。

2. 加热时间的确定

加热时间由升温时间和保温时间组成。由零件入炉温度升至淬火温度所需的时间为升温时间，并以此作为保温时间的开始。保温时间是指零件烧透及完成奥氏体化过程所需要的时间。加热时间通常根据经验公式估算或通过实验确定。生产中往往要通过实验确定合理的加热及保温时间，以保证工件质量。

3. 淬火介质的确定

淬火过程是冷却非常快的过程。为了得到马氏体组织，淬火冷却速度必须大于临界冷却速度 v_K。但是，冷却速度快必然产生很大的淬火内应力，这往往会引起工件变形。

淬火的目的是为了得到马氏体组织，同时又要避免产生变形和开裂。理想的淬火冷却曲线如图 6-15 所示。只要在"鼻尖"温度附近快冷，使冷却曲线躲过"鼻尖"，不碰上 C 曲线，就能得到马氏体。也就是说，在"鼻尖"温度以上，在保证不出现珠光体组织的前提下，可以尽量缓冷；在"鼻尖"温度附近则必须快冷，以躲开"鼻尖"，保证不产生非马氏体相变；而在 Ms 点附近又可以缓冷，以减轻马氏体转变时的相变应力。但是到目前为止，还找不到完全理想的淬火介质。

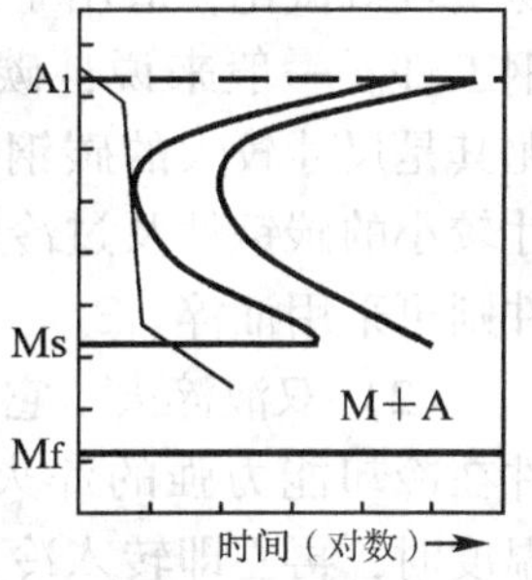

图 6-15　理想淬火冷却曲线示意图

常用的淬火介质是水、盐或碱的水溶液和各种矿物油、植物油。

水是最经济而且冷却能力较强的淬火介质。但水在 650～550℃（"鼻尖"附近）范围内的冷却能力不够强，而在 300～200℃（Ms 点附近）范围内又不够缓慢。所以水虽不是理想淬火介质，但却适用于尺寸不大、形状简单的碳钢工件淬火。

在水中加入适量的盐或碱等物质，可明显提高水在高温区的冷却能力，但在 300～200℃附近的温度范围内冷却能力仍然较强，同样对减少变形不利。因此，这类淬火介质主要用于形状简单、截面尺寸较大、变形要求不严格的碳钢工件的淬火。

油也是一种常用的淬火介质。早期采用动、植物油脂，目前工业上主要采用矿物油，如锭子油、机油、柴油等。油的主要优点是低温区的冷却速度比水小得多，从而可以大大降低淬火工件的应力，减小工件变形和开裂倾向。油在 650～550℃温度区间冷却能力低是其主要缺点。但是对于过冷奥氏体比较稳定的合金钢，油是合适的淬火介质。

上述几种淬火介质各有优缺点，均不太理想。目前，世界各国都在努力发展有机溶液作为淬火介质，如美国好富顿公司生产的 PEO、PAG 淬火介质系列等，它们可满足不同材质的淬火需要。

4. 淬火方法

选择适当的淬火方法同选用淬火介质一样，可以保证在获得所要求的淬火组织和性能条件下，尽量减小淬火应力，减少工件变形和开裂倾向。

（1）单液淬火　它是将奥氏体状态的工件放入一种淬火介质中一直冷却到室温的淬火方法(见图6-16曲线1)。这种方法操作简单，容易实现机械化，适用于形状简单的碳钢和合金钢工件。一般来说，碳钢的临界冷却速度高，尤其是尺寸较大的碳钢工件多采用水淬；而尺寸较小的碳钢件及过冷奥氏体较稳定的合金钢件则可采用油淬。

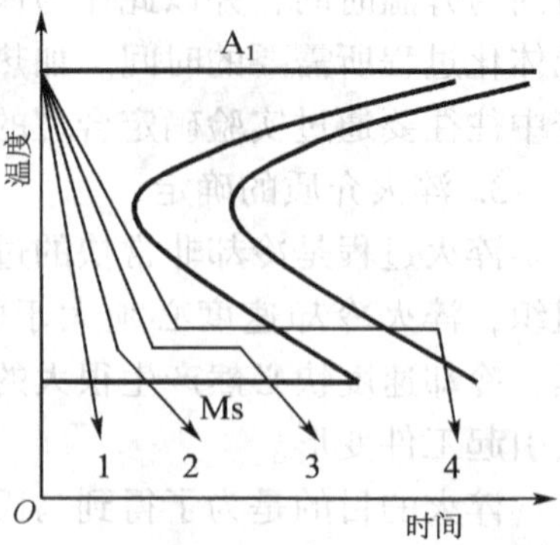

图6-16　各种淬火方法冷却曲线示意图

（2）双液淬火　它是先将奥氏体状态的工件在冷却能力强的淬火介质中冷却至接近Ms温度时，再立即转入冷却能力较弱的淬火介质中冷却，直至完成马氏体转变(见图6-16曲线2)。一般用水作为快冷淬火介质，用油作为慢冷淬火介质。有时也采用水淬、空冷的方法。这种方法利用了两种介质的优点，获得了较理想的冷却条件。其缺点是操作复杂，在第一种介质中停留时间难以掌握，需要有很强的实践经验。主要用于形状复杂的高碳钢工件及大型合金钢工件。

（3）分级淬火　它是将奥氏体状态的工件首先淬入略高于钢的Ms温度的盐浴或碱浴炉中保温，当工件内外温度均匀后，再从浴炉中取出空冷至室温，完成马氏体转变(见图6-16曲线3)。这种淬火方法由于工件内外温度均匀并在缓慢冷却条件下完成马氏体转变，不仅减小了淬火热应力(比双液淬火小)，而且显著降低组织应力，因而有效地减小或防止了工件变形和开裂。同时还克服了双液淬火工艺难以控制的缺点。但由于这种淬火方法淬火介质温度较高，工件在浴炉中冷却较慢，而等温时间又有限制，大截面工件很难达到其临界冷却速度。因此，分级淬火只适用于尺寸较小的工件，如刀具、量具和要求变形很小的精密工件。

（4）等温淬火　它是将奥氏体化后的工件在稍高于Ms温度的盐浴或碱浴中冷却并保温足够时间，从而获得下贝氏体组织的淬火方法。等温淬火实际上是分级淬火的进一步发展。所不同的是等温淬火获得下贝氏体组织。经这种方法处理的零件强度高，塑性和韧性好，即具有良好的综合力学性能，同时淬火应力小，变形小。这种方法多用于形状复杂和要求较高的小零件。

5. 钢的淬透性

淬透性是钢的重要热处理工艺性能，也是选材和制定热处理工艺的重要依据之一。

（1）淬透性的概念　钢的淬透性是指奥氏体化后的钢在淬火时获得淬硬层(也称为淬透层)深度的能力，其大小用钢在一定条件下淬火获得的有效淬硬深度来表示。淬硬层越深，表明其淬透性越好，一般规定由工件表面到半马氏体区

(即马氏体和珠光体型组织各占50%的区域)的深度作为有效淬硬深度。

淬透性的概念与淬硬性不同，所谓淬硬性是指钢在淬火后所能达到的最高硬度，即钢在淬火时的硬化能力。

(2) 淬透性对钢力学性能的影响　钢的淬透性直接影响其热处理后的力学性能。图6-17是两种淬透性不同的钢制成相同的轴经调质处理后其力学性能的比较。

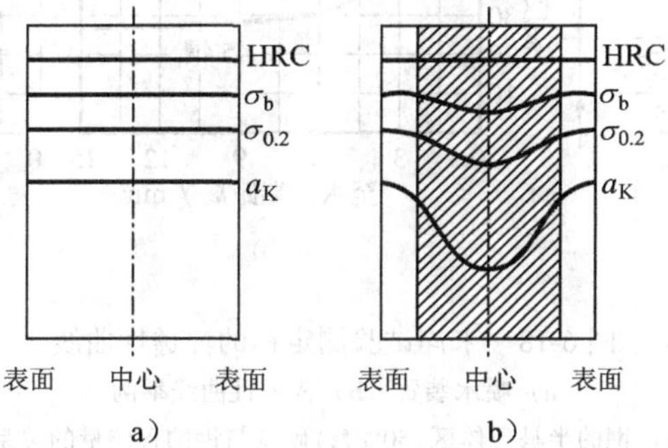

图6-17　淬透性不同的钢调质后的力学性能

a) 淬透钢件高温回火后的性能沿截面分布情况　b) 未淬透钢件高温回火后性能沿截面分布情况

从图中可以看出，淬透性高的钢，其力学性能沿截面分布是均匀的；而淬透性低的钢，心部力学性能低，特别是冲击韧度 a_K 值更低。这是因为淬透性高的轴，高温回火后其组织由表至里都是回火索氏体，其中渗碳体呈粒状分布，具有较高韧性；而未淬透的轴，高温回火后其未淬透的心部组织为片状索氏体，所以韧性较低。

此外，淬火组织中马氏体量的多少还会影响钢的屈强比 σ_s/σ_b 和疲劳强度 σ_{-1}。马氏体量越大，屈强比越高，钢回火后的疲劳强度也越高。

(3) 影响淬透性的因素　钢的淬透性实质上取决于其过冷奥氏体稳定性的高低，表现为临界冷却速度的大小。因而只要是影响临界冷却速度大小(C曲线“鼻尖”位置)的因素，均影响其淬透性。一般而言，凡是使C曲线右移，降低临界冷却速度的因素，都会提高钢的淬透性。所以影响淬透性的主要因素是化学成分，除Co以外，所有溶于奥氏体中的合金元素都提高淬透性。另外，奥氏体的均匀性、晶粒大小及是否存在第二相等因素都会影响淬透性。

(4) 淬透性的测定及其表示方法　淬透性的测定方法很多，目前应用得最广泛的是“末端淬火法”，简称端淬试验。试验时，先将标准试样加热至奥氏体化温度，停留30～40min，然后迅速放在端淬试验台上喷水冷却。图6-18是端淬试验示意图。

在端淬试验中，淬透性值用 $J\frac{HRC}{d}$ 表示，其中J表示末端淬透性，d 表示至

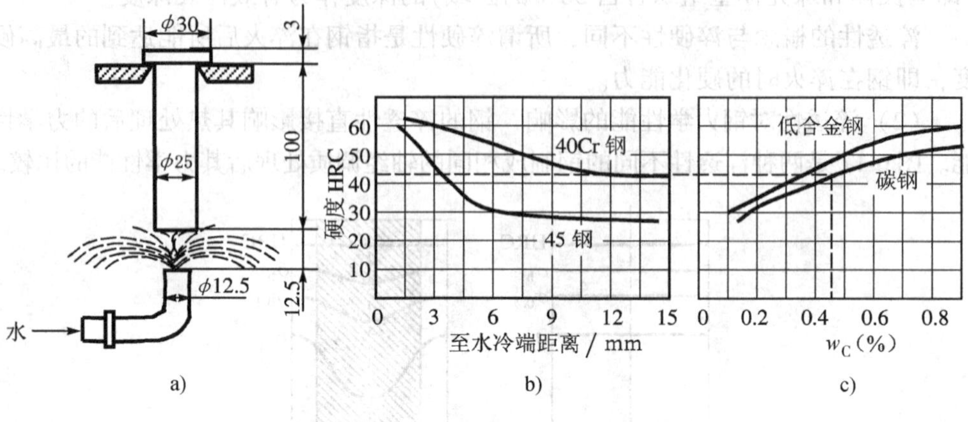

图 6-18　末淬试验测定钢的淬透性曲线

a）喷水装置　b）淬透性曲线举例

c）钢的半马氏体区(50% M)硬度与钢的含碳量的关系

水冷端的距离，HRC 为该处测得的硬度值。如 J$\frac{42}{5}$表示水冷端 5mm 处试样的硬度值为 42HRC。

三、钢的回火

回火一般是紧接淬火以后的热处理工艺，回火是淬火后再将工件加热到 Ac_1 温度以下某一温度，保温后再冷却到室温的一种热处理工艺。

淬火后的钢铁工件处于高的内应力状态，不能直接使用，必须及时回火，否则会有工件断裂的危险。淬火后回火的目的在于：降低或消除内应力，以防止工件开裂和变形；减少或消除残留奥氏体，以稳定工件尺寸；调整工件的内部组织和性能，以满足工件的使用要求。

1. 钢在回火时的转变

共析钢在淬火后，得到的马氏体和残留奥氏体组织是不稳定的，存在着向稳定组织转变的自发倾向。回火加热可加速这种自发转变过程。根据转变发生的过程和形成的组织，回火可分为四个阶段：

第一阶段(200℃以下)：马氏体分解。淬火钢在 100～200℃范围加热时，马氏体中的碳以 ε 碳化物(Fe_xC)的形式析出，使马氏体中碳的过饱和度减小，正方度降低。析出的碳化物以极细小的片状分布在马氏体基体上，这种组织称为回火马氏体，用“$M_{回}$”表示。在显微镜下观察，回火马氏体为黑色，而残留奥氏体为白色。

第二阶段(200～300℃)：残留奥氏体分解。马氏体不断分解为回火马氏体，正方度下降，体积缩小，降低了对残留奥氏体的压力，促使马氏体分解为下贝氏体。其组织与同温度下的回火马氏体相似。残留奥氏体的分解过程从 200℃开始，到 300℃基本完成。所以这个阶段的组织主要是回火马氏体。

第三阶段(250～400℃)：碳化物的转变。马氏体和残留奥氏体分解完成后，再继续提高温度，介稳定的 ε 碳化物溶入 α 相中，同时从 α 相中析出渗碳体。到350℃左右，马氏体中的含碳量已基本上降到铁素体的平衡成分，内应力也大量消除。此时回火马氏体转变为在保持马氏体形态的铁素体基体上分布着细粒状渗碳体的组织，称为回火托氏体，记为“$T_回$”。

第四阶段(400℃以上)：渗碳体的聚集长大与 α 相的再结晶。温度继续升高时，渗碳体通过聚集长大形成较大颗粒的渗碳体。同时在450℃以上，铁素体开始发生再结晶，由针片状转变为多边形。这种由多边形铁素体和粒状渗碳体的混合物称为回火索氏体，记为“$S_回$”。表6-3是不同回火组织的性能特点。

表6-3　回火组织及其特点

回火组织	形成温度/℃	组 织 特 征	性 能 特 征
回火马氏体	150～350	极细的 ε 碳化物分布在马氏体基体上	强度、硬度高，耐磨性好。硬度一般为58～64HRC
回火托氏体	350～500	细粒状渗碳体分布在针状铁素体基体上	弹性极限、屈服强度高，具有一定的韧性。硬度一般为35～45HRC
回火索氏体	500～650	粒状渗碳体分布在多边形铁素体基体上	综合力学性能好，强度、塑性和韧性好。硬度一般为25～35HRC

2. 回火工艺

重要的机械零件都要进行淬火和回火。钢淬火和回火后的力学性能取决于淬火的质量和回火的合理性。在淬火得到细小、均匀和完全的马氏体的前提下，工件的性能主要取决于回火温度。

按照回火后性能要求，淬火以后的回火有低温回火、中温回火、高温回火。按照回火温度和工件所要求的性能，一般将回火分为三类：

(1) 低温回火　低温回火温度为150～250℃，常用170～200℃。经淬火升低温回火的工艺主要用于工具、冷作模具，处理后的组织主要为回火马氏体组织。经这种热处理后，淬火中留给零件的内应力很大一部分被消除，并保证了零件需要的高硬度(58～64HRC)。一些低碳钢，如20CrMn、20MnVB钢淬火再低温回火后获得回火低碳马氏体组织，不仅强度高(可达1000～1600MPa)，而且韧性好(a_K 可高达48～56J/cm^2)，用以制作石油钻机吊环以及一些高强度连杆、螺栓，使用效果很好。

(2) 中温回火　中温回火温度为350～500℃，常用400～480℃。淬火钢经中温回火后，获得回火托氏体组织，钢的硬度约为38～50HRC，具有高的弹性、屈服强度、屈强比和足够的韧性，适用于弹簧钢的热处理。

(3) 高温回火　高温回火温度为500～650℃，常用550～650℃。淬火加高温回火的工艺在工程上称为调质。

调质处理用于 $w_C = 0.3\% \sim 0.5\%$ 的中碳钢及中碳合金钢。处理后的组织为回火索氏体，具有韧性、强度配合良好的综合力学性能。常需调质处理的零件如轴类、连杆、齿轮等。需要渗氮处理的零件一般需要先进行调质处理。

同一成分的钢，采用相同的淬火工艺，因回火温度不同，所得的力学性能也不一样(参见表 6-1)。所以同一种钢淬火后经不同温度回火，可以有多种不同的用途。

3. 回火脆性

图 6-19 是随着回火温度的升高，钢的冲击韧度的变化规律。从图中我们可以看出，在 250～350℃和 500～650℃钢的冲击韧度明显下降，这种脆化现象称为回火脆性。

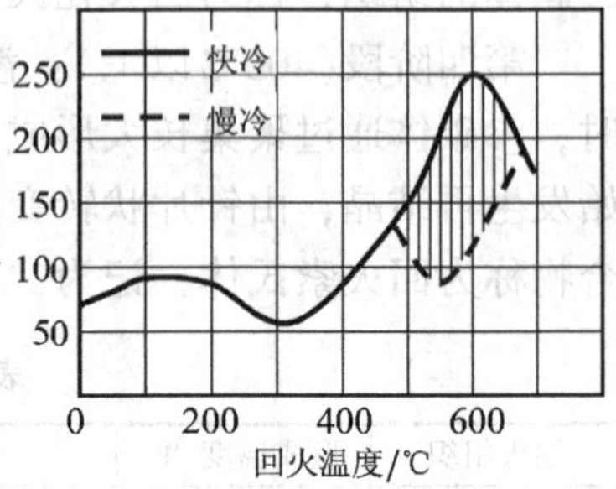

图 6-19　钢的韧性与回火温度的关系

（1）第一类回火脆性　淬火钢在 250～350℃范围内回火时出现的脆性叫做第一类回火脆性。几乎所有的钢都存在这类脆性，目前尚无有效办法完全消除这类回火脆性，因此又称不可逆回火脆性。所以一般都不在这个温度范围内回火。

（2）第二类回火脆性　淬火钢在 500～650℃范围内回火时出现的脆性称为第二类回火脆性。这种脆性主要发生在含 Cr、Ni、Si、Mn 等合金元素的结构钢中。这种脆性与加热、冷却条件有关。加热至 600℃以上后，以缓慢的冷却速度通过脆化温度区时，出现脆性；快速通过脆化区时，则不出现脆性。此类脆性可通过重新加热至 600℃以上快冷予以消除，是可逆的，因此又称为可逆回火脆性。

第五节　其它热处理方法简介

钢的表面热处理有两大类：一类是表面加热淬火热处理，通过对零件表面快速加热及快速冷却使零件表层获得马氏体组织，从而增强零件的表层硬度，提高其耐磨损性能；另一类是化学热处理，通过改变零件表层的化学成分，从而改变表层的组织，使其表层的力学性能发生变化。

一、表面淬火

仅对钢的表面加热、冷却而不改变成分的淬火工艺称为表面淬火。按加热方式可分为感应加热、火焰加热、电接触加热和电解加热等。最常用的是前两种。

1. 感应加热表面淬火

（1）感应加热的基本原理　感应线圈通以交流电时，就会在它的内部和周围产生与交流频率相同的交变磁场。若把工件置于感应磁场中，则其内部将产生感应电流并由于电阻的作用被加热。感应电流在工件表层密度最大，而心部几乎为零，这种现象称为集肤效应。电流透入工件表层的深度主要与电流频率有关，有如下关系式：

$$\delta = 503\sqrt{\frac{\rho}{\mu f}}$$

式中 δ——感应电流透入深度(mm)；

ρ——被加热零件的电阻率($\Omega \cdot mm^2/m$)；

μ——被加热零件的磁导率(H/m)；

f——电流频率(Hz)。

可以看出，电流频率越高，感应电流透入深度越浅，加热层也越薄。因此，通过频率的选用可以得到不同工件所要求的淬硬层深度。图 6-20 表示工件与感应器的位置及工件截面上电流密度的分布。加热器通入电流，工件表面在几秒钟之内迅速加热到远高于 Ac_3 以上的温度，接着迅速冷却工件(例如向加热了的工件喷水冷却)表面，在零件表面获得一定深度的硬化层。

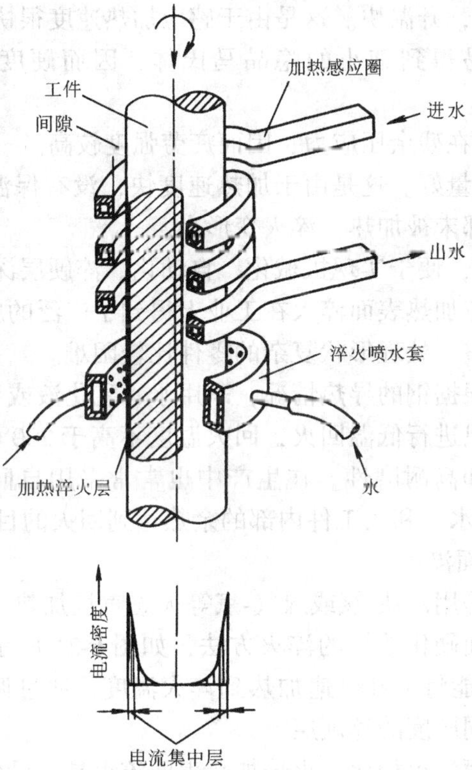

图 6-20 感应加热表面淬火示意图

(2) 感应加热表面淬火的分类 根据电流频率的不同，可将感应加热表面淬火分为三类：

1）高频感应加热淬火。常用电流频率范围为 200～300kHz，一般淬硬层深度为 0.5～2.0mm。适用于中小模数的齿轮及中，小尺寸的轴类零件等。

2）中频感应加热淬火。常用电流频率范围为 2500～800Hz，一般淬硬层深度为 2～10mm。适用于较大尺寸的轴和大、中模数的齿轮等。

3）工频感应加热淬火，电流频率为 50Hz，不需要变频设备，淬硬层深度可达 10～15mm。适用于较大直径零件的穿透加热及大直径零件如轧辊、火车车轮等的表面淬火。

（3）感应加热适用的材料感应加热表面淬火一般适用于中碳钢和中碳低合金钢，如 45、40Cr、40MnB 等。这些钢经预先热处理(正火或调质处理)后再表面淬火，使得心部有较高的综合力学性能，表面也有较高的硬度和耐磨性。另外，铸铁也是适合于感应加热表面淬火的材料。

（4）感应加热表面淬火的特点与普通淬火相比，感应加热表面淬火具有以下主要特点：

1）加热温度高，升温快。这是由于感应加热速度很快，因而过热度大。

2）工件表层易得到细小的隐晶马氏体，因而硬度比普通淬火提高 2～3HRC，且脆性较低。

3）工件表层存在残余压应力，因而疲劳强度较高。

4）工件表面质量好。这是由于加热速度快，没有保温时间，工件不易氧化和脱碳，且由于内部未被加热，淬火变形小。

5）生产效率高，便于实现机械化、自动化。淬硬层深度也易于控制。

上述特点使感应加热表面淬火在工业上得到了广泛的应用。它的缺点是设备昂贵，不易维修调整，处理形状复杂的零件比较困难。

感应加热后，根据钢的导热情况，采用水、乳化液或聚乙烯醇水溶液喷射淬火。淬火后，一般只进行低温回火，回火温度不高于 200℃，其目的是降低淬火应力，保持高硬度和高耐磨性。在生产中也常常采用自回火，即当工件冷却到 200℃左右时停止喷水，利用工件内部的余热达到回火的目的。

2. 火焰加热表面淬火

火焰加热淬火是用乙炔-氧或煤气-氧等火焰直接加热工件表面，然后立即喷水冷却，以获得表面硬化效果的淬火方法，如图 6-21 所示。火焰加热温度很高(约 3000℃以上)，能将工件迅速加热到淬火温度，通过调节烧嘴的位置和移动速度，可以获得不同厚度的淬硬层。

与感应加热表面淬火相比，火焰加热表面淬火具有设备简单、成本低、灵活性大等优点，但它容易使工件表面过热，淬火质量控制也比较困难。因此目前主要用于单件、小批量生产件以及大型零件的表面淬火。

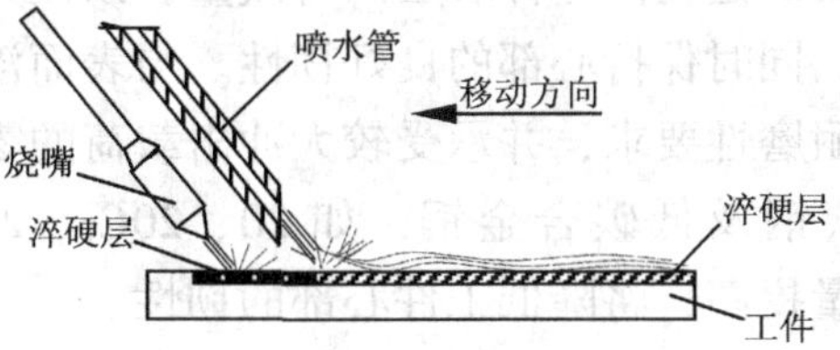

图 6-21　火焰加热表面淬火示意图

3. 其它类型的表面淬火

（1）电接触加热表面淬火　利用触头和工件间的接触电阻在通以大电流时产生的电阻热，将工件表面迅速加热到淬火温度，当电极移开，借工件本身已加热部分的热传导来淬火的热处理工艺称为电接触加热表面淬火。电接触加热表面淬火能显著提高工件的耐磨性和抗擦伤能力，但淬硬层较薄，约 0.15 ~ 0.35mm，金相组织及硬度的均匀性都较差，目前一般用于机床导轨的表面淬火。

（2）激光热处理　激光热处理开始于 20 世纪 70 年代，它是将激光器发射出的激光对准处理工件进行扫描加热，在空气中冷却的热处理工艺。激光热处理是一种多功能的工艺方法，利用激光可以进行表面淬火、选择性局部硬化处理、局部合金化处理等。激光热处理的特点是能量密度高，加热速度极快，应力及变形极小，表面光亮等。

二、化学热处理

化学热处理是将钢件置于一定温度的活性介质中保温，使一种或几种元素渗入它的表面，改变其化学成分和组织，达到改进表面性能、满足技术要求的热处理过程。常用的化学热处理有渗碳、渗氮、碳氮共渗、氮碳共渗等。还有渗硫、渗硼、渗铝、渗钒、渗铬等。发蓝处理、磷化可以归为表面处理，不属于化学热处理。

化学热处理过程包括分解、吸收、扩散三个基本过程：

（1）分解　加热时介质的化合物分解，释放出渗入元素的活性原子。

（2）吸收　分解出来的活性原子在钢件表面吸收并被溶解，超过溶解度后可能和钢中某些元素形成化合物。

（3）扩散　渗入元素在表层的浓度很高，与里层形成浓度差，导致渗入元素由表及里的扩散，在一定时间后，形成一定浓度的扩散层。

化学热处理的基本过程与温度有着密切的关系。温度高，过程进行快，扩散也厚。但温度过高会引起奥氏体晶粒粗大，使钢变脆。所以，温度控制是化学热处理的重要环节。温度确定后，渗层深度主要由时间控制。目前生产中最常用的化学热处理工艺有以下几种：

1. 渗碳

渗碳就是将低碳钢放入高碳介质中加热、保温，以获得高碳表层的化学热处理工艺。渗碳的主要目的是提高零件表层的含碳量，以便大大提高表层硬度，增强零件的耐磨损能力，同时保持心部的良好韧性。与表面淬火相比，渗碳主要用于那些对表面有较高耐磨性要求，并承受较大冲击载荷的零件。

渗碳用钢为低碳钢及低碳合金钢，如 20、20Cr、20CrMnTi、20CrMnMo、18Cr2Ni4W 等。含碳量提高，将降低工件心部的韧性。

（1）渗碳方法　根据使用时渗碳剂的不同状态，渗碳方法可以分为气体渗碳、固体渗碳和液体渗碳三种，常用的是前两种，尤其是气体渗碳。

1）气体渗碳。气体渗碳是将工件置于密封的气体渗碳炉内，加热到 900℃以上(一般为 900～950℃)，使钢奥氏体化，向炉内滴入易分解的有机液体(如煤油、苯、甲醇、醋酸乙酯等)，或直接通入渗碳气氛通过在钢的表面上发生反应，形成活性碳原子。反应如下：

$$2CO \rightarrow CO_2 + [C]$$
$$H_2 + CO \rightarrow H_2O + [C]$$
$$C_nH_{2n} \rightarrow nH_2 + n[C]$$

活性碳原子溶入高温奥氏体中，然后向工件内部扩散，实现渗碳。

气体渗碳的优点是生产率高，劳动条件较好，渗碳过程可以控制，渗碳层的质量和渗碳件的力学性能较好。

2）固体渗碳。固体渗碳是将工件和固体渗碳剂装入渗碳箱中，用盖子和耐火泥封好，然后放在炉中加热至 900～950℃，保温足够长时间，得到一定厚度的渗碳层。固体渗碳剂通常是一定粒度的木炭与 15%～20% 的碳酸盐($BaCO_3$ 或 Na_2CO_3)的混合物。木炭提供渗碳所需要的活性碳原子，碳酸盐起催化作用，反应如下：

$$C + O_2 \rightarrow CO_2$$
$$BaCO_3 \rightarrow BaO + CO_2$$
$$CO_2 + C \rightarrow 2CO$$

在渗碳温度下一氧化碳是不稳定的，能在钢件表面进行气相反应($2CO \rightarrow CO_2 + [C]$)，产生活性碳原子［C］，并为钢表面吸收。

固体渗碳的优点是设备简单，容易实现。但是生产率低，劳动条件差，质量不易控制。

（2）渗碳工艺及组织　渗碳处理的工艺参数是渗碳温度和渗碳时间。

由于奥氏体的溶碳能力较大，因此渗碳温度必须高于 Ac_3 温度。加热温度越高，则渗碳速度越快，渗碳层越厚，生产率也越高。但为了避免奥氏体晶粒过分长大，所以渗碳温度不能太高，通常为 900～950℃。在温度一定的情况下，渗碳时间取决于渗碳层的厚度。表 6-4 是不同渗碳温度下，不同渗碳时间的渗层厚度。

表 6-4 气体渗碳时渗层厚度与保温时间的关系

保温时间/h	渗层厚度/mm				保温时间/h	渗层厚度/mm			
	温度/℃					温度/℃			
	850	900	950	1000		850	900	950	1000
1	0.4	0.53	0.74	1.00	9	1.12	1.60	2.23	3.05
2	0.53	0.76	1.04	1.42	10	1.17	1.70	2.36	3.20
3	0.63	0.94	1.30	1.75	11	1.22	1.78	2.46	3.35
4	0.77	1.07	1.50	2.00	12	1.30	1.85	2.50	3.35
5	0.84	1.24	1.68	2.26	13	1.35	1.93	2.61	3.68
6	0.91	1.32	1.83	2.46	14	1.40	2.00	2.77	3.81
7	1.00	1.42	1.98	2.55	15	1.45	2.10	2.81	3.92
8	1.04	1.52	2.11	2.80	16	1.50	2.13	2.87	4.06

渗碳零件所要求的渗碳层厚度，决定于它的尺寸及工件条件，一般为0.5~2.5mm。渗碳之后零件由表层的高碳含量(一般为过共析成分)往里随离表面的距离含碳量渐渐降低，直到等于心部零件未渗碳前的含碳量。经淬火后由表层的针状马氏体渐渐变为板条马氏体加铁素体直到心部的原始组织(或加板条马氏体)。经过渗碳后的零件，表面硬度一般均在62HRC以上，渗碳层深度在0.8mm以上，因此耐磨损能力高。同时零件表层一般处于压应力，因此它的疲劳强度也高。

(3) 渗碳后的热处理　渗碳工艺的加热温度高，时间较长，还需淬火才能达到硬度要求，所以钢渗碳以后必须进行热处理才能达到预期目的。如汽车、机车、矿山机械、起重机械等用的大量传动齿轮都采用渗碳热处理工艺提高其耐磨损性能。渗碳件的热处理方法有三种，如图6-22所示。

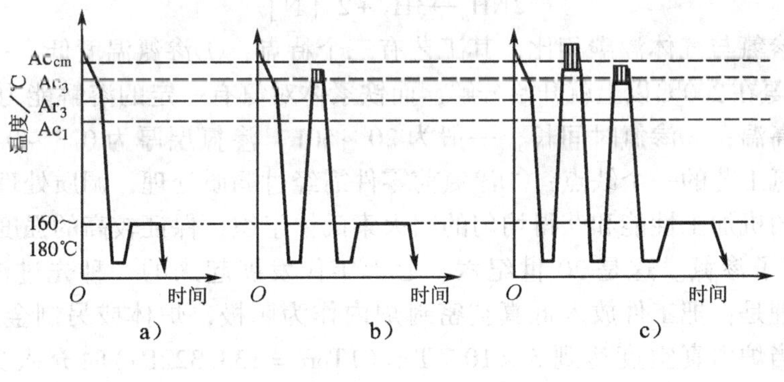

图6-22　渗碳后热处理工艺

a) 预冷直接淬火法　b) 预冷一次淬火法　c) 预冷二次淬火法

1) 预冷直接淬火+低温回火。渗碳后直接淬火+低温回火(如图6-22a)工艺简单，生产效率高，节约能源，成本低，脱碳倾向小。但由于渗碳温度高，奥氏体晶粒容易长大，淬火后的马氏体较粗大，而残留奥氏体也较多，表面耐磨性较差，变形也比较大，所以只适用于本质细晶粒钢或耐磨性要求较低和承受低载荷的零件。

2）预冷一次淬火 + 低温回火。一次淬火 + 低温回火(如图 6-22b)是将工件渗碳后先缓冷，再重新加热进行淬火再进行低温回火。对于心部组织要求较高的合金渗碳钢，一次淬火加热温度应略高于心部的 Ac_3，细化心部晶粒，并得到低碳马氏体组织；对于受载荷不大而表面性能要求较高的零件，淬火温度应选在 Ac_1 以上 30 ~ 50℃，使表层晶粒细化，但心部组织得不到细化，性能稍差一些。

3）预冷二次淬火 + 低温回火。对于力学性能要求很高或本质粗晶粒钢，为了满足性能要求，采用二次淬火 + 低温回火(如图 6-22c)。第一次淬火是为了改善心部组织，所以加热温度在 Ac_3 以上 30 ~ 50℃。第二次淬火是为了细化表层组织，得到细针状马氏体和均匀分布的粒状二次渗碳体，所以加热温度为 Ac_1 以上 30 ~ 50℃。二次淬火工艺复杂，生产效率低，成本高，变形较大，所以只能用于表面要求高耐磨性，心部要求高韧性的零件。

2. 渗氮

渗氮工艺又叫氮化。它的主要目的是提高零件表层含氮量以增强表面硬度和耐磨性，提高疲劳强度和耐蚀性。

(1) 渗氮工艺

1）气体渗氮。气体渗氮工艺过程是将零件置于含氮的气氛(一般气体渗氮用氨气)中，加热到 500℃左右(一般为 510 ~ 530℃)，经长时间保温(一般 30h 左右,有的 50h 以上)，然后在渗氮气氛中冷却至 200℃温度以下，转置空气中冷却。氨的分解反应如下：

$$2NH_3 \rightarrow 3H_2 + 2\ [N]$$

气体渗氮与气体渗碳相比，其工艺有三个特点：①渗氮温度低，一般为 500 ~600℃，氨在 200℃以上就开始分解，而铁素体对氮有一定的溶解能力，所以无需加热到高温；②渗氮时间长，一般为 20 ~ 50h，渗氮层厚为 0.3 ~ 0.5mm，时间长是渗氮工艺的一个缺点；③渗氮前零件需经过调质处理，调质处理的目的是改善零件的机加工性能和获得均匀的回火索氏体组织，保证较高的强度和韧性。

2）离子渗氮。这是 20 世纪六、七十年代发展起来的一种先进渗氮方法。其基本原理是：把工件放入低真空密封炉内作为阴极，炉体或另制金属环(网)为阳极。当炉内真空度达到 5×10^{-1} Torr(1Torr = 133.322Pa)时充入少量氨气，使炉内气压保持在 1Torr 左右，并在阴极和阳极之间加高压直流电源。此时炉内的稀薄气体发生电离，在工件表面产生辉光放电，被电离的氮和氢离子在高压电场作用下快速冲击阴极(工件)，离子的动能转化为热能，使工件迅速加热到渗氮温度。待辉光稳定后，加大氨气量，使炉内保持 1 ~ 10Torr 的压力，并提高电压，使轰击表面的离子在夺取电子后直接渗入工件。

与气体渗氮相比，离子渗氮的特点是处理周期短，仅为气体渗氮的1/3～1/4（例如38CrMoAl钢，渗氮层深度若达到0.35～0.7mm，气体渗氮一般需70h，而离子渗氮仅需15～20h），零件的表面不易形成连续的白色脆性层。

（2）渗氮后的组织和性能　钢经渗氮后表层为氮化物（如Fe_4N，$Fe_{2\text{-}3}N$），自表层到一定深度为过饱和氮的固溶体，一般用专用渗氮钢38CrMoAl钢渗氮，也有用35CrMo，42CrMo进行渗氮的，但渗氮效果不佳。碳素钢（例如45钢）不适宜采用渗氮。渗氮后的零件表层硬度可高达1000～1200HV（相当于69～72HRC），38CrMoAl钢渗氮后硬度在950HV以上，渗氮层深度0.1～0.6mm，多数要求0.3～0.4mm。大于0.5mm的渗氮层深度需要较长的渗氮时间（一般需要50h左右）。渗氮后零件表面硬度比渗碳的还高，耐磨损性能很好，同时渗层一般处于压应力，疲劳强度高，但脆性较大。渗氮层还具有一定的耐蚀性能。渗氮后零件变形很小，通常无需再加工，也不必再热处理强化。适合于要求处理精度高、冲击载荷小、耐磨损能力强的零件，如一些精密零件、精密齿轮都可用渗氮工艺处理。

（3）快速深层渗氮新工艺　虽然离子渗氮大大地提高了渗氮的速度，但周期还是太长，且渗层较薄，对于大型重载的工件还不能适应。于是近年来发展出来一种快速深层渗氮的新工艺，它是利用离子渗氮的轰击效应和快速扩散的作用提高渗氮速度。它采用周期性渗氮和时效的方法，可以大大提高渗氮速度和渗氮层深。如25Cr2MoVA钢渗氮10h，离子渗氮渗氮层深只有0.4mm，而快速深层渗氮层深可达到1mm，且性能也得到提高。

3. 碳氮共渗

碳氮共渗是同时向零件渗入碳、氮，并以渗碳为主的化学热处理工艺，也称为氰化处理。碳氮共渗主要有液体碳氮共渗和气体碳氮共渗两种。液体碳氮共渗是在一定温度下以含氰化物的熔盐为介质进行的碳氮共渗，由于氰化物有毒，污染环境，劳动条件差，因此已很少应用。

气体碳氮共渗工艺过程是将零件置于加热炉中加热到一定温度，向炉内通入氨气、滴进煤油，提供给炉内C、N原子，经一定保温时间后，零件表层被渗入C、N原子，再经油或水中淬火获得含C、N的马氏体。常用低碳的碳钢及合金钢在共渗温度800～860℃共渗处理，再经淬火+低温回火表层获得含C、N的回火马氏体，零件处理后变形较渗碳后的小。但由于N的进入，马氏体转变点降低，处理后残留奥氏体量增多，因此硬度不如渗碳处理的高。例如20CrMnMo钢经正常渗碳处理硬度一般为62～64HRC，但经820～860℃正常碳氮共渗处理后硬度一般为58～62HRC。但气体碳氮共渗的耐磨性能较渗碳的略好，且变形较渗碳的低。不少工厂用此工艺代替齿轮的渗碳工艺。

4. 氮碳共渗

氮碳共渗是同时向零件渗入氮、碳，并以渗氮为主的化学热处理工艺，也称为软氮化。有气体氮碳共渗和液体氮碳共渗两种。常用渗剂为氨气及甲醇或乙醇液体。也有采用熔融液体的盐浴软氮化，它是将尿素$(NH_2)_2CO$、碳酸钠、氯化钾、氢氧化钾等固体按一定配比置于一坩锅内熔化成熔盐液体，再将零件放入这熔盐液中进行“盐浴软氮化”。软氮化处理后零件表面获得一层白亮层，次表层为过渡层。表层白亮层一般为ε相(即含一定C的$Fe_{2\text{-}3}N$型化合物)，厚度一般为几微米到十几微米。过渡层厚度一般在0.5mm以下。软氮化的特点是：处理温度类似渗氮温度，处理时间远少于渗氮，一般在4h以下；应用范围广，几乎适用于所有类型钢及铸铁。软氮化处理后的零件表层硬度依基体材料有一定差别，例如20钢一般约450HV，45钢约500HV，40Cr钢约550HV。与渗氮相比，软氮化处理后，零件表层硬度低，耐磨性好，有一定耐腐蚀能力，生产成本低、生产效率高。曲轴、齿轮、凸轮轴、气缸套及高速钢刀具等零件得到广泛应用。

5. 其它化学热处理

在约900℃左右采用固体或液体方式向钢渗入硼元素，钢表面形成几百微米厚以上的Fe_2B或FeB化合物层，其硬度较渗氮的还要高，一般为1300HV以上，有的高达1800HV，耐磨损能力很高。

渗铬、渗钒等处理后，钢表层一般形成一层碳的金属化合物，如Cr_7C_3、V_4C_3等，硬度很高，如渗钒后硬度可高达1800～2000HV，适合于工具、模具增强耐磨损能力。

第六节　热处理工艺缺陷与零件结构

一、热处理工艺缺陷及其防止措施

钢热处理后的缺陷常有硬度不高、硬度分布不均匀、变形与开裂等。

1. 硬度不足或出现软点

经淬火后零件硬度偏低和出现软点的主要原因是：

1）亚共析钢加热温度低或保温时间不充分，淬火组织中有残留铁素体。

2）加热过程中钢件表面发生氧化、脱碳，淬火后局部生成非马氏体组织。

3）淬火时，冷却速度不足或冷却不均匀，未全部得到马氏体组织。

4）淬火介质不清洁，工作表面不干净，影响了工件的冷却速度，致使未能全部淬硬。

如果材质及零件截面尺寸正常情况下，为防止淬火后零件硬度偏低最重要的是防止加热时零件表面脱碳。其中最有效的办法是采用盐浴或可控气氛或真空加热。若在一般空气电阻炉中加热，在确保零件烧透及组织转变的前提下力求缩短加热时间。

2. 零件变形与开裂

淬火工艺过程中零件变形是必然的、正常的，但零件出现表面裂纹导致表面或整体开裂是不允许的，一般作为废品处理(高碳钢淬火零件内部出现微裂纹，经回火后能消除的除外)。

(1) 引起变形和开裂的原因　在淬火加热时零件由于热应力以及高温时材料强度降低、延性增加会导致变形。对合金钢而言，由于其导热性较差，若加热速度太快，不仅零件变形大，甚至有开裂的危险。

在冷却过程中由于热应力与组织应力的共同作用，零件常出现变形，有的甚至出现表面裂纹。热应力是加热或冷却过程中，零件由表面至心部各层的加热或冷却速度不一样造成的。淬火冷却过程中零件表面存在的组织应力常为拉应力，所以其危害最大，它是在冷却过程中零件由表层至心部各层奥氏体转变为马氏体先后不一样造成的。

零件淬火后出现变形、开裂，热处理工艺不当是重要因素。如加热温度过高造成奥氏体晶粒粗大，合金钢加热速度快造成热应力加大，加热时工件氧化、脱碳严重，以及淬火介质选择不当，工件入淬火介质的方式不对等诸因素都会导致工件变形甚至开裂。但是在正常的淬火工艺下要从材质本身及前序冷、热加工中寻找原因，诸如钢材内在夹杂物含量、化学成分、异常组织等超过标准要求，淬火之前工件表面存在裂纹、有深的加工刀痕，以及零件形状分布不合理等因素都会导致淬火过程中零件变形甚至开裂。

(2) 防止淬火工艺过程零件变形、开裂的措施　防止淬火工艺过程零件变形、开裂的措施有以下几种：

1) 正确选材和合理设计。对于形状复杂、截面变化大的零件，应选用淬透性好的钢材，以便采用较缓和的淬火冷却方式。在零件结构设计中，应注意热处理结构工艺性。

2) 淬火前进行相应的退火或正火，以细化晶粒并使组织均匀化，减少淬火内应力。

3) 严格控制淬火加热温度，防止过热缺陷，同时也可减少淬火时的热应力。

4) 采用适当的淬火方法，如双液淬火、分级淬火或等温淬火等。淬火时尽可能使零件均匀冷却，对厚薄不均匀的零件，应先将厚大部分淬入介质中。薄件、细长杆和复杂件，可采用夹具或专用淬火压床控制淬火时的变形。

5) 淬火后应立即回火，以消除应力，降低工件的脆性。

二、热处理件结构工艺性

在实际生产中，工程师们有时只注意到如何使零件的结构、形状及尺寸适合部件机构的需要，而往往忽视了零件在热处理过程中因其结构和加工工艺不合理给热处理工序带来的不便，以致引起淬火变形甚至开裂，使零件报废。因此，在设计时，必须充分考虑淬火零件的结构、形状及各部分的尺寸以及加工工艺与热处理工艺性的关系。

在设计淬火零件的结构、形状及尺寸时，应掌握以下原则：

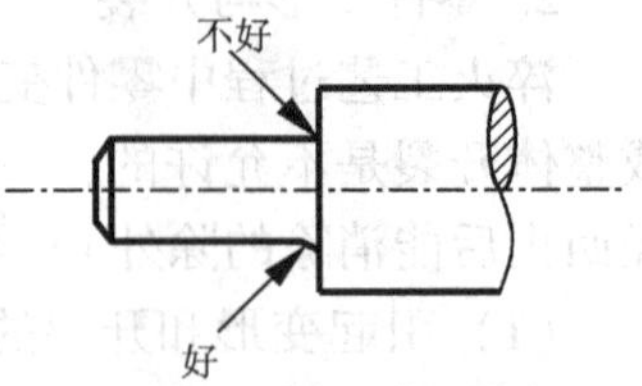

图6-23　设计时注意零件倒角

1）在零件设计过程中，要在尖角、棱角地方倒角，如图6-23所示。因为尖角、棱角部分是淬火时应力最为集中的地方，往往成为淬火裂纹的起点。

设计时要避免厚薄悬殊（如图6-24所示），使淬火后薄处变形直径增大。设计时还要考虑零件对称，如图6-25所示零件形状不对称，淬火后零件椭圆度变大，为此开一个工艺孔可减少椭圆度。

2）在选择材质时，严格按标准取用钢材，特别要注意其中的化学成分以及硫、磷含量、非金属夹杂等级是否符合标准。

3）合理安排加工工艺路线，通过淬火之前的热处理（退火、正火等）将组织调整到正常组织，内应力予以消除，特别要使组织细化。

4）前序的冷加工及热加工不要留下表面及内部裂纹及深的刀痕。

5）淬火前，工件预留足够的加工余量，根据前人试验积累的资料可知，对一定材质、一定形状的零件在一定的淬火加热工艺下变形是有一定规律的。零件淬火变形后可通过机械方法校直，减少变形量，但仍恢复不到要求的公差，因此需要通过切削或磨削的办法消除变形，为此淬火之前必须留足加工余量。

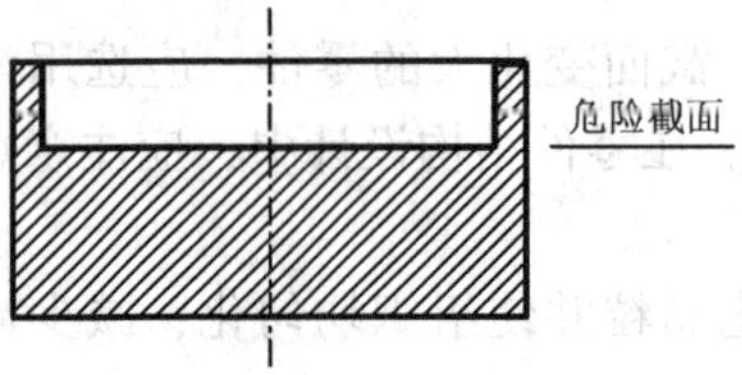

图6-24　零件存在危险截面应加厚薄壁

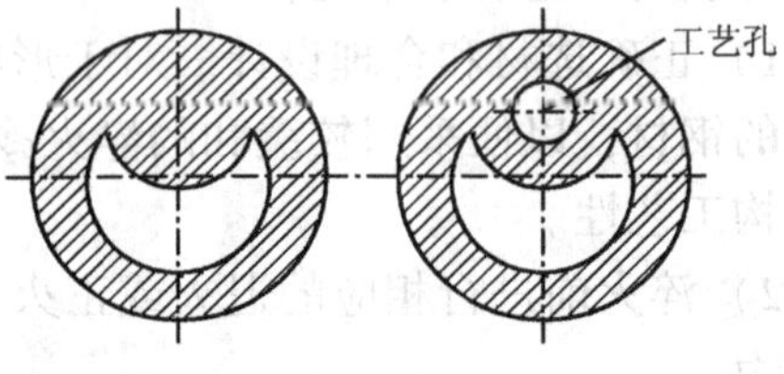

图6-25　开工艺孔避免淬火变形、开裂

三、热处理工艺应用分析

长期以来钢铁制品失效主要有两种方式：一是磨损使零件超越公差范围，另一种是腐蚀使零件烂掉。本章主要介绍了提高零件耐磨损能力的热处理强化方法，概括起来可分为两大类：①经淬火+低温回火形成高碳、中低碳的回火马氏体，其中主要有：高碳钢进行淬火，如多数刀具、冷作模具；中碳钢的表面加热淬火+低温回火，适合于轴类及部分齿轮零件；低碳钢（包括低碳合金钢）的渗碳或碳氮共渗+淬火+低温回火；②形成碳、氮、硼化合物层，例如渗氮、软氮化、渗硼、渗铬、渗钒等。

零件的耐磨损能力是一个综合指标，一般来说硬度越高同时摩擦系数越低，耐磨损能力越强，此外零件对磨过程中对磨双方的材质、硬度、摩擦系数、抗咬合能力等都要很好匹配才能达到最佳的摩擦学性能。渗碳可以获得很深的高碳层，达2mm以上甚至4mm，经淬火+低温回火获得表层高碳高硬度回火马氏体及碳化物，同时保证了零件心部的高韧性，是一种较为价廉的普遍工艺。高、中碳含量的碳素钢及合金钢直接淬火+低温回火后强度高、表面硬度也高，较之渗碳工艺简单，易于操作，需要设备也简单，应用极为普遍，但同渗碳工艺比较有两条不足：①中碳钢表面淬火后耐磨性能低于低碳钢渗碳；②高碳钢淬火后零件心部的韧性不如低碳钢渗碳。此外在同时保证零件表面耐磨性与心部韧性的情况下渗碳用钢较零件整体淬火用钢价廉。零件经渗氮后表面硬度特别高，耐磨性能较渗碳工艺的好，但是承受高冲击的零件宜选用渗碳工艺而不宜选用渗氮工艺。此外零件渗氮工艺时间特别长、工艺成本高，因此耐磨零件一般选择渗碳工艺，特别耐磨的零件才选用渗氮工艺。这些分析说明耐磨性能的改善可以用直接淬火、渗碳、碳氮共渗、氮碳共渗、渗氮，以及渗硼、渗金属等，但各有优缺点，究竟选择何种工艺，要按实际情况。

下面举三个例子说明热处理的作用。

例1　某机车柴油机曲轴选用42CrMo钢制造，制作工艺如下：

下料 → 锻造成毛坯 → 退火 → 粗车机加工 → 调质 → 精加工 → 高频感应加热淬火 → 低温回火 → 研磨 → 入库

曲轴制作过程中有两道中间热处理工序，锻造之后毛坯件退火采用的完全退火，目的是消除锻造应力，均匀成分，消除带状组织，细化晶粒，调整硬度以便切削。精加工之前的调质热处理只能安排在粗加工之后，绝不能安排在粗加工之前，否则达不到调质目的。这里的调质有两个重要目的：第一个目的是赋给曲轴较好的综合力学性能，这个目的在后面的高频感应加热淬火是达不到的，第二个目的是调整好表层组织，为高频感应加热淬火作组织准备。高频感应加热淬火+低温回火，属于最终热处理，赋予曲轴的耐磨损性能。

例2　某汽车齿轮采用20CrMoTi钢制造，其制造工艺如下：

下料 → 锻造成圆饼 → 退火 → 粗车+铣齿成形 → 精铣齿轮 → 渗碳淬火+低温回火 → 研磨 → 入库。

退火是中间热处理，目的是降低锻造应力、降低锻造硬化、细化晶粒、均匀化学成分。渗碳淬水+低温回火是最终热处理，目的是增强齿轮的耐磨损性能。

例3　某锉刀用T12钢制造，采用如下制作工艺

锻成毛坯 → 球化退火 → 机加工成锉刀 → 淬火 → 低温回火

球化退火是中间热处理，目的是消除锻造的应力，让渗碳体球化使之具有好的切削加工性能。淬火再低温回火属于最终热处理，淬火加热温度一般选择在

760～770℃，水淬，再进行180℃低温回火，获得高碳回火马氏体＋二次渗碳体＋少量残留奥氏体的组织。

零件的防腐是另一个重要的课题，渗氮、氮碳共渗、渗硼、渗铬、渗钒、渗铝都会不同程度增强钢铁制品的耐大气的腐蚀能力。一般钢进行发蓝处理，表面形成一层以 Fe_3O_4 为主的膜有较弱的耐腐蚀能力，但比氮碳共渗、渗氮的耐腐蚀能力差。经渗硼、渗铬、渗铝后，钢铁制品有更强的耐腐蚀能力。工业的发展给空气带来的酸度升高，形成酸雨使金属的腐蚀加剧，试验表明常用于工业中的镀锌防护层对酸雨的耐腐蚀能力很弱，防酸雨对金属的腐蚀成为当代研究的重要课题。

思考作业题

1. 珠光体类型组织有哪几种？它们在形成条件、组织形态和性能方面有何不同？

2. 试比较索氏体、托氏体、马氏体与回火托氏体、回火索氏体、回火马氏体之间在形成条件、组织形态与性能上的差别。

3. 共析钢经正常淬火得到什么组织？它们经过200℃、400℃、600℃回火后得到什么组织？

4. 某汽车齿轮选用20CrMnTi制造，其工艺路线为：下料→锻造→正火①→切削加工→渗碳②→淬火③→低温回火④→喷丸→磨削。请说明①、②、③、④四项热处理工艺的目的及大致工艺参数。

5. 什么叫回火脆性？第一类回火脆性产生的原因是什么？如何防止？

6. 加热时奥氏体的形成过程要经过哪几个阶段？

7. 试比较表面淬火和化学热处理之间的异同。

8. 什么是淬透性？淬透性对钢的热处理工艺有何影响？

9. 在C曲线中分别画出获得珠光体、珠光体＋马氏体、贝氏体、马氏体＋贝氏体等组织的冷却工艺曲线。

第七章 工业用钢

通常所指的钢铁材料是钢和铸铁的总称，指所有的铁碳合金。

在工业用钢中除铁、碳之外，还含有其它元素。分常存元素、偶存元素、隐存元素和合金元素。常存元素有锰、硅、硫、磷。偶存元素是由于矿石产地不同(有与铁共存的共生矿混入)及以废钢为原料，在冶炼及工艺操作时带入钢中，如铜、钛、钒、稀土元素等。隐存元素是指原子半径较小的非金属元素，如氧、氢等。合金元素是指为改变成分特别添加的元素，如铬、镍、钨、钼、钒等。

碳素钢(简称碳钢)是 w_C 为 0.0218% ~2.11% 的铁碳合金。由于碳钢具有较好的力学性能和工艺性能，并且产量大、价格较低，因此它是机械工程上应用十分广泛的金属材料。但碳钢也有某些不足之处，如淬透性较低、回火抗力较差、屈强比低。碳钢的强度潜力虽经热处理仍不能充分地发挥。为了满足现代工业和科学技术的不断发展，因而发展了合金钢。

合金钢是在碳钢的基础上，添加某些合金元素，用以保证一定的生产和加工工艺以及所要求的组织与性能的铁基合金。合金钢用量虽少，但却非常重要。合金钢有较好的性能，但也有不少缺点。最主要的是由于含有合金元素，其生产和加工工艺比碳钢差，也比较复杂，价格也较昂贵。因此，在应用碳钢能够满足要求时，一般不使用合金钢。

第一节 钢 的 分 类

钢的种类繁多，为了便于生产、使用和研究，可以按照化学成分、冶金质量和用途对钢进行分类。

一、按化学成分分类

按钢材的化学成分可分为碳素钢和合金钢两大类。

碳素钢按含碳量多少可分为低碳钢($w_C \leqslant 0.25\%$)、中碳钢($w_C = 0.25\% \sim 0.60\%$)和高碳钢($w_C > 0.6\%$)三类。

合金钢按合金元素的含量又可分为低合金钢($w_{Me} < 5\%$)、中合金钢($w_{Me} = 5\% \sim 10\%$)和高合金钢($w_{Me} > 10\%$)三类。

合金钢按合金元素的种类可分为锰钢、铬钢、硼钢、铬镍钢、硅锰钢等。

二、按冶金质量分类

按钢中所含有害杂质硫、磷的多少，可分为普通钢($w_S \leqslant 0.055\%$，$w_P \leqslant$

0.045%)、优质钢(w_S、$w_P \leqslant 0.040\%$)和高级优质钢($w_S \leqslant 0.030\%$, $w_P \leqslant 0.035\%$)三类。

此外，按冶炼时脱氧程度，可将钢分为沸腾钢(脱氧不完全)、镇静钢(脱氧较完全)和半镇静钢三类。

三、按用途分类

按钢的用途可分为结构钢、工具钢、特殊钢三大类。

结构钢又分为工程构件用钢和机器零件用钢两部分。工程构件用钢包括建筑工程用钢、桥梁工程用钢、船舶工程用钢、车辆工程用钢。机器零件用钢包括调质钢、弹簧钢、滚动轴承钢、渗碳和渗氮钢、耐磨钢等。这类钢一般属于低、中碳钢和低、中合金钢。

工具钢分为刃具钢、量具钢、模具钢。主要用于制造各种刃具、模具和量具，这类钢一般属于高碳、高合金钢。

特殊性能钢分为不锈钢、耐热钢等。这类钢主要用于各种特殊要求的场合，如化学工业用的不锈耐酸钢、核电站用的耐热钢等。

四、按金相组织分类

按钢退火态的金相组织可分为亚共析钢、共析钢、过共析钢三种。

按钢正火态的金相组织可分为珠光体钢、贝氏体钢、马氏体钢、奥氏体钢等四种。

在给钢的产品命名时，往往把成分、质量和用途几种分类方法结合起来。如碳素结构钢、优质碳素结构钢、碳素工具钢、高级优质碳素工具钢、合金结构钢、合金工具钢、高速工具钢等。

五、钢的发展趋势

目前，钢的发展趋势有以下特点：

(1) 新品种不断增加　为适应工业和科学技术的发展对钢提出的日益增高的要求，不断创造出具有某些特殊性能的新钢种。钢的种类在不断地增加。

(2) 旧钢种不断减少　为了生产、管理和使用的方便，目前大量使用的成熟钢种又在不断地减少，集中生产使用效果较好的通用性强的少数品种。

(3) 旧的生产工艺不断改进，钢的性能不断提高　在发展新钢种的同时，集中力量改进钢的生产工艺，提高现有钢种的质量。例如，在钢的冶炼上采用真空冶炼、电渣重熔或真空去气等技术，大大减少钢中的有害杂质和气体，提高钢的性能。因此对于同一种钢，由于生产工艺的改进，性能也不断在提高。

(4) 钢的纯净度越来越高　为了适应科学技术发展对钢材性能的要求，发展出了高纯净度钢。其基本特点是高纯净度，硫、磷含量极低，已经达到百万分之一数量级。超纯净钢晶粒非常细小，无应变时效，成形性能极佳，被称为新一代超级钢。

第二节　钢中的常存元素、隐存元素及合金元素对钢性能的影响

一、常存元素、隐存元素在钢中的作用

1. 常存元素在钢中的作用

钢中的常存元素锰、硅、硫、磷是炼铁、炼钢过程中，由于矿石和焦炭含杂质以及脱氧等原因而带入，对钢的性能有一定的影响。常见的常存元素有硅、锰、硫、磷四种。

一般认为锰($w_{Mn}=0.5\%\sim0.8\%$)和硅($w_{si}=0.17\%\sim0.37\%$)是有益元素，它们能溶于铁素体中，具有固溶强化效果，可提高钢的强度和硬度。锰还能与硫化合成 MnS，减轻了硫的有害作用。另外，锰具有一定的脱氧能力，使钢中的 FeO 还原，降低了钢的脆性。

硫和磷是钢中的有害杂质。硫在钢中以 FeS 的形式存在，使钢变脆，尤其是 FeS 和 Fe 能形成低熔点(985℃)的共晶体(FeS + Fe)，当钢在 1000～1200℃进行轧制时，分布在奥氏体晶界上的共晶体(FeS + Fe)处于熔化状态而使钢材被轧裂，这种现象称为钢的“热脆”。磷使钢脆化，降低钢的塑性和韧性，产生“冷脆”，使钢的冷加工性能和焊接性能变坏。磷不仅降低塑性，同时还提高钢的脆性转化温度，给钢材在低温下使用造成潜在的威胁。

但硫和磷有时也有有利的一面。例如 MnS 对断屑有利，而且起润滑作用，降低刀具磨损，所以在自动切削车床上用的易切削钢，其硫的质量分类高达 0.15%，用以改善钢的切削加工性，提高加工表面质量。在炮弹钢中，含磷量高，其目的在于提高钢的脆性，增加弹片的碎化程度，提高炮弹的杀伤力。

2. 隐存元素在钢中的作用

当氮、氧、氢等隐存元素溶入钢中时，会产生不同程度的危害。比如钢中溶入过量的氮时，则会使钢的强度、硬度提高，而塑性、韧性指标下降，产生“时效脆化”。而在炼钢过程中形成的 FeO 、Al_2O_3、SiO_2、MnO 等，在钢中成为非金属夹杂物，使钢的性能变坏。氢常以原子态或分子态存于钢中，由于钢在液态下吸收大量的氢，冷却后又来不及析出，就聚集在晶体的缺陷处，造成很大的应力，并与钢发生组织转变时的局部内应力相结合，致使钢材的韧性下降，产生“氢脆”。

二、合金元素在钢中的作用

合金元素在钢中可以两种形式存在：一是溶解于碳钢原有的相中，另一种是形成某些碳钢中所没有的新相。在一般的合金化理论中，按与碳亲和力的大小，可将合金元素分为碳化物形成元素与非碳化物形成元素两大类。常用的合金元素

有以下几种：①非碳化物形成元素：Ni、Co、Cu、Si、Al、N、B；②碳化物形成元素：Mn、Cr、Mo、W、V、Ti、Nb、Zr。此外，还有稀土元素，一般用符号RE表示。

（一）合金元素对钢中基本相的影响

碳钢中有三个基本相，即铁素体、奥氏体和渗碳体。合金元素加入钢中时，可以溶于此三相中形成合金铁素体、合金奥氏体及合金渗碳体。

所有与碳亲和力弱的非碳化物形成元素，如镍、硅、铝、钴等，由于不能形成碳化物，除了极少数高合金钢中可形成金属间化合物外，几乎都溶解在铁素体或奥氏体中。碳化物形成元素中，有些元素(如Mn)与碳的亲和力较弱，除少量可溶于渗碳体中形成合金渗碳体外，大部分仍溶于铁素体或奥氏体中。而与碳亲和力较强的一些碳化物形成元素(如Cr、Mo、W等)，当其含量较少时，多半溶于渗碳体中，形成合金渗碳体；当含量较高时，则可能形成新的特殊的合金碳化物。与碳亲和力很强的碳化物形成元素(如Nb、Ti、Zr等)，几乎总是与碳形成特殊的碳化物。

合金元素溶于铁素体中，由于与铁的晶格类型和原子半径不同而造成晶格畸变；另外合金元素易分布于位错线附近，对位错线的移动起牵制作用，降低位错的移动性，从而提高塑变抗力，产生固溶强化效果。

碳化物是钢中的重要相之一，碳化物的类型、数量、大小、形状及分布对钢的性能有很重要的影响。合金渗碳体是渗碳体中一部分铁被碳化物形成元素置换后所得到的产物，其晶体结构与渗碳体相同，可表达为$(Fe,Me)_3C$(Me代表合金元素)。渗碳体中溶入碳化物形成元素后，硬度有明显增加，因而可提高钢的耐磨性。同时它们在加热时也较难溶于奥氏体中，因此热处理时加热温度应该高一些。

当钢中合金元素含量超过一定限度时，可以生成一些碳钢中没有的新相。其中最重要的是由强碳化物形成元素生成的各种合金碳化物(如W_2C、VC、TiC等)。它们熔点高、硬度高，加热时很难溶于奥氏体中，因此对钢的力学性能及工艺性能有很大影响。

（二）合金元素对铁碳相图的影响

合金元素对碳钢中的相平衡关系有很大影响，加入合金元素后$Fe\text{-}Fe_3C$相图要发生变化。加入合金元素，可使α-Fe与γ-Fe存在范围发生变化。按照对α-Fe或γ-Fe的作用，可将合金元素分为两大类。

1. 扩大奥氏体区的元素

扩大奥氏体区域的元素有镍、锰、碳、氮等，这些元素使A_1和A_3温度降低，使S点、E点向左下方移动，从而使奥氏体区域扩大。其中与γ-Fe无限互溶的元素镍或锰的含量较多时，可使钢在室温下以奥氏体单相存在而成为一种奥氏体钢。如 $w_{Ni}>9\%$ 的不锈钢和 $w_{Mn}>13\%$ 的 ZGMn13 耐磨钢均属奥氏体钢。由于 A_1 和 A_3 温度降低，就直接地影响热处理加热的温度，所以锰钢、镍钢的淬火温度低于碳钢。如图 7-1 所示是锰含量对奥氏体区的影响。同时由于 S 点的左移，使共析成分降低，与同样含碳量的亚共析钢相比，组织中的珠光体数量增加，而使钢得到强化。由于 E 点的左移，又会使发生共晶转变的含碳量降低，在 w_C 较低时，使钢具有莱氏体组织。如在高速钢中，虽然 w_C 只有 0.7% ~ 0.8%，但是由于 E 点的左移，在铸态下会得到莱氏体组织，成为莱氏体钢。

2. 缩小奥氏体区的元素

缩小奥氏体区的元素有铬、钼、硅、钨等，这些元素使 A_1 和 A_3 温度升高，S 点、E 点向左上方移动，从而使奥氏体区域缩小。由于 A_1 和 A_3 温度升高了，这类钢的淬火温度也相应地提高了。如图 7-2 所示为铬含量对奥氏体区域位置的影响。当加入的元素超过一定含量后，则奥氏体可能完全消失，此时，钢在包括室温在内的广大温度范围内获得单相铁素体，通常称为铁素体钢。如 $w_{Cr}=17\%\sim28\%$ 的 Cr17、Cr25、Cr28 不锈钢就是铁素体不锈钢。

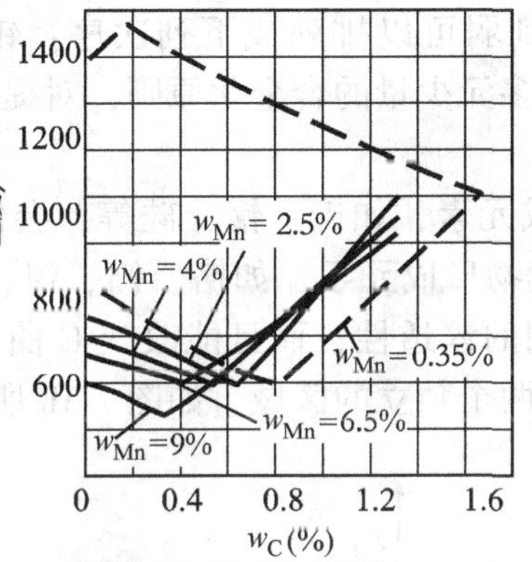

图 7-1 锰含量对奥氏体区的影响

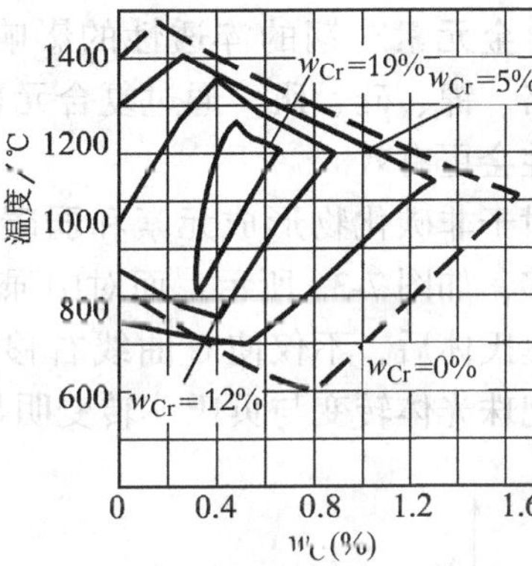

图 7-2 铬含量对奥氏体区的影响

（三）合金元素对钢的热处理的影响

合金钢一般都是经过热处理后使用的，主要是通过改变钢在热处理过程中的组织转变来显示合金元素的作用。合金元素对钢的热处理的影响主要表现在对加热、冷却和回火过程中的转变等方面。

1. 合金元素对加热转变的影响

钢在加热时，奥氏体化过程包括晶核的形成和长大、碳化物的分解和溶解以及奥氏体成分的均匀化等过程。整个过程的进行，与碳和合金元素的扩散以及碳化物的稳定程度有关。合金元素对奥氏体化过程的影响体现在以下两个方面：

1）大多数合金元素（除镍、钴以外）都减缓钢的奥氏体化过程。含有碳化物形成元素的钢，由于碳化物不易分解，使奥氏体化过程大大减缓。因此，合金钢在热处理时，要相应地提高加热温度或延长保温时间，才能保证奥氏体化过程的充分进行。

2）几乎所有的合金元素(除锰以外)都能阻止奥氏体晶粒的长大，细化晶粒。尤其是碳化物形成元素钛、矾、钼、钨、铌、锆等，在元素周期表中，这些元素都位于铁的左侧，越远离铁，越易形成比铁的碳化物更稳定的碳化物，如TiC、VC、MoC等，这些碳化物在加热时很难溶解，能强烈地阻碍奥氏体晶粒的长大。此外，一些晶粒细化剂如AlN等在钢中可形成弥散质点分布于奥氏体晶界上，阻止奥氏体晶粒的长大，细化晶粒。所以，与相应的碳钢相比，在同样加热条件下，合金钢的组织较细，力学性能更高。

2. 合金元素对冷却转变的影响

1）大多数合金元素(除钴以外)，都能提高过冷奥氏体的稳定性，使C曲线位置右移，临界冷却速度减小，从而提高钢的淬透性。所以对于合金钢就可以采用冷却能力较低的淬火介质淬火，如采用油淬，以减小零件的淬火变形和开裂倾向。

合金元素对钢的淬透性的影响，由强到弱可以排列成下列次序：钼、锰、钨、铬、镍、硅、矾。通过复合元素，采用多元少量的合金化原则，对提高钢的淬透性会更有效。

对于非碳化物形成元素和弱碳化物形成元素，如镍、锰、硅等，会使C曲线右移，如图7-3a所示。而对中强和强碳化物形成元素，如铬、钨、钼、矾等，溶于奥氏体后，不仅使C曲线右移，提高钢的淬透性，而且能改变C曲线的形状，把珠光体转变与贝氏体转变明显地分为两个独立的区域，如图7-3b所示。

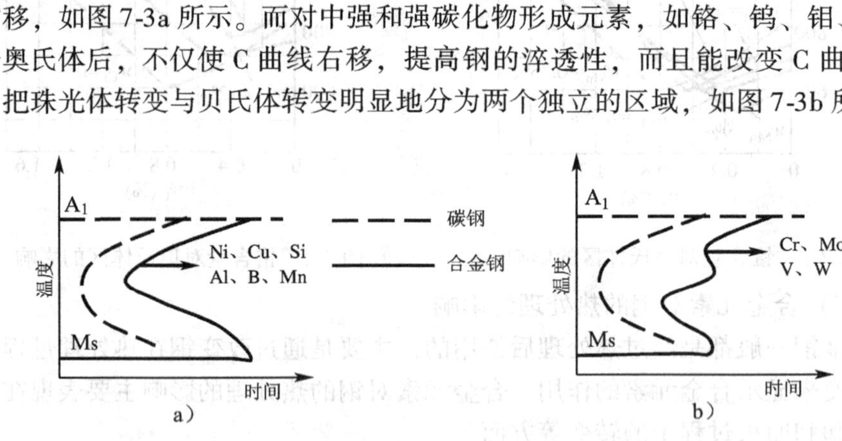

图7-3 合金元素对C曲线的影响

a）非碳化物形成元素及弱碳化物形成元素 b）强碳化物形成元素

2）除钴、铝外，多数合金元素溶入奥氏体后，使马氏体转变温度Ms和Mf点下降。钢的Ms点越低，Ms点至室温的温度间隔就越小，在相同冷却条件下转变成马氏体的量越少。因此，凡是降低Ms点的元素都使淬火后钢中残留奥氏体含量增加。而钢的残留奥氏体量的多少，对钢的硬度、尺寸稳定性、淬火变形均有较大影响。

3. 合金元素对淬火钢回火转变的影响

1）对淬火钢回火稳定性的影响。淬火钢在回火过程中抵抗硬度下降的能力称为回火稳定性。由于合金元素阻碍马氏体分解和碳化物聚集长大过程，使回火的硬度降低过程变缓，从而提高钢的回火稳定性。由于合金钢的回火稳定性比碳钢高，若要求得到同样的回火硬度时，则合金钢的回火温度就比同样含碳量的碳钢要高，回火的时间也长，内应力消除得好，钢的塑性和韧性指标就高。所以，当回火温度相同时，合金钢的强度、硬度就比碳钢高。

2）一些碳化物形成元素如铬、钨、钼、钒等，在回火过程中有二次硬化作用。例如高速钢在560℃回火时，又析出了新的更细的特殊碳化物，发挥了第二相的弥散强化作用，使硬度又进一步提高。这种二次硬化现象在合金工具钢中是很有价值的。

3）含铬、镍、锰、硅等元素的合金结构钢，在450～600℃范围内长期保温或回火后缓冷均出现第二类回火脆性。这是因为合金元素促进了锑、锡、磷等杂质元素在原奥氏体晶界上的偏聚和析出，削弱了晶界联系，降低了晶界强度而造成的。因此，对这类钢应该在回火后采用快冷的工艺，以防止第二类回火脆性的产生。

（四）合金元素对钢的力学性能和工艺性能的影响

加入合金元素的目的是使钢具有更优异的性能，所以合金元素对性能的影响是我们最关心的问题。合金元素主要通过对组织的影响而对性能起作用，因此必须根据合金元素对相平衡和相变影响的规律来掌握其对力学性能的影响。

1. 合金元素对强度的影响

强度是金属材料最重要的性能指标之一，使金属材料的强度提高的过程称为强化。强化是研制结构材料的主要目的。加入合金元素对金属强化一般有以下几种方式：

（1）固溶强化　溶质原子由于与基体原子的大小不同，因而使基体晶格发生畸变，造成一个弹性应力场。此应力场增加了位错运动的阻力，产生强化。固溶强化的强化量与溶质的浓度有关，在达到极限溶解度之前，溶质浓度越大，强化效果越好。

一般而言，间隙固溶强化效果比置换固溶强化的效果要强烈得多，其强化作用甚至可差1～2个数量级。但是，固溶强化是以牺牲塑性和韧性为代价的，固溶强化效果越好，塑性和韧性下降越多。

（2）细晶强化　晶界或其它界面可以有效地阻止位错通过，因而可以使金属强化。晶界强化的强化量与晶界的数量，即晶粒的大小有密切的关系。晶粒越细，单位体积内的晶界面积越大，则强化量越大。

许多碳化物形成元素（如钒、钛、铌）由于其容易与碳形成熔点非常高的碳化物，可以阻碍晶粒的长大，所以具有细化晶粒的作用。

晶粒细化是一种非常有效的强化手段，当晶粒细化达到 $d<5\mu m$ 以后，得到所谓的超细晶粒，这时纯铁或软钢的屈服点可以达到400～600MPa，接近于中强钢的屈服点。晶粒细化不仅可以提高强度，而且可以改善钢的韧性，这是其它强化方式难以达到的。因此细晶化，特别是超细晶化，是目前正在大力发展的重要强化手段。

（3）弥散强化　合金元素加入到金属中，在一定的条件下会析出第二相粒子。而这些第二相粒子可以有效地阻止位错运动。当运动位错碰到位于滑移面上的第二相粒子时，必须通过它，滑移变形才能继续进行。这一过程需要消耗额外的能量，或者需要提高外加应力，这就造成了强化。

必须指出，只有当粒子很小时，第二相粒子才能起到明显的强化作用，如果粒子太大，则强化效应将微不足道。因此，第二相粒子应该细小而分散，即要求有高的弥散度。粒子越细小，弥散度越高，则强化效果越好。

2. 合金元素对塑性和韧性的影响

除了极少数几个置换式合金元素外，所有的合金元素都会降低钢材的塑性和韧性，使钢脆化。一般而言，除了细晶强化能同时提高强度和塑性韧性外，所有的强化方式都会降低塑性和韧性。在这些强化方式中，危害最大的是间隙固溶强化，因此，间隙固溶强化尽管能显著提高强度，也不能作为一种实用的基本强化机制。如淬火马氏体必须回火，也是为了减轻间隙固溶强化对塑性和韧性的影响。冷变形强化也会降低塑性和韧性，所以，对于大多数钢来说，冷变形强化只能作为一种辅助的强化方式。相对而言，弥散强化（即第二相强化）的脆化作用最小，因此它是应用最广泛的强化方法之一。

3. 合金元素对钢的工艺性能的影响

合金元素对钢的工艺性能的影响，同样是一个重要问题。材料没有良好的工艺性能，在实际中很难获得广泛的应用。

合金元素对钢的工艺性能的影响，主要体现在以下几个方面：

（1）对铸造性能的影响　铸造性能主要与钢的固相线与液相线温度的高低和它们之间的温度差（结晶区间）有关。固、液相线温度越低，结晶温度区间越窄，则铸造性能越好。因此，合金元素对铸造性能的影响，主要体现在其对相图的影响。一般共晶成分合金的铸造性能最好，由于钢的成分离共晶点很远，所以铸造性能不好。加入高熔点的合金元素后，液态金属粘度增大，铸造性能下降。

（2）对锻造性能的影响　金属的锻造性能主要取决于热加工时的变形抗力、热加工温度范围的大小、抗氧化能力及氧化皮的性质等因素。由于合金元素的影响，许多合金钢，特别是含有大量碳化物的合金钢与普通碳钢相比，高温强度很高，热塑性明显下降，锻造时容易锻裂。由于合金元素使钢的导热性能下降，所以锻造加热必须缓慢，以免造成热应力。所以，与普通碳钢相比，合金钢的锻造性能明显下降。

（3）对焊接性能的影响　在钢的焊接性能中，最重要的是钢的焊后开裂的敏感性和焊接区的硬度。通常用“碳当量”来表示成分对焊接性能的影响。对钢而言，含碳量是影响其焊接性能的最重要的因素，含碳量越低，焊接性能越好。在相同的含碳量下，合金元素的含量越高，则焊接性能越差。

（4）对切削性能的影响　由于许多合金钢含有大量硬而脆的碳化物，所以其切削加工性能比普通碳钢差。而有些合金钢的加工硬化能力很强，其切削加工性能也是很差的。

为了提高钢的切削加工性能，可以在钢中加入一些改善切削性能的合金元素，得到所谓易切削钢。最常用的元素是硫，在易切削钢中，硫的质量分数可高达0.08%～0.2%。易切削钢不但使工具寿命延长，动力消耗减少，表面质量提高，而且断屑性好，因此广泛用于自动车床上的高速切削，这对于大批生产的一般零件是很有利的。

第三节　我国的钢材编号

为了管理和使用的方便，每一种合金钢都应该有一个简明的编号。世界各国钢的编号方法不一样。钢编号的原则主要有两条：

1）根据编号可以大致看出该钢的成分。

2）根据编号可大致看出该钢的用途。

我国的钢材编号是采用国际化学元素符号和汉语拼音字母并用的原则。即钢号中的化学元素采用国际化学元素符号表示，如Si、Mn、Cr、W、……等。其中只有稀土元素，由于其含量不多，种类不少，不易一一分析出来，因此用“RE”表示。而产品名称、用途和浇注方法等则采用汉语拼音字母表示。

一、普通碳素结构钢

普通碳素结构钢的牌号以“Q＋数字＋字母＋字母”表示。其中，“Q”字是钢材的屈服点“屈”字的汉语拼音字首，紧跟后面的是屈服点值，再其后分别是质量等级符号和脱氧方法。例如：Q235AF即表示屈服点值为235MPa的A级沸腾钢。

牌号中规定了A、B、C、D四种质量等级，A级质量最差，D级质量最好。

按脱氧制度，沸腾钢在钢号后加“F”，半镇静钢在钢号后加“b”，镇静钢则不加任何字母。

二、优质碳素结构钢与合金结构钢

优质碳素结构钢与合金结构钢编号的方法是相同的，都是以“两位数字+元素+数字+…”的方法表示。钢号的前两位数字表示平均碳的质量分数(万分数)，沸腾钢、半镇静钢以及专门用途的优质碳素结构钢，应在钢号后特别标出。合金元素以化学元素符号表示，合金元素后面的数字则表示该元素的质量分数，一般以百分数表示。凡合金元素的平均质量分数小于1.5%时，钢号中一般只标明元素符号而不标明其含量。如果平均质量分数≥1.5%、≥2.5%、≥3.5%、……时，则相应地在元素符号后面标以2、3、4……。如为高级优质钢，则在其钢号后加“高”或“A”。钢中的V、Ti、Al、B、RE等合金元素，虽然它们的含量很低，但在钢中能起相当重要的作用，故仍应在钢号中标出。如45钢表示平均碳的质量分数为0.45%的优质碳素结构钢；20CrMnTi表示平均碳的质量分数为0.20%，主要合金元素w_{Cr}、w_{Mn}均低于1.5%，并含有微量Ti的合金结构钢；60Si2Mn表示平均碳的质量分数为0.60%，主要合金元素$w_{Mn}<1.5\%$，$w_{Si}=1.5\%\sim2.5\%$的合金结构钢。

三、碳素工具钢

碳素工具钢的牌号以“T+数字+字母”表示。钢号前面的“碳”或“T”表示碳素工具钢，其后的数字表示以千分数表示的碳的质量分数。如$w_C=0.8\%$的碳素工具钢，其钢号为“碳8”或“T8”。

含锰量较高者，在钢号后标以“锰”或“Mn”，如“碳8锰”或“T8Mn”。如为高级优质碳素工具钢，则在其钢号后加“高”或“A”，如“碳10高”或“T10A”。

四、合金工具钢与特殊性能钢

合金工具钢的牌号以“一位数字(或没有数字)+元素+数字+…”表示。其编号方法与合金结构钢大体相同，区别在于含碳量的表示方法，当$w_C\geq1.0\%$时，则不予标出。如$w_C<1.0\%$时，则在钢号前以千分数表示它的碳的质量分数。如9CrSi钢，$w_C=0.90\%$，主要合金元素为铬、硅，w_{Cr}、$w_{Si}<1.5\%$。又如Cr12MoV钢，$w_C=1.45\%\sim1.70\%$(大于1.0%)，主要合金元素$w_{Cr}=11.5\%\sim12.5\%$，$w_{Mo}=0.40\%\sim0.60\%$和$w_V=0.15\%\sim0.30\%$。而对于含铬量低的钢，其铬的质量分数以千分数表示，并在数字前加“0”，以示区别。如$w_{Cr}=0.6\%$的低铬工具钢的钢号为“Cr06”。

在高速钢的钢号中，一般不标出含碳量，只标出合金元素的质量分数(%)，如“钨18铬4钒”(W18Cr4V，简称18-4-1)，“钨6钼5铬4钒2”(W6Mo5Cr4V2，简称6-5-4-2)等。

特殊性能钢的牌号和合金工具钢的表示相同，如不锈钢2Cr13表示$w_C=0.20\%$，$w_{Cr}=12.5\%\sim13.5\%$。但也有少数例外，例如耐热钢20Cr3W3NbN其编号方法和结构钢相同，但这种情况极少。

五、专用钢

这类钢是指某些用于专门用途的钢种。它是以其用途名称的汉语拼音第一个字母表明该钢的类型，以数字表明其含碳量；化学元素符号表明钢中含有的合金元素，其后的数字标明合金元素的大致含量。

例如滚珠轴承钢在编号前标以“G”字，其后为铬(Cr)+数字，数字为以千分数表示的铬的质量分数，如“滚铬15”(GCr15)。这里应注意牌号中铬元素后面的数字是表示 $w_{Cr}=1.5\%$，其它元素的质量分数仍按百分数表示，如GCr15SiMn表示 $w_{Cr}=1.5\%$，w_{Si}、$w_{Mn}<1.5\%$ 的滚动轴承钢。

又如易切钢前标以“Y”字。Y40Mn表示 $w_C=0.4\%$，$w_{Mn}<1.5$ 的易切钢。还有如20g表示 $w_C=0.20\%$ 的锅炉用钢；16MnR表示 $w_C=1.6\%$，$w_{Mn}<1.5\%$ 的容器用钢。

第四节　常见工业用钢的性能及用途

一、结构钢

(一) 工程构件用钢

工程构件用钢是应用较广泛的钢种之一，用于国防、化工、石油、电站、车辆、造船、桥梁、建筑等国民经济部门，制造各种重要构件。此类钢的发展历程大体经历如下几个阶段：①最初，钢构件以铆接为主，设计依据是抗拉强度，很少考虑屈服强度、韧性和焊接性。一般含碳量较高，$w_C\approx0.3\%$；②当焊接技术普遍应用后，要求钢的焊接性好，同时要保证一定的强度，故钢的含碳量降低，含锰量增加；③针对焊接件出现脆性断裂，在钢中加入晶粒细化剂(如AlN)，使钢的性能得到改善，屈服强度由225MPa提高到300MPa，脆性转化温度降至0℃以下，从而提高了焊接件抗脆性断裂的能力；④在保持低碳、高锰、细晶的条件下，利用析出强化相进一步提高钢的屈服强度，通常加入Nb、V、Ti等合金元素；⑤利用微合金化技术，对钢进行控制轧制，降低终轧温度，可使钢的屈服强度达到450～500MPa，脆性转化温度下降到－80℃。

工程构件用钢的成分要求为：在 $w_C<0.25\%$ 的碳钢中，加入微量的V、Ti、Nb、Zr、Ca、RE等元素。其性能要求为：高的弹性极限、刚度、焊接性和冷变形性，好的耐大气、水腐蚀性，低的屈强比以防脆断。工程构件用钢包括普通碳素构件用钢和普通低合金构件用钢。

1. 普通碳素工程构件用钢

普通碳素工程构件用钢简称普碳钢，产量约占钢总产量的70%，其中大部分用作机器零件。由于普碳钢易于冶炼、价格低廉，性能也基本满足了一般工程构件的要求，所以在工程上用量很大。

为了满足工艺性能和使用性能的要求，普碳钢含碳量一般均较低。普碳钢通常以热轧状态供应，一般不经热处理强化，只保证力学性能及工艺性能便可。其中的Q195、Q215有较高的伸长率，易于加工，常用作螺钉、炉体部件、农业机械等。Q235～Q275具有较高的强度和硬度，伸长率也较大，大量用作建筑结构，轧制成工字钢、槽钢、角钢、钢板、钢管及其它各种型材。而Q235钢既有较高的塑性又有适中的强度，成为应用最广泛的一种普通碳素构件用钢，即可用作较重要的建筑构件、车辆及桥梁等的各种型材，又可用于制做一般的机器零件，也可进行热处理。

此外尚有一些专门用钢，如造船钢、桥梁钢、压力容器钢等。它们除严格要求规定的化学成分和力学性能外，还规定某些特殊的性能检验和质量检验项目，例如低温冲击韧性、时效敏感性、气体、夹杂和断口等。专门用钢一律为镇静钢。

2. 低合金高强度钢

低合金高强度钢是一种含有少量合金元素，具有较高强度的构件用钢，由于强度高，所以1t低合金高强度钢可代替1.2～2.0t普碳钢使用，从而可减轻构件重量，提高使用的可靠性并节约钢材。这类钢主要用来制造各种要求强度较高的工程结构，例如船舶、车辆、高压容器、输油输气管道、大型钢结构等。它在建筑、石油、化工、铁道、造船、机车车辆、锅炉容器、农机农具等许多部门得到广泛的应用。常用低合金高强度钢的钢号、成分、性能与用途见表7-1。

表7-1 常用低合金高强度钢的钢号、成分、性能与用途

钢号	化学成分 w(%)				使用状态	力学性能(不小于)			用途举例
	C	Si	Mn	其它		σ_s /MPa	σ_b /MPa	δ (%)	
09MnV	≤0.12	0.2～0.6	0.8～1.2	V 0.04～0.12	热轧	300	440	22	螺旋焊管、冷型钢、建筑结构
09MnNb	≤0.12	0.2～0.6	0.8～1.2	—	热轧	300	420	23	机车车辆、桥梁
16Mn	0.12～0.2	0.2～0.6	1.2～1.6	—	热轧	350	520	21	桥梁、船舶、车辆、容器、建筑
16MnCu	0.12～0.2	0.2～0.6	1.25～1.50	Cu0.2～0.35	热轧	350	520	21	同上，耐蚀性较好
15MnV	0.12～0.18	0.2～0.6	1.2～1.6	V0.05～0.12	热轧	400	540	18	高中压容器、车辆、船舶、桥梁等

（续）

钢　　号	化学成分 w(%)				使用状态	力学性能(不小于)			用途举例
	C	Si	Mn	其它		σ_s /MPa	σ_b /MPa	δ (%)	
15MnTi	0.12～0.18	0.2～0.6	1.2～1.6	Ti 0.12～0.2	正火	400	540	19	造船杂板、压力容器、电站设备等
15MnVN	0.12～0.2	0.2～0.5	1.2～1.6	V 0.05～0.12 N 0.102～0.02	正火	450	600	17	大型焊接结构、大型桥梁、车、船舶、液态罐等
14MnMoVBNb	0.1～0.16	0.17～0.37	1.1～1.6	V 0.04～0.1 Mo 0.3～0.6	正火+回火	500	650	16	石油装置、电站装置、高压容器
14CrMnMoVB	0.1～0.15	0.17～0.4	1.1～1.6	V 0.03～0.06 Mo0.32～0.42	正火+回火	650	750	15	中温锅炉、高压容器等

常用低合金高强度钢按其屈服强度的高低分为 6 个级别(300MPa、350 MPa、400 MPa、450 MPa、500 MPa、550～650 MPa)。

在较低级别的钢中，16Mn 最具有代表性。16Mn 是二十世纪三十年代发展起来的世界上第一种低合金高强度钢，它属于350 MPa 级别，它是目前我国用量最多，产量最大的一种低合金高强度钢。与 300MPa 级别的 12Mn 钢相比，由于 w_C 和 w_{Mn} 均稍有增加，所以强度指标也提高了。在这类钢中，还有 16Mn 的派生钢种，16MnRE、16MnCu 等，RE 的主要作用是提高塑性和韧性，提高疲劳强度，降低冷脆转变温度；Cu 的主要作用是通过钝化提高耐蚀性。这类钢多用于船舶、车辆、桥梁等大型钢结构。

对 400MPa 级的 15MnV、15MnTi 等其含碳量与 16Mn 相当，但由于加入钒、钛等，能细化晶粒、产生第二相强化，使屈服强度提高，主要用于大型结构、中压容器等。

对 450MPa 级的 15MnVN、14MnVTiRE 等，由于钒、氮起细化晶粒和第二相强化作用，稀土又起净化晶界作用，提高了塑性、韧性，因此强化效果比 15MnV、15MnTi 还好。

300～450MPa 级的低合金高强度钢均是在热轧状态下或在正火状态使用，组织为铁素体 + 珠光体(少量)。

钢中加入钼和微量硼，可推迟奥氏体冷却时的铁素体析出，而对贝氏体转变则影响不大，因此在正火后得到贝氏体组织，屈服强度达500MPa级，这类钢如18MnMoNb、14MnMoVBRE，由于焊接性好，广泛用于石油化工、中温高压容器等。

对于14CrMnMoVB，正火后得到贝氏体组织，然后再高温回火，以稳定组织，消除内应力，提高塑性和韧性。这种钢适于制造400～500℃的锅炉、高压容器等。

3. 工程结构用钢的发展趋势

低合金高强度钢由于其强度高，韧性和加工性能优异，合金元素耗量少，并且不需进行复杂的热处理，已越来越受到重视。目前，这类钢发展趋势是：

1）通过微合金化与合理的轧制工艺结合起来，实行控制轧制，以达到更高的强度。在钢中加入少量的微合金化元素，如V、Ti、Nb等，通过控制轧制时的再结晶过程，使钢的晶粒细化，达到既提高强度又改善塑性、韧性的最佳效果。

2）通过合金化改变基体组织，提高强度。在钢中加入较多的其它元素，如Cr、Mn、Mo、Si、B等，使钢在热轧空冷的条件下即可得到贝氏体组织，甚至马氏体组织。这种马氏体在冷却过程中可发生自回火过程，甚至不需要专门进行回火。

3）超低碳化。为了保证韧性和焊接性能，含碳量进一步降低，甚至降到10^{-6}数量级，此时必须采用真空冶炼，或真空去气的先进冶炼工艺。

我国由于微合金化元素资源十分丰富，所以低合金高强度钢在我国具有极其广阔的发展前景。

(二) 机器零件用钢

指用于制造各种机器零件，如轴类零件、齿轮、弹簧和轴承等所用的钢种，也称为机器制造用钢。

机器零件用钢对力学性能的要求是多方面的，不但要求钢材具有高的强度、塑性和韧性，而且要求钢材具有良好的疲劳强度和耐磨性。机器零件用钢一般都经过热处理后使用。此外，机器零件用钢还要求具有良好的工艺性能，主要指切削加工性能和热处理工艺性能。机器零件用钢包括优质碳素结构钢和合金结构钢。

按用途不同，机器零件用钢又分为渗碳钢、调质钢、弹簧钢、轴承钢、耐磨钢等。

1. 渗碳钢

（1）渗碳钢的工作条件及对性能的要求　渗碳钢常用在受冲击和磨损条件下工作的一些机械零件，如汽车、拖拉机上的变速齿轮、内燃机上的凸轮、活塞销等，要求表面硬、耐磨，而零件心部则要求有较高的韧性和强度以承受冲击。

通常尺寸小、受力小的，采用低碳钢，而尺寸大、受力大的则采用低碳合金钢。

(2) 渗碳钢的成分和钢种　常用的渗碳钢钢号、热处理工艺、力学性能及用途见表 7-2。

表 7-2　常用渗碳钢的钢号、热处理工艺、力学性能及用途

类别	钢号	热处理工艺/℃				力学性能			毛坯尺寸/mm	用途举例
		渗碳	预备热处理	淬火	回火	σ_b/MPa	σ_s/MPa	δ(%)		
低淬透性	15	930	890±10 空	770~800 水	200	≥500	≥300	15	<30	活塞销、套筒等
	20Mn2	930	850~870	770~800 油	200	820	600	10	25	小齿轮，小轴，活塞销
	20Cr	930	880 水、油	800 水、油	200	850	550	10	15	齿轮、小轴、活塞销
	20MnV	930		880 水、油	200	800	600	10	15	同上，也作锅炉、高压容器管道等
	20CrV	930	880	800 水、油	200	850	600	12	15	齿轮、小轴、顶杆、活塞销、耐热垫圈
中淬透性	20CrMn	930		850 油	200	950	750	10	15	齿轮、轴、蜗杆、摩擦轮
	20CrMnTi	930	830 油	860 油	200	1100	850	10	15	汽车、拖拉机上的变速箱齿轮
	20MnTiB	930		860 油	200	1150	950	10	15	代 20CrMnTi
	20SiMnVB	930	850~880 油	780~800 油	200	≥1200	≥1000	≥10	15	代 20CrMnTi
高淬透性	18Cr2Ni4WA	930	950 空	850 空	200	1200	850	10	15	大型渗碳齿轮和轴类零件
	20Cr2Ni4A	930	880 油	780 油	200	1200	1100	10	15	同上
	15CrMn2SiMo	930	880~920 空	860 油	200	1200	900	10	15	大型渗碳齿轮、飞机齿轮

为了满足“外硬内韧”的要求，这类钢一般都采用低碳钢，$w_C = 0.1\% \sim 0.25\%$，经过渗碳后，零件的表面变为高碳的，而心部仍是低碳的，通过淬火 +

低温回火后使用。零件表面组织为回火马氏体+碳化物+少量残留奥氏体，硬度达58~62HRC，满足耐磨的要求，而心部的组织是低碳马氏体，保持较高的韧性，满足承受冲击载荷的要求。对于大尺寸的零件，由于淬透性不足，零件的心部淬不透，仍保持原来的珠光体+铁素体组织；这时由于是低碳的，组织中铁素体占比例很大，因而韧性指标比较高，能满足“外硬内韧”的要求。

按照渗碳钢的淬透性大小，可分为三类：

1）低淬透性渗碳钢。典型钢种为20Cr，这类钢水淬临界直径<25mm，渗碳淬火后，心部强韧性较低，只适于制造受冲击载荷较小的耐磨零件，如活塞销、凸轮、滑块、小齿轮等。

2）中淬透性渗碳钢。典型钢种为20CrMnTi，这类钢油淬临界直径约为25~60mm，主要用于制造承受中等载荷、要求足够冲击韧性和耐磨性的汽车、拖拉机齿轮等零件。

3）高淬透性渗碳钢。典型钢种为20Cr2Ni4A，这类钢的油淬临界直径>100mm，主要用于制造大截面、高载荷的重要耐磨件，如飞机、坦克中的曲轴、大模数齿轮等。

（3）渗碳钢的热处理　渗碳钢的热处理规范一般是渗碳后进行直接淬火(一次淬火或二次淬火)，而后低温回火。碳素渗碳钢和低合金渗碳钢，经常采用直接淬火或一次淬火，而后低温回火；高合金渗碳钢则采用二次淬火和低温回火处理。

下面以应用广泛的20CrMnTi钢为例，分析其热处理工艺规范。20CrMnTi钢齿轮的加工工艺路线为：下料→锻造→正火→加工齿形→渗碳，预冷淬火→低温回火→磨齿。正火作为预备热处理其目的是改善锻造组织、调整硬度(170~210HBS)便于机加工，正火后的组织为索氏体+铁素体。最终热处理为渗碳后预冷到875℃直接淬火+低温回火，预冷的目的在于减少淬火变形，同时在预冷过程中，渗层中可以析出二次渗碳体，在淬火后减少了残留奥氏体量。最终热处理后其组织由表面往心部依次为回火马氏体+颗粒状碳化物+残留奥氏体→回火马氏体+残留奥氏体→……。而心部的组织分为两种情况：在淬透时为低碳马氏体+铁素体；未淬透时为索氏体+铁素体。20CrMnTi钢经上述处理后可获得高耐磨性渗层，心部有较高的强度和良好的韧性，适宜制造承受高速中载并且抗冲击和耐磨损的零件，如汽车、拖拉机的后桥和变速箱齿轮、离合器轴、锥齿轮和一些重要的轴类零件。

2. 调质钢

（1）调质钢的工作条件及对性能的要求　采用调质处理后使用的优质碳素钢和合金结构钢，统称为调质钢。淬火后得到位错与孪晶马氏体的混合组织，以及残留奥氏体和碳化物。高温回火后，由于马氏体分解，碳化物弥散析出，残留奥氏体转变，内应力消除，最终得到回火索氏体组织，综合力学性能好，用于受力较复杂的重要结构零件，如汽车后桥半轴、连杆、螺栓以及各种轴类零件。对于截面尺寸大的零件，为保证有足够的淬透性，就要采用合金调质钢。

（2）调质钢的成分特点和钢种　调质钢中 w_C 在 0.30% ~0.50% 之间，属中碳钢。含碳量在这一范围内可保证钢的综合性能，含碳量过低，则影响钢的强度指标，含碳量过高则韧性显得不足。一般碳素调质钢的含碳量偏上限；对于合金调质钢，随合金元素的增加，含碳量趋于下限。

调质钢在机械制造中应用十分广泛，常用调质钢的钢号、热处理工艺、力学性能及用途见表 7-3。

表 7-3　常用调质钢的钢号、热处理工艺、力学性能及用途

类别	钢号	热处理工艺/℃		力学性能(不小于)				用途举例
		淬火	回火	σ_s/MPa	σ_b/MPa	δ_5(%)	a_K/(J·cm^{-2})	
低淬透性钢	45	840	600	355	600	16	50	主轴、曲轴、齿轮、柱塞等
	45Mn2	840 油	550 水油	750	900	10	60	直径 60mm 以下时，性能与 40Cr 相当，制造万向节头轴、蜗杆、齿轮、连杆等
	40Cr	850 油	500 水油	800	1000	9	60	重要调质件，如齿轮、轴、曲轴，连杆螺栓等
	35SiMn	900 水	590 水油	750	900	15	60	除要求低温(-20℃以下)韧性很高外，可全面代40Cr 作调质件
	42SiMn	880 水	590 水	750	900	15	60	与 35SiMn 相同，并可作表面淬火件
	40MnB	850 油	500 水油	800	1000	10	60	代 40Cr
中淬透性钢	40CrMn	840 油	520 水油	850	1000	9	60	代 40CrNi、42CrMo 作高速高载荷而冲击不大的零件
	40CrNi	820 油	500 水油	800	1000	10	70	汽车、拖拉机、机床、柴油机的轴、齿轮、连接机件螺栓、电动机轴
	42CrMo	850 油	580 水油	950	1100	12	80	代含 Ni 较高的调质钢，也作重要大锻件用钢，机车牵引大齿轮

（续）

类别	钢号	热处理工艺/℃		力学性能(不小于)				用途举例
		淬火	回火	σ_s/MPa	σ_b/MPa	δ_5(%)	a_K/(J·cm^{-2})	
中淬透性钢	30CrMnSi	880 油	520 水油	900	1100	10	50	高强度钢，高速载荷砂轮轴、齿轮、轴、联轴器、离合器等重要调质件
	35CrMo	850 油	550 水油	850	1000	12	80	代替 40CrNi 制大截面齿轮与轴，汽轮发电机转子、480℃以下工件的紧固件
	38CrMoAlA	940 水油	640 水油	850	1000	15	90	高级氮化钢，制造 >900HV 氮化件，如镗床镗杆、蜗杆、高压阀门
高淬透性钢	37CrNi3	820 油	500 水油	1000	1150	10	60	高强韧性的重要零件，如活塞销、凸轮轴、齿轮、重要螺栓、拉杆
	40CrNiMoA	850 油	600 水油	850	1000	12	100	受冲击载荷的高强度零件，如锻压机床的传动偏心轴，压力机曲轴等大截面重要零件
	25Cr2Ni4WA	850 油	500 水油	950	1100	11	90	断面 200mm 以下，完全淬透的重要零件，也与 12Cr2Ni4 相同，可作高级渗碳件
	40CrMnMo	850 油	600 水油	800	1000	10	80	代替 40CrNiMo

按淬透性的高低，调质钢大致可以分为三类：

1）低淬透性调质钢。典型钢种是40Cr，这类钢的油淬临界直径最大为30～40mm，广泛用于制造一般尺寸的重要零件，如轴、齿轮、连杆螺栓等。35SiMn、40MnB 是为节约铬而发展的代用钢种。

2）中淬透性调质钢。典型钢种为40CrNi，这类钢的油淬临界直径最大为40～60mm，含有较多的合金元素，用于制造截面较大、承受较重载荷的零件，如曲轴、连杆等。

3）高淬透性调质钢。典型钢种为40CrNiMoA，这类钢的油淬临界直径为60～100mm，多半为铬镍钢。铬、镍的适当配合，可大大提高淬透性，并能获得比较优良的综合力学性能。用于制造大截面、承受重负荷的重要零件，如汽轮机主轴、压力机曲轴、航空发动机曲轴等。

（3）调质钢的热处理　对于调质钢来说，由于加入合金元素种类及数量多少的差异，使这类钢在热加工以后的组织相差很大。含合金元素少的钢，正火后组织多为珠光体+少量铁素体，而合金元素含量高的钢则为马氏体组织，所以调质钢的热轧组织可分为珠光体型和马氏体型两种。

调质钢预备热处理的目的是为了改善热加工造成的晶粒粗大和带状组织，获得便于切削加工的组织和性能。对于珠光体型调质钢，在800℃左右进行一次退火代替正火，可细化晶粒，改善切削加工性。对马氏体型调质钢，因为正火后，可能得到马氏体组织，所以必须再在 Ac_1 以下进行高温回火，使其组织转变为粒状珠光体。回火后硬度可由380～550HBS降至207～240HBS，此时可顺利进行切削加工。

调质钢的最终热处理可根据不同钢号的临界点确定加热温度（一般在850℃左右），然后淬火、回火，回火温度依对钢的性能要求而定。当要求钢有良好的强韧性配合时，即具有良好综合力学性能，必须进行500～650℃之间的高温回火（调质处理）。当要求零件具有特别高的强度（$\sigma_b = 1600 \sim 1800\text{MPa}$）时，采用200℃左右回火，得到中碳马氏体组织。这也是发展超高强度钢的重要方向之一。

以40Cr钢为例分析其热处理工艺规范。40Cr作为拖拉机上的连杆、螺栓材料，其工艺路线为：下料→锻造→退火→粗机加工→调质→精机加工→装配。在工艺路线中，预备热处理采用退火（或正火），其目的是：改善锻造组织，消除缺陷，细化晶粒；调整硬度、便于切削加工；为淬火做好组织准备。调质工艺采用830℃加热、油淬，得到马氏体组织，然后在525℃回火。为防止第二类回火脆性，在回火的冷却过程中采用水冷，最终使用状态下的组织为回火索氏体。

3. 弹簧钢

（1）弹簧钢的工作条件及对性能的要求　弹簧是各种机器和仪表中的重要零件。它是利用弹性变形吸收能量以缓和振动和冲击，或依靠弹性储存能量来起驱动作用。因此，要求制造弹簧的材料具有高的弹性极限（即具有高的屈服点或屈强比）、高的疲劳极限与足够的塑性和韧性。

（2）弹簧钢的成分特点和钢种　弹簧钢中 w_C 一般为0.45%～0.70%。含碳量过高，塑性和韧性降低，疲劳极限也下降。可加入的合金元素有锰、硅、铬、钒和钨等。加入硅、锰主要是提高淬透性，同时也提高屈强比，其中硅的作用更为突出。硅、锰元素的不足之处是：硅会促使钢材表面在加热时脱碳，锰则使钢易于过热。因此，重要用途的弹簧钢必须加入铬、钒、钨等。它们不仅使钢材有更高的淬透性，不易脱碳和过热，而且有更高的高温强度和韧性。

常用弹簧钢的钢号、热处理工艺、力学性能及用途见表7-4。

表 7-4 常用弹簧钢的钢号、热处理工艺、力学性能及用途

类别	钢号	热处理工艺/℃		力学性能(不小于)			用途举例
		淬火	回火	σ_s /MPa	σ_b /MPa	δ_5 (%)	
碳素弹簧钢	65	840 油	500	800	1000	9	$\phi<12$mm 的一般机器上的弹簧，或拉成钢丝制作小型机械弹簧
	85	820 油	480	1000	1150	6	$\phi<12$mm 的一般机器上的弹簧，或拉成钢丝制作小型机械弹簧
	65Mn	830 油	540	800	1000	8	$\phi<12$mm 的一般机器上的弹簧，或拉成钢丝制作小型机械弹簧
合金弹簧钢	55Si2Mn	870 水油	480	1200	1300	6	ϕ20 ~ 25mm 弹簧，工作温度低于 230℃
	60Si2Mn	870 油	480	1200	1300	5	ϕ25 ~ 30mm 弹簧，工作温度低于 300℃
	50CrVA	850 油	500	1150	1300	10	ϕ30 ~ 50mm 弹簧，制作工作温度低于 210℃的气阀弹簧
	60Si2CrVA	850 油	410	1700	1900	6	$\phi<50$mm 弹簧，工作温度低于 250℃
	55SiMnMoV	880 油	550	1300	1400	6	$\phi<75$mm 弹簧，重型汽车、越野汽车大截面板簧

(3) 弹簧钢的热处理　根据弹簧钢的生产方式，可分为热成形弹簧和冷成形弹簧两类，所以其热处理也分为两类。

对于热成形弹簧，一般可在淬火加热时成形，然后淬火 + 中温回火，获得回火托氏体组织，具有很高的屈服强度和弹性极限，并有一定的塑性和韧性。

对于冷成形弹簧，通过冷拔(或冷拉)、冷卷成形。冷卷后的弹簧不必进行淬火处理，只需要进行一次消除内应力和稳定尺寸的定形处理，即加热到 250 ~ 300℃，保温一段时间，从炉内取出空冷即可使用。钢丝的直径越小，则强化效果越好，强度越高，强度极限可达 1600MPa 以上，而且表面质量很好。

如果弹簧钢丝直径太大，如 $\phi>15$mm，板材厚度 $h>8$mm，会出现淬不透现象，导致弹性极限下降，疲劳强度降低，所以弹簧钢材的淬透性必须和弹簧选材直径尺寸相适应。弹簧的弯曲应力、扭转应力在表面处最高，因而它的表面状态非常重要。热处理时的氧化脱碳是最忌讳的，加热时要严格控制炉气，尽量缩短加热时间。

弹簧经热处理后，一般进行喷丸处理，使表面强化并在表面产生残余压应力，以提高疲劳强度。

4. 滚动轴承钢

(1) 滚动轴承钢的工作条件及对性能的要求　用于制造滚动轴承的钢称为滚动轴承钢。滚动轴承是一种高速转动的零件，工作时接触面积很小，不仅有滚动摩擦，而且有滑动摩擦，承受很高、很集中的周期性交变载荷，所以常常是接触疲劳破坏。因此要求滚动轴承钢具有高而均匀的硬度、高的弹性极限和接触疲劳强度、足够的韧性和淬透性、一定的耐腐蚀能力。

(2) 滚动轴承钢的成分特点及钢种　滚动轴承钢是一种高碳低铬钢，w_C = 0.95% ~1.10%，w_{Cr} = 0.4% ~1.65%。高碳是为保证有高的淬硬性，同时可形成铬的碳化物强化相。铬的主要作用是增加钢的淬透性，使淬火、回火后整个截面上获得较均匀的组织。铬可形成合金渗碳体$(Fe \cdot Cr)_3C$，加热时降低过热敏感性，得到细小的奥氏体组织。溶入奥氏体中的铬，又可提高马氏体的回火稳定性。高碳低铬的滚动轴承钢，经正常热处理后获得较高且均匀的硬度、强度和较好的耐磨性。对大型滚动轴承，其材料成分中需加入Si、Mn等元素，进一步提高淬透性，适量的Si(w_{Si} = 0.4% ~0.6%)还能明显地提高钢的强度和弹性极限。滚动轴承钢是高级优质钢，成分中 w_S < 0.015%，w_P < 0.025%，最好用电炉冶炼，并用真空除气。

常用滚动轴承钢的钢号、热处理工艺、力学性能及用途见表7-5。

表7-5　滚动轴承钢的钢号、热处理工艺、力学性能及用途

钢　号	热处理工艺/℃		回火后硬度 HRC	用途举例
	淬　火	回　火		
GCr6	800 ~ 820 水油	150 ~ 170	62 ~ 64	ϕ < 10mm 的滚珠、滚柱及滚针
GCr9	810 ~ 830 水油	150 ~ 170	62 ~ 64	ϕ < 20mm 的滚珠、滚柱及滚针
GCr9SiMn	810 ~ 830 水油	150 ~ 160	62 ~ 64	壁厚 < 12mm、外径 > 250mm 的套圈，ϕ > 50mm 的钢球，ϕ > 22mm 的滚子
GCr15	820 ~ 840 油	150 ~ 160	62 ~ 64	与 GCr9SiMn 相同
GCr15SiMn	820 ~ 840 油	150 ~ 170	62 ~ 64	壁厚≥12mm、外径大于250mm的套圈，直径 > 50mm 的钢球，直径 > 22mm 的滚子

从化学成分看，滚动轴承钢属于工具钢范畴，所以这类钢也经常用于制造各种精密量具、冷冲模具、丝杠、冷轧辊和高精度的轴类等耐磨零件。

(3) 滚动轴承钢的热处理　滚动轴承钢的预备热处理是球化退火，钢经下料、锻造后的组织是索氏体 + 少量粒状二次渗碳体，硬度为255 ~ 340HBS。采用球化退火的目的在于获得粒状珠光体组织，调整硬度(207 ~ 229HBS)以便于切削加工及得到高质量的表面。一般加热到 790～810℃烧透后，再降低至 710～720℃保温 3～4h，使组织全部球化。

滚动轴承钢的最终热处理为淬火+低温回火，淬火切忌过热，淬火后立即回火，经 150～160℃回火 2～4h，以去除应力，提高韧性和稳定性。滚动轴承钢淬火、回火后得到极细的回火马氏体，分布均匀细小的粒状碳化物(5%～10%)以及少量残留奥氏体(5%～10%)，硬度为 62～66HRC。

生产精密轴承或量具时，由于低温回火不能彻底消除内应力和残留奥氏体，在长期保存及使用过程中，因应力释放、奥氏体转变等原因造成尺寸变化。所以淬火后立即进行一次冷处理，并在回火及磨削后，于 120～130℃进行 10～20h 的尺寸稳定化处理。

5. 耐磨钢

磨损是机械工程上广泛存在的问题，通常有磨料磨损、粘着磨损、表面疲劳磨损等。采用低碳合金钢经渗碳、淬火+低温回火，可制造要求“外硬内韧”的耐磨性较高的零件，如齿轮、销子等。采用中碳钢和中碳合金钢，经调质和表面淬火可制造要求强度和耐磨性高的零件，如负荷较大的轴类、齿轮等。采用高碳钢和高碳合金钢，经淬火+低温回火可制造要求耐磨性更高的零件，如用 GCr15 制作喷油嘴等。

这里所指耐磨钢是高锰耐磨钢，常见的钢号是 ZGMn13。在成分中 Mn 与 C 含量的比值不小于 10，它的具体成分为：$w_C=0.9\%\sim1.4\%$，$w_{Mn}=11.5\%\sim15\%$，$w_{Si}=0.3\%\sim1.0\%$，$w_S\leqslant0.05\%$，$w_P\leqslant0.12\%$，$w_{Cr}\leqslant1\%$，$w_{Ni}\leqslant1\%$，$w_Cu\leqslant0.3\%$。

此类钢机械加工比较困难，基本上都是铸造成形后使用。铸造成形后，性能主要表现是硬而脆，必须在 1050～1100℃加热水冷、保持单一均匀的奥氏体组织、防止碳化物析出，从而使其具有强度、韧性结合及耐冲击的优良性能。这种处理称作高锰钢的水韧处理。

ZGMn13 淬火状态(即水韧处理)力学性能指标为：$\sigma_b=800\sim1000\text{MPa}$，$\sigma_{0.2}=250\sim400\text{MPa}$，$\delta=35\%\sim45\%$，$\psi=40\%\sim50\%$，硬度为 170～230HBS，$a_K(20℃)=200\sim300\text{J/cm}^2$。

水韧处理后的高锰钢，受到冲击或磨损时，表面产生强烈的加工硬化现象，表层硬度、强度急剧上升，而内部仍为保持高的塑性、韧性的奥氏体组织，广泛应用于制造要求耐磨、耐冲击的一些零件。在铁路运输业中，可用高锰钢制造铁道上的辙尖、辙岔、转辙器及小半径转弯处的轨条。在建筑、矿山、冶金业中，长期使用高锰钢制造的挖掘机铲斗，各种碎石机颚板、衬板、磨板。高锰钢还大量用于挖掘机、拖拉机、坦克车履带板、主动轮和支承滚轮等。又因高锰钢组织为单一无磁性奥氏体，也可用于既耐磨又抗磁化的零件，如吸料器的电磁铁罩。

二、工具钢

工具钢是用来制造刀具、模具和量具的钢。按化学成分分为碳素工具钢、低合金工具钢、高合金工具钢等。按用途分为刃具钢、模具钢和量具钢。

（一）刃具钢

1. 切削刃具的工作条件及对性能的要求

切削刃具的种类繁多，工况条件各有特点，性能要求也各有不同。

车刀工作时主要是承受压应力和弯曲应力，受到很大的机械磨损。机床的振动，要求刃具有一定的耐冲击性能。连续低速切削时，要求车刀有高的硬度、耐磨性和适当的弯曲强度，防止刃部磨钝。连续高速切削时，由于车刀与工件接触，刃部温度会迅速升高，这就要求车刀有较高的热硬性又称红硬性。同时在高速切削时，还应注意可能出现车刀的折断、崩刃和塑性变形。

钻头是长杆状刃具，刃部长而薄，在致密的金属中进行钻削，承受很高的轴向压应力、扭转应力及径向力引起的弯曲应力。为防止钻头发生折断和崩刀，应具有足够高的弯曲强度和韧性。工作时刃部与工件激烈摩擦产生大量热，并且热量不易散失，特别是进行深孔加工时更为不利。所以钻头用钢要求高的耐磨性和热硬性。

鉴于刃具的特殊工况条件，对刃具钢的基本性能要求应该是：高的切断抗力，高的耐磨性，高的弯曲强度和足够的韧性，高的热稳定性。

用于刃具的材料有碳素工具钢、低合金工具钢、高速钢、硬质合金等。

2. 碳素工具钢

（1）碳素工具钢的成分与用途　碳素工具钢以成本低、具有一般较好的性能，在钳工、木工和形状简单受力不大的刃具、磨具中得到广泛应用。

T7、T8 钢多用于制造承受冲击负荷的工具，如錾子、锤子、冲头等。

T9 ~ T11 钢多用于制造要求中等韧性的工具，如形状简单的小冲模、手工锯条等。

T12、T13 耐磨性最高，但韧性最低，所以多用于制造不受冲击负荷的量具、锉刀、刮刀等。

高级优质碳素工具钢（T7A ~ T13A），由于其淬火时产生裂纹的倾向较小，因此多用于制造形状较为复杂的工具。

（2）碳素工具钢的热处理　碳素工具钢在机加工之前进行预备热处理，采用球化退火（T7 钢可采用完全退火），组织为铁素体基体 + 细小均布的粒状渗碳体，硬度≤217HBS。

机加工之后进行最终热处理，采用淬火 + 低温回火，组织为回火马氏体 + 粒状渗碳体 + 少量残留奥氏体（一般 T7 有 2% ~3%，T12 有 5% ~8%）。

碳素工具钢经最终热处理后，硬度可达 60 ~ 65HRC，其耐磨性和加工性都较好，价格又便宜，生产上得到广泛应用。

碳素工具钢的缺点是热硬性差，当刃部温度大于200℃时，硬度、耐磨性会显著降低。另外，由于淬透性差(直径或厚度在15～20mm以下的试样在水中才能淬透)，尺寸大的就淬不透；形状复杂的零件，水淬容易变形和开裂，所以碳素工具钢大多用于受热程度较低，尺寸较小的手工工具及低速、小走刀量的机用工具，也可做尺寸较小的模具和量具。

3. 低合金工具钢

为了克服碳素工具钢淬透性差、易变形和开裂、及热硬性差等缺点。在碳素工具钢的基础上加入少量的合金元素，一般不超过3%～5%(质量分数)，就形成了低合金工具钢。

(1) 低合金工具钢的成分与用途　低合金工具钢中 $w_C = 0.75\% \sim 1.50\%$，高的含碳量可保证钢的高硬度及形成足够的合金碳化物，提高耐磨性。合金元素的作用主要是为了保证钢具有足够的淬透性。钢中常加入的合金元素有硅、锰、铬、钼、钨、矾等。其中，硅、锰、铬、钼的主要作用是提高淬透性；硅、锰、铬可强化铁素体；铬、钼、钨、矾可细化晶粒使钢进一步强化，提高钢的强度；作为碳化物形成元素铬、钼、钨、矾等在钢中形成合金渗碳体和特殊碳化物，从而提高钢的硬度和耐磨性。常用的低合金工具钢成分、热处理与用途如表7-6所示。

表7-6　常用低合金工具钢钢号、热处理工艺、力学性能及用途

钢　号	淬　火			回　火		用途举例
	温度/℃	介质	HRC	温度/℃	HRC	
Cr2	830～860	油	62	150～170	60～62	锉刀、刮刀、样板、量规、冷轧辊等
9SiCr	850～870	油	62	190～200	60～63	板牙、丝锥、绞刀、搓丝板、冷冲模等
CrWMn	820～840	油	62	140～160	62～65	长丝锥、长绞刀、板牙、拉刀、量具、冷冲模等
9Mn2V	780～820	油	62	150～200	58～63	丝锥、板牙、样板、量规、中小型模具、磨床主轴、精密丝杠等

低合金工具钢中常用的有9SiCr、CrWMn等。9SiCr可用于制作丝锥、板牙等。由于铬、硅同时加入，淬透性明显提高，油淬直径可达40～50mm；同时还能强化铁素体，尤其是硅的强化作用显著；另外Cr还能细化碳化物，使之均匀分布，因而耐磨性提高，不易崩刀；Si还能提高回火稳定性，使钢在250～300℃仍能保持60HRC以上。9SiCr可采用分级或等温淬火，以减少变形，因而常用于制作形状复杂的、要求变形小的刀具。

硅使钢在加热时容易脱碳，退火后硬度偏高(217～241HBS)，造成切削加工困难，热处理时要予以注意。

CrWMn 钢中 w_C=0.90%～1.05%，铬、钨、锰同时加入，使钢具有更高的硬度(64～66HRC)和耐磨性，但热硬性不如 9CrSi。但 CrWMn 钢热处理后变形小，故称微变形钢。主要用来制造较精密的低速刀具，如长绞刀、拉刀等。

(2) 低合金工具钢的热处理　低合金工具钢的预备热处理通常是锻造后进行球化退火。最终热处理为淬火+低温回火，其组织为回火马氏体+未溶碳化物+残留奥氏体。

4. 高速钢

(1) 高速钢的成分特点与常用钢种　高速钢是高速切削用钢的代名词。高速钢是一种含有钨、铬、钒等多种元素的高合金工具钢。钢中加入较多的碳，其作用是既保证它的淬硬性，又保证淬火后有足够多的碳化物相。一般碳的质量分数在1%左右，最高可达1.6%。如 W6Mo5Cr4V5SiNbAl 钢，w_C=1.56%～1.65%。

高速钢中一般含有较多数量的钨元素，它是提高钢热硬性的主要元素，由于世界范围钨资源的缺少，使人们找到了以 Mo、Co 元素代替 W 元素而保持高的热硬性的方法。

Cr 元素在钢中的作用：Cr 的加入可提高钢的淬透性，并能形成碳化物强化相，Cr 在高温下可形成 Cr_2O_3，能起到保护作用。一般认为 Cr 的质量分数在4%左右为宜，高于4%时，会使马氏体转变温度 Ms 下降，淬火后造成残留奥氏体量增多的不良结果。

V 元素在钢中的作用：V 与 C 的亲和力很强，在高速钢中形成碳化物 VC，它有很高的稳定性，即使淬火温度在1260～1280℃时，也不会全部溶于奥氏体中。VC 的最高硬度可达到83～85HRC，在高温多次回火过程中 VC 呈弥散状析出，进一步提高了高速钢的硬度、强度和耐磨性。

为了提高高速钢的某些方面的性能，还可以加入适量的 Al、Co、N 等合金元素。常用高速钢的成分、钢号、热处理、力学性能及用途见表7-7。

表7-7　高速钢的成分、钢号、热处理、力学性能及用途

	化学成分 w(%)						热处理工艺/℃		HRC	用途举例
	C	W	Mo	Cr	V	其它	淬火	回火		
W18Cr4V (18-4-1)	0.7～0.8	17.5～19	≤0.3	3.8～4.4	1.0～1.4		1270～1285	550～570	62	一般高速切削用车刀、刨刀、钻头、铣刀等

（续）

牌号	化学成分 w(%)						热处理工艺/℃		HRC	用途举例
	C	W	Mo	Cr	V	其它	淬火	回火		
W6Mo5Cr4V2 (6-5-4-2)	0.8～0.9	5.5～6.75	4.5～5.5	3.8～4.4	1.75～2.2		1210～1230	550～570	63	耐磨性和韧性有很好配合的高速切削刀具，如丝锥、钻头等
W6Mo5Cr4V2Al	1.05～1.2	5.5～6.75	4.5～5.5	3.8～4.4	1.75～2.2	Al 0.8～1.2	1220～1240	540～560	65	切削难加工材料的刀具
W6Mo5Cr4V3	1.0～1.1	5.5～6.75	4.75～6.5	3.75～4.5	2.25～2.75		1190～1220	540～560	64	形状稍微复杂的刀具，如拉刀、铣刀等
W9Mo3Cr4V	0.77～0.87	8.5～9.5	2.7～3.3	3.8～4.4	1.3～1.7		1210～1240	540～560	63～64	同 18-4-1 和 6-5-4-2

在我国最常用的高速钢是 W18Cr4V 和 W6Mo5Cr4V2，通常简称 18-4-1 和 6-5-4-2。前者的过热敏感性小，磨削性好，但由于热塑性差，通常适于制造一般高速切削刀具，如车刀、铣刀、绞刀等；由于后者的耐磨性、韧性和热塑性较好些，适于制造耐磨性和韧性很好配合的高速刀具，如丝锥、齿轮铣刀、插齿刀等。

（2）高速钢的热处理　由于高速钢的合金元素含量多，使得它的 C 曲线右移，淬火临界冷却速度大为降低，在空气中冷却就可得到马氏体组织，因此高速钢也被俗称为风钢(锋钢)。也同样因为合金元素的作用，使 $Fe\text{-}Fe_3C$ 相图中的 E 点左移，这样在高速钢铸态组织中出现大量的共晶莱氏体组织，鱼骨状的莱氏体及大量分布不均匀的大块碳化物，使得铸态高速钢既脆又硬，无法直接使用。

高速钢铸造后的组织，不能用热处理办法矫正，必须借助于反复的压力热加工，一般选择多次轧制和锻压，将粗大的共晶碳化物和二次碳化物破碎，并使它们均匀分布在基体中。锻造或轧制后，钢锭要缓慢冷却，以防止产生过高应力甚至开裂。

高速钢锻造后必须进行退火，目的在于既调整硬度便于切削加工，又调整组织为淬火做准备。具体工艺可采用等温退火，加热保温(860～880℃)，然后冷却到 720～750℃保温，炉冷至 550℃以下出炉。硬度为 207～225HBS，组织为索氏体＋碳化物。

高速钢的淬火加热温度尽量高些，这样可以使较多的W、V溶入奥氏体中。在1000℃以上加热淬火，W、V在奥氏体中的溶解度急速增加；1300℃左右加热，各合金元素在奥氏体中的溶解度也大为增加。但时间稍长，会造成晶粒长大，甚至出现晶界溶化，这也就是淬火温度和加热时间需精确掌握的原因所在。另外，高碳高合金元素的存在，使高速钢的导热性很差，所以淬火加热时采用分级预热，一次预热温度600～650℃，二次预热在800～850℃，这样的加热工艺可避免由热应力而造成的变形或开裂。淬火冷却采用油中分级淬火法。

高速钢的回火，一般进行三次，回火温度560℃，每次1～1.5h。第一次回火只对淬火马氏体起回火作用，在回火冷却过程中，发生残留奥氏体的转变，同时产生新的内应力。经第二次回火，没有彻底转变的残留奥氏体继续发生新的转变，又产生新的内应力，这就需要进行第三次回火。高速钢淬火后残留奥氏体量大约为30%，三次回火后仍保留有3%～4%，与此同时，碳化物析出量增多，M_2C、VC等特殊碳化物大量析出，使高速钢硬度上升，产生二次硬化现象，提高了刃具使用性能。为使高速钢中的残留奥氏体量减少到最低程度，往往还需进行冷处理。

高速钢的热处理工艺见图7-4。

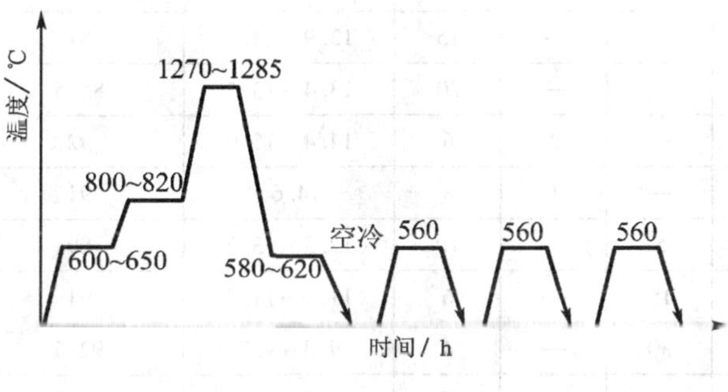

图7-4　W18Cr4V钢的淬火、回火工艺曲线

5. 硬质合金

硬质合金是把一些高硬度、高熔点的粉末（WC、TiC等）和胶结物质（Co、Ni等）混合、加压、烧结成形的一种粉末冶金材料。它虽不是合金工具钢，但是一种常用的、主要的刃具材料。其特点是：硬度极高（89～91HRA）、热硬性好（切削温度可达1000℃）、耐磨性好。

用硬质合金制作的刃具，切削速度比高速钢还可提高4～5倍。由于硬质合金的硬度很高，切削加工困难。因此形状复杂的刃具，如拉刀、滚刀就不能用硬质合金来制作。一般硬质合金做成刀片，镶在刀体上使用。除了用硬质合金来制作刃具外，还可以制作冷作模具、量具及耐磨零件等。

硬质合金可分为：

(1) 钨钴类牌号有 YG3、YG6、YG8 等。YG 表示钨钴类硬质合金，后边的数字表示钴的质量分数(%)。如 YG8 表示 $w_{Co}=8\%$、$w_{WC}=92\%$ 的钨钴类硬质合金。

(2) 钨钴钛类牌号有 YT5、YT15、YT30 等，YT 表示钨钴钛类硬质合金，后边的数字表示碳化钛的质量分数。如 YT15 表示含 $w_{TiC}=15\%$，其余为 WC 和 Co 的钨钴钛类硬质合金。

常用硬质合金的牌号、组成和性能如表 7-8 所示。

表 7-8 常用硬质合金的牌号、组成和性能

合金类别	合金牌号	化学成分 w(%)				物理、力学性能		
		碳化钨	碳化钛	碳化钽	钴	相对密度	硬度 HRA	抗弯强度/MPa
钨钴合金	YG3	97	—	—	3	14.9～15.3	91	1050
	YG3X	96.5	—	<0.5	3	15.0～15.3	91.5	1100
	YG6	94	—	—	6	14.6～15.0	89.5	1450
	YG6X	93.5	—	<0.5	6	14.6～15.0	91	1400
	YG8	92	—	—	8	14.5～14.9	89	1500
	YG8C	92	—	—	8	14.5～14.9	88	1750
	YG11	89	—	—	11	14.0～14.4	88	1800
	YG15	85	—	—	15	13.9～14.2	87	2100
	YG20	80	—	—	20	13.4～13.5	85.5	2200
	YG6A	92	—	2	6	14.4～15.0	92	1400
	YG8A	91.5	—	1	8	14.67	91	1500
钨钴钛合金	YT5	85	5		10	12.5～13.2	89	1400
	YT15	79	15	—	6	11.0～11.7	91	1150
	YT30	66	30	—	4	9.3～9.7	92.5	900
	YW1	84	6	4	6	12.8～13.3	91.5	1200
	YW2	82	6	4	8	12.6～13.0	90.5	1300

钨钴类用于加工脆性材料(如铸铁以及胶木等非金属材料)。其中含钴量高的，抗弯强度高，韧性好，而硬度、耐磨性低，适于粗加工。

钨钴钛类用于加工韧性材料(适于加工各种钢件)，由于 TiC 的耐磨性好，热硬性高，所以这类硬质合金的热硬性好，加工工件的表面质量也好。

此外，还有如 YW1 和 YW2 称通用和万能硬质合金，用来切削不锈钢、耐热合金等难加工的材料，刀具寿命更长。

(二) 模具钢

根据模具的工作条件不同，模具钢一般分为冷作模具钢和热作模具钢两大类。前者用于制造冷冲模和冷挤压模等，工作温度大都接近室温；后者用于制造热锻模和压铸模等，工作时型腔表面温度可高达600℃以上。

1. 冷作模具钢

（1）冷作模具钢的工作条件及对性能的要求　制造在冷态下变形的模具，如冷冲模、冷镦模、拉丝模、冷轧辊等，从工作条件出发，对性能的基本要求是：

1）高的硬度和耐磨性。在冷态下冲制螺钉、螺帽、硅钢片、面盆等，被加工的金属在模具中产生很大的塑性变形，模具的工作部分承受很大的压力和强烈的摩擦，因而要求有高的硬度和耐磨性。通常要求硬度为58～62HRC，以保证模具的几何尺寸和使用寿命。

2）较高的强度和韧性。冷作模具在工作时，承受很大的冲击和负荷，甚至有较大的应力集中，因此要求起工作部分有较高的强度和韧性，以保证尺寸的精度并防止崩刃。

3）良好的工艺性。要求热处理的变形小，淬透性高。

模具钢钢号表示方法与低合金工具钢相同。

（2）冷作模具钢的成分特点和钢种

1）碳素工具钢和低合金工具钢。对于尺寸小、形状简单、工作负荷不大的模具采用这类钢，钢种有T8A、T10A、T12A、Cr2、9Mn2V、9SiCr、CrWMn、Cr6WV等。

这类钢的优点是价格便宜，加工性能好，能基本上满足模具的工作要求。缺点是：这类钢的淬透性差，热处理变形大，耐磨性较差，使用寿命较低。对于低合金工具钢，则由于可采用油淬火，并含有少量的合金元素，淬透性提高了，晶粒细化了，变形减小了，像9SiCr、Cr2可用来制造滚丝模等。

2）高碳高铬模具钢。这类钢主要是指Cr12型冷作模具钢。这类钢由于淬透性好，淬火变形小，耐磨性好，广泛地用于制造负荷大、尺寸大、形状复杂的模具。钢号有Cr12、Cr12MoV等。

Cr12型钢的化学成分、热处理工艺和用途如表7-9所示。

表7-9　Cr12型钢的化学成分、热处理工艺及用途

钢号	化学成分 w(%)						热处理工艺/℃			硬度		用途举例
	C	Si	Mn	Cr	Mo	V	退火	淬火	回火	退火 (HBS)	回火 (HRC)	
Cr12	2.00～2.30	≤0.40	≤0.40	11.50～13.50	—	—	870～900	930～980	200～450	207～255	58～64	重载荷高耐磨、变形、要求小的冲压模具

（续）

钢号	化学成分 w(%)						热处理工艺/℃			硬度		用途举例
	C	Si	Mn	Cr	Mo	V	退火	淬火	回火	退火(HBS)	回火(HRC)	
Cr12MoV	1.45 ~ 1.70	≤0.40	≤0.40	11.00 ~ 12.50	0.40 ~ 0.60	0.15 ~ 0.30	850 ~ 870	1020 ~ 1040	150 ~ 425	207 ~ 255	55 ~ 63	同上

这类钢中 $w_C = 1.4\% \sim 2.3\%$，$w_{Cr} = 11\% \sim 12\%$。含碳量高是为了保证与铬形成碳化物，在淬火加热时，其中一部分溶于奥氏体中，以保证马氏体有足够的硬度，而未溶的碳化物，则起到细化晶粒的作用，在使用状态下起到提高耐磨性的作用。含铬量高，其主要作用是：提高淬透性和细化晶粒，截面尺寸为 200 ~ 300mm 时，在油中可以淬透；形成铬的碳化物，提高钢的耐磨性。w_{Cr} 一般为 12%，过高的含铬量会使碳化物分布不均。钼和钒的加入，能进一步提高淬透性，细化晶粒，其中钒可形成 VC，因而可进一步提高耐磨性和韧性。钼和钒的加入，可适当降低钢的含碳量，以减少碳化物的不均匀性，所以 Cr12MoV 钢较 Cr12 钢的碳化物分别均匀，强度和韧性高，淬透性高，用于制作截面大、负荷大的冷冲模、挤压模、滚丝模、冷剪刀等。

（3）冷作模具钢的热处理　Cr12 型钢的预备热处理是球化退火。球化退火的目的是消除应力、降低硬度、便于切削加工，退火后硬度为 207 ~ 255HBS。退火组织为球状珠光体 + 均匀分布的碳化物。

Cr12 型钢的最终热处理一般是淬火 + 低温回火，经淬火、低温回火后的组织为回火马氏体 + 碳化物 + 少量残留奥氏体。有时也对 Cr12 型冷作模具钢进行高温回火，以产生二次硬化，适用于在 400 ~ 450℃ 温度下工作、受强烈磨损的模具。

2. 热作模具钢

（1）热作模具钢的工作条件及对性能的要求　制造使金属热成形的模具，如热锻模、热挤压模和压铸模。这种模具是在反复受热和冷却的条件下进行工作的，所以比冷作模具有更高要求。对热作模具钢的性能要求是：

1）要求综合力学性能好。由于模具的承载很大，要求有高的强度，而模具在工作时还承受很大的冲击，所以要求韧性也好，即要求综合力学性能好。

2）抗热疲劳能力高。模具工作时的型腔温度高达 400 ~ 600℃，而且又反复加热冷却，因此要求模具在高温下保持高的强度和韧性的同时，还能承受反复加热冷却的作用。

3）淬透性高。对尺寸大的热作模具，要求淬透性高，以保证模具整体的力学性能好；同时还要求导热性好，以避免型腔表面温度过高。

（2）热作模具钢的成分特点及钢种　对于中小尺寸（截面尺寸≤300mm）的模具，一般采用5CrMnMo，对于大尺寸（截面尺寸>400mm）的模具，一般采用5CrNiMo。它们的化学成分如表7-10所示。对于压铸模，常采用3Cr2W8V。

表7-10　常用热作模具钢的化学成分、热处理工艺、性能及用途

钢号	化学成分 w（%）						热处理工艺/℃		硬度		用途举例
	C	Si	Mn	Cr	Mo	Ni	淬火	回火	淬火（HRC）	回火（HB）	
5CrNiMo	0.50~0.6	≤0.40	0.50~0.80	0.50~0.80	0.15~0.30	1.40~1.80	830~860	530~550	≥47	364~402	塑料压模、大型锻模等
5CrMnMo	0.50~0.6	0.25~0.60	1.20~1.60	0.60~0.90	0.15~0.30	—	820~850	560~580	≥50	324~364	中、小型锻模等
3Cr2W8V	0.30~0.4	≤0.40	≤0.40	2.20~2.70	W:7.5~9.00	V:0.20~0.50	1050~1100	560（三次）	>50	44~46（HRC）	高应力压模、螺钉或铆钉热压模、热剪切刀、压铸模等

热作模具钢的含碳量取中碳范围，$w_C = 0.50\% \sim 0.60\%$，对于压铸模 $w_C = 0.30\%$。这一含碳量可保证淬火后的硬度，同时还有较好的韧性指标。铬、镍、锰、钼的作用是提高淬透性，使模具表里的硬度趋于一致。铬、钼还有提高回火稳定性、提高耐磨性的作用；铬、钨、钼还通过提高共析温度，使模具在反复加热和冷却过程中不发生相变，来提高抗热疲劳的能力。

（3）热作模具钢的热处理　对热作模模钢，要反复锻造，其目的是使碳化物均匀分布。锻造后的预备热处理一般是完全退火，其目的是消除锻造应力、降低硬度（197~241HBS），以便于切削加工。它的最终热处理根据其用途有所不同：热锻模是淬火后模面中温回火、模尾高温回火；压铸模是淬火后在略高于二次硬化峰值的温度多次回火，以保证热硬性。

（三）量具钢

量具钢是用于制造量具的钢，如卡尺、千分尺、块规、塞尺等。

1. 量具钢的工作条件及对性能的要求

量具在使用过程中主要是受到磨损，因此对量具钢的主要性能要求是：工作部分有高的硬度和耐磨性，以防止在使用过程中因磨损而失效；组织稳定性高，在使用过程中尺寸不变，以保证高的尺寸精度；有良好的磨削加工性。

2. 量具钢的成分特点及钢种

为了满足上述高硬度、高耐磨性的要求，一般都采用含碳量高的钢，通过淬火得到马氏体。

最常用的量具用钢为碳素工具钢和低合金工具钢。

碳素工具钢由于采用水淬火，淬透性低，变形大，因此常用于制作尺寸小、形状简单、精度要求低的量具。

低合金工具钢(包括 GCr15 等)由于加入了少量的合金元素，提高了淬透性；由于采用油淬火，因此变形小。另外，合金元素在钢中还形成合金碳化物，也提高钢的耐磨性。在这类钢中，GCr15 用得最多，这是由于滚动轴承钢本身也比较纯净，钢的耐磨性和尺寸稳定性都较好。

还可采用低变形钢，如铬锰钢、铬钨锰钢等。这种钢由于含锰，可使 Ms 点降低，淬火后的残留奥氏体增加，因而造成钢的淬火变形减少，所以有低变形钢之称。

3. 量具钢的热处理

作为精密量具，要使其在热处理和使用过程中变形小是一个很复杂的问题，可以从选材方面考虑。在淬火后，一般尺寸是膨胀的，解决的办法是：

1）淬火前进行调质处理，得回火索氏体。由于马氏体与回火索氏体之间的体积差小，而马氏体与珠光体之间的体积差大，得到回火索氏体后则变形就小。

2）回火后进行冷处理。在使用过程中尺寸变化的重要因素是：残留奥氏体转变为马氏体，则尺寸增加；马氏体的正方度(c/a)降低；残余内应力的重新分布和降低，也使尺寸发生变化。所以淬火后要进行冷处理，降低奥氏体含量。

3）长时间的低温回火(低温时效)，使马氏体趋于稳定，进一步降低内应力。

例如用 GCr15 制作量规，其工艺路线为：

锻造→球化退火→机加工→粗磨→淬火＋低温回火→精磨→时效→涂油。

其中时效的作用是消除应力、稳定尺寸。

此外，有时也用渗碳钢经渗碳淬火或渗氮处理后制作精度不高、耐冲击的量具；有时也用冷作模具钢制作要求精密的量具；在腐蚀介质中使用的量具则用不锈钢制作。表 7-11 所示为量具用钢的选用举例。

表 7-11　量具用钢的选用举例

用　途	钢的类别	钢　号
尺寸小、精度不高、形状简单的量规、塞规、样板等	碳素工具钢	T10A、T11A、T12A
精度不高，耐冲击的卡板、样板、直尺等	渗碳钢	15、20、15Cr

（续）

用　　途	钢的类别	钢　　号
块规、螺纹塞规、环规、样柱、样套等	低合金工具钢	CrMn、9CrWMn、CrWMn
块规、塞规、样柱等	滚珠轴承钢	GCr15
各种要求精度的量具	冷作模具钢	9Mn2V
要求精度和耐腐蚀的量具	不　锈　钢	Cr2Mn2SiWMoV、4Cr13、9Cr18

三、特殊性能钢

特殊性能钢是指具有特殊的物理、化学性能的钢，它的种类很多，并且正在迅速发展。其中最主要的是不锈钢和耐热钢。

(一) 不锈钢

不锈钢(又称为不锈耐酸钢)是指能抵抗大气或酸等化学介质腐蚀的钢。不锈钢并非不生锈，只是在不同介质中的腐蚀行为不一样。因此论述不锈钢的中心问题是腐蚀问题。

1. 金属腐蚀的一般概念

腐蚀通常可分为化学腐蚀和电化学腐蚀两种类型。前者是金属在干燥气体或非电解质溶液中的腐蚀，腐蚀过程不产生电流，钢在高温下的氧化属于典型的化学腐蚀；后者是金属与电解质溶液接触时所发生的腐蚀，腐蚀过程中有电流产生，钢在室温下的锈蚀主要属于电化学腐蚀。

大部分金属的腐蚀都属于电化学腐蚀，电化学腐蚀实际是电池作用。当两种互相接触的金属放入电解质溶液时，由于两种金属的电极电位不同，彼此之间就形成一个微电池，并有电流产生。电极电位低的金属为阳极，电极电位高的金属为阴极，阳极的金属将不断被溶解，而阴极金属就不被腐蚀。对于同一种合金，由于组成合金的相或组织不同，也会形成微电池，造成电化学腐蚀。例如钢组织中的珠光体，是由铁素体和渗碳体两相组成的，在电解质溶液中就会形成微电池，由于铁素体的电极电位低，为阳极，就被腐蚀。而渗碳体的电极电位高，为阴极而不被腐蚀，如图 7-5 所示。在观察碳钢的显微组织时，要把抛光的试样磨

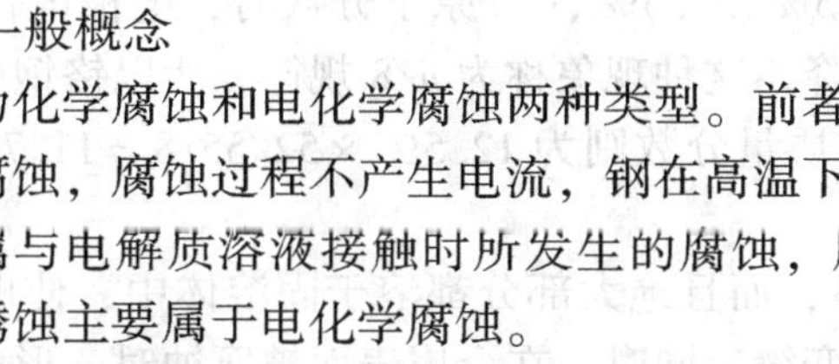

图 7-5　珠光体腐蚀示意图

面放在硝酸酒精溶液中浸蚀，使铁素体腐蚀后，才能在显微镜下观察到珠光体的组织，就是利用电化学腐蚀的原理实现的。

由电化学腐蚀的基本原理不难看出，电化学作用是金属被腐蚀的主要原因。为此，要提高金属的耐电化学腐蚀能力，通常采取以下措施：

1）尽量使金属在获得均匀的单相组织条件下使用，这样金属在电解质溶液中只有一个极，使微电池难以形成。如在钢中加入大于24%（质量分数）的Ni，会使钢在常温下获得单相的奥氏体组织。

2）加入合金元素提高金属基体的电极电位，例如在钢中加入大于13%（质量分数）的Cr，则铁素体的电极电位由 −0.56V 提高到0.2V，从而使金属的耐腐蚀性能提高。

3）加入合金元素，在金属表面形成一层致密的氧化膜，又称钝化膜，把金属与介质分隔开，从而防止进一步的腐蚀。

铬是不锈钢合金化的主要元素。钢中加入铬，提高电极电位，从而提高钢的耐腐蚀性能。当含铬量达 $n/8$ 原子分数值（$n=1、2、3、\cdots$），即达到 1/8、2/8、3/8、…（也即 12.5%、25%、37.5%、…）原子分数时，电极电位呈台阶式跃增，即腐蚀速度呈台阶式下降，这种现象称为 $n/8$ 规律。所以铬钢中的含铬量只有超过台阶值（如 $n=1$，换成质量分数则为 $12.5\% \times 52/55.8=11.7\%$）时，钢的耐蚀性才明显提高。

由于 $w_{Cr}>11.7\%$，而且绝大部分都溶于固溶体中，使电极电位跃增，使基体的电化学腐蚀过程变缓。同时，在金属表面被腐蚀时，形成一层与基体金属结合牢固的钝化膜，使腐蚀过程受阻，从而提高钢的耐蚀性。

2. 常用不锈钢

常用的不锈钢根据其组织特点，可分为马氏体不锈钢、铁素体不锈钢和奥氏体不锈钢三种类型。常用不锈钢的钢号、成分、热处理工艺及用途如表 7-12 所示。不锈钢钢号的表示方法与低合金工具钢相同。

表 7-12　常用不锈钢的钢号、成分、热处理工艺、力学性能及用途

类别	钢号	化学成分 w(%)			热处理工艺/℃		力学性能(不小于)				用途举例
		C	Cr	其它	淬火	回火	σ_s/MPa	σ_b/MPa	δ(%)	硬度	
马氏体不锈钢	1Cr13	≤0.15	12~14	—	1000~1050 水、油	700~790	420	600	20	187HBS	汽轮机叶片、水压机阀、螺栓、螺母等抗弱腐蚀介质并承受冲击的零件
	2Cr13	0.16~0.25	12~14	—	1000~1050 水、油	660~770	450	600	16	197HBS	

（续）

类别	钢号	化学成分 w(%)			热处理工艺/℃		力学性能(不小于)				用途举例
		C	Cr	其它	淬火	回火	σ_s/MPa	σ_b/MPa	δ(%)	硬度	
马氏体不锈钢	3Cr13	0.26 ~ 0.25	12 ~ 14	—	1000 ~ 1050 油	200 ~ 300	—	—	—	48HRC	做耐磨的零件，如加油泵轴、阀门零件、轴承、弹簧以及医疗器械
	4Cr13	0.35 ~ 0.45	12 ~ 14		1050 ~ 1100 油	200 ~ 300	—	—	—	50HRC	
铁素体不锈钢	0Cr13	≤ 0.08	12 ~ 14	—	1000 ~ 1050 水、油	700 ~ 790	350	500	24	—	耐水蒸气及热含硫石油腐蚀的设备
	1Cr17	≤ 0.12	16 ~ 18	—	—	750 ~ 800	250	400	20	—	硝酸工厂、食品工厂的设备
	1Cr28	≤ 0.15	27 ~ 30	—	—	700 ~ 800	300	450	20	—	制浓硝酸的设备
	1Cr17Ti	≤ 0.12	16 ~ 18	Ti ~0.8	—	700 ~ 800	300	450	20	—	同 1Cr17，但晶间耐蚀性较高
奥氏体不锈钢	0Cr19Ni9	≤ 0.08	18 ~ 20	Ni 8 ~ 10.5	固溶处理 1050 ~ 1100 水	—	180	490	40	—	深冲零件、焊 NiCr 钢的焊芯
	1Cr19Ni9	0.04 ~ 0.10	18 ~ 20	Ni 8 ~ 11	固溶处理 1100 ~ 1150 水	—	200	550	45	—	耐硝酸、有机酸、盐、碱溶液腐蚀的设备
	1Cr18Ni9Ti	≤ 0.12	17 ~ 19	Ni：8 ~ 11 Ti：0.8	固溶处理 1000 ~ 1100 水	—	200	550	40	—	做焊芯、抗磁仪表医疗器械耐酸容器输送管道

注：表列奥氏体不锈钢中 $w_{Si}<1\%$，$w_{Mn}<2\%$，其余钢中 w_{Si}、w_{Mn} 一般不大于 0.8%。

（1）马氏体不锈钢　常用马氏体不锈钢中 $w_C=0.1\%\sim0.45\%$，$w_{Cr}=12\%\sim14\%$，属于铬不锈钢，通常指 Cr13 型不锈钢。典型钢号有 1Cr13、2Cr13、

3Cr13、4Cr13 等。这类钢一般用来制作既能承受载荷又需要耐蚀性的各种阀、机泵等零件以及一些不锈工具等。

为了提高耐蚀性，马氏体不锈钢的含碳量都控制在很低的含量范围，w_C 一般不超过 0.4%。含碳量越低，钢的耐蚀性就越好，而含碳量越高，基体中的含碳量就越高，则钢的强度和硬度就越高；含碳量越高，形成铬的碳化物量也就越多，其耐蚀性就变得越差一些。由此不难看出，4Cr13 的强度、硬度指标优于 1Cr13，但其耐蚀性却不如 1Cr13。

1Cr13 和 2Cr13 具有耐大气、蒸汽等介质腐蚀的能力，常作为耐蚀的结构钢使用。为了获得良好的综合性能，常采用淬火 + 高温回火(600 ~ 700℃)，得到回火索氏体，来制造汽轮机叶片、锅炉管附件等。而 3Cr13 和 4Cr13 钢，由于含碳量高一些，耐蚀性就相对差一些，通过淬火 + 低温回火(200 ~ 300℃)，得到回火马氏体，具有较高的强度和硬度(达 50HRC)，因此常作为工具钢使用，制造医疗器械、刃具、热油泵轴等。

(2) 铁素体不锈钢　常用的铁素体不锈钢中 $w_C < 0.15\%$，$w_{Cr} = 12\% \sim 30\%$，也属于铬不锈钢，典型钢号有 0Cr13、1Cr17、1Cr17Ti、1Cr28 等。由于含碳量相应地降低，含铬量又相应地提高，钢从室温加热到高温(960 ~ 1100℃)，其显微组织始终是单相铁素体组织。其耐蚀性、塑性、焊接性均优于马氏体不锈钢。对于高铬铁素体不锈钢，其抗氧化性介质腐蚀的能力较强，随含铬量增加，耐蚀性又进一步提高。

钢中加入钛，能细化晶粒，稳定碳和氮，改善钢的韧性和焊接性。

铁素体不锈钢，由于加热和冷却时不发生相变，因此不能用热处理方法使钢强化。若在加热过程中晶粒粗化，只能应用冷塑性变形及再结晶来改善组织，改善性能。

这类钢若在 450 ~ 550℃停留，会引起钢的脆化，称为“475℃脆性”。通过加热到大约 600℃再快冷，可以消除脆化。

还应注意这类钢在 600 ~ 800℃长期加热还会产生硬而脆的 σ 相，使材料产生 σ 相脆性。

另外，在 925℃以上急冷时，会产生晶间腐蚀倾向和晶粒显著粗化带来的脆性。这些现象对焊接部位都是严重的问题。前者可经过 650 ~ 815℃短时回火消除。这类钢的强度显然比马氏体不锈钢低，主要用于制造耐蚀零件，广泛用于硝酸和氮肥工业中。

(3) 奥氏体不锈钢　在 $w_{Cr} = 18\%$ 的钢中加入 8% ~ 11%(质量分数)的 Ni，就是的奥氏体不锈钢。如 1Cr18Ni9 是最典型的钢号。这类钢由于镍的加入，扩大了奥氏体区域，从而在室温下就能得到亚稳的单相奥氏体组织。由于含有较高的铬和镍，并呈单相的奥氏体组织，因而这类钢具有比铬不锈钢更高的化学稳定性，更好的耐腐蚀性，是目前应用最多的一类不锈钢。

18-8 型不锈钢在退火状态下呈现奥氏体 + 碳化物的组织。碳化物的存在，对钢的耐腐蚀性有很大损伤，故通常采用固溶处理方法，即把钢加热到 1100℃ 后水冷，使碳化物溶解在高温下所得到的奥氏体中，再通过快冷，就在室温下获得单相的奥氏体组织。

这类钢不仅耐腐蚀性能好，而且钢的冷热加工性和焊接性也很好，广泛用于制造化工生产中的某些设备及管道等。

这类钢还具有一定的耐热性，可用于 700℃。但在 450～850℃加热，或在焊接时，由于在晶界析出铬的碳化物（$Cr_{23}C_6$），使晶界附近的含铬量降低，在介质中会引起晶间腐蚀。因此常在钢中加入稳定碳化物元素钛、铌等，使之优先与碳结合形成稳定性高的 TiC 或 NbC，从而可防止产生晶间腐蚀倾向。另外，由于 TiC 和 NbC 在晶内析出呈弥散分布，且高温下不易长大，所以可提高钢的高温强度。如常用的 1Cr18Ni0Ti、1Cr18Ni11Nb 等奥氏体不锈钢，既是无晶间腐蚀倾向的不锈钢，也是可在 600～700℃高温下长期使用的耐热钢。

为了防止晶间腐蚀，也可以进一步降低钢的含碳量，即生产超低碳的不锈钢，如 0Cr18Ni9、00Cr18Ni9 等（其 w_C 分别为≤0.08% 和≤0.03%）。对于已产生晶间腐蚀倾向的零件，只要可能，也可通过固溶处理消除。还应指出，尽管奥氏体不锈钢是一种优良的耐蚀钢，但在有应力的情况下，在某些介质中，特别是在含有氯化物的介质中，常产生应力腐蚀破裂，而且介质温度越高越敏感。这也可说是奥氏体不锈钢的一个缺点，值得注意。

（4）其它类型不锈钢

1）复相（或双相）不锈钢。如上所述，奥氏体不锈钢虽然会产生应力腐蚀，但当不锈钢是由奥氏体和 δ 铁素体两相形成复相组织（其中铁素体占 5%～20%）时，不仅有抗应力腐蚀的作用，而且还有抗晶间腐蚀和焊缝热裂的作用。0Cr21Ni5Ti、1Cr21Ni5Ti、1Cr18Mn10Ni5Mo3N、0Cr17Mn13Mo2N 和 00Cr18Ni5Mo3Si2 等都属于复相不锈钢。

2）沉淀硬化不锈钢。奥氏体不锈钢的强化途径是加工硬化，但对要求高强度的大截面零件，很难达到目的；对形状复杂的冲压件，由于各处变形度不同，会造成强化不均匀。为了解决这一问题，可采用沉淀硬化不锈钢，现在常用的这类钢有：0Cr17Ni4Cu4Nb（17-4PH）、0Cr17Ni7Al（17-7PH）、0Cr15Ni7Mo2Al（PH15-7Mo）等。

这类钢由于含镍量较低，经热处理可形成不稳定的奥氏体甚至马氏体，再经时效处理，便可沉淀析出金属间化合物（如 Ni_3Al）使金属强化。强化后 σ_b 可达 1250～1600MPa。这类钢主要用作高强度、高硬度而又耐蚀的化工机械设备及零件，如轴类、高速离心机转鼓弹簧以及航天设备等的零件。

（二）耐热钢

在发动机、化工、航空等部门，有很多零件是在高温下工作。要求具有高的耐热性的钢称为耐热钢。

1. 耐热钢的一般概念*

钢的耐热性包括高温抗氧化性和高温强度两方面的涵义。金属的高温抗氧化性是指金属在高温下对氧化作用的抗力；而高温强度是指钢在高温下承受机械负荷的能力。所以，耐热钢既要求高温抗氧化性能好，又要求高温强度高。

（1）高温抗氧化性　金属的高温抗氧化性，通常主要取决于金属在高温下与氧接触时，表面能形成致密且熔点高的氧化膜，以避免金属的进一步氧化。一般碳钢在高温下很容易氧化，这主要是由于在高温下钢的表面生成疏松多孔的氧化亚铁 FeO，容易剥落，而且氧原子不断地通过 FeO 扩散，使钢继续氧化。

为了提高钢的抗氧化性能，一般是采用合金化方法，加入铬、硅、铝等元素，使钢在高温下与氧接触时，在表面上形成致密的高熔点的 Cr_2O_3、SiO_2、Al_2O_3 等氧化膜，牢固地附在钢的表面，使钢在高温气体中的氧化过程难以继续进行。如在钢中加 $w_{Cr}=15\%$ 的 Cr，其抗氧化温度可达 900℃；在钢中加 $w_{Cr}=20\%\sim25\%$ 的 Cr，其抗氧化温度可达 1100℃。

（2）高温强度　金属在高温下所表现的力学性能与室温下大不相同。在室温下的强度值与载荷作用的时间无关，但金属在高温下，当工作温度大于再结晶温度、工作应力大于此温度下的弹性极限时，随时间的延长，金属会发生极其缓慢的塑性变形，这种现象叫做“蠕变”。在高温下，金属的强度是用蠕变强度和持久强度来表示。蠕变强度是指金属在一定温度下，一定时间内，产生一定变形量所能承受的最大应力。而持久强度是指金属在一定温度下，一定时间内，所能承受的最大断裂应力。

为了提高钢的高温强度，通常采用以下几种措施：

1）固溶强化。固溶体的热强性首先取决于固溶体自身的晶体结构，由于面心立方的奥氏体晶体结构比体心立方的铁素体排列得更紧密，因此奥氏体耐热钢的热强性高于铁素体为基的耐热钢。在钢中加入合金元素，形成单相固溶体，提高原子结合力，减缓元素的扩散，提高再结晶温度，能进一步提高热强性。

2）析出强化。在固溶体中沉淀析出稳定的碳化物、氮化物、金属间化合物，也是提高耐热钢热强性的重要途径之一。如加入铌、钒、钛等，形成 NbC、TiC、VC 等，在晶内弥散析出，阻碍位错的滑移，提高塑变抗力，提高热强性。

3）强化晶界。材料在高温下（大于等强温度 T_e），其晶界强度低于晶内强度，晶界成为薄弱环节。通过加入钼、锆、钒、硼等晶界吸附元素，降低晶界表面能，使晶界碳化物趋于稳定，使晶界强化，从而提高钢的热强性。

2. 常用的耐热钢

常用耐热钢的钢号、成分、热处理工艺及使用温度如表 7-13 所示。

表 7-13　常用耐热钢的钢号、成分、热处理工艺及使用温度

类别	钢号	化学成分 w%						热处理工艺/℃		最高使用温度/℃	
		C	Cr	Mo	Si	W	其它	淬火	回火	抗氧化	热强性
珠光体钢	15CrMo	0.12~0.18	0.80~1.10	0.40~0.55	—	—		930~960（正火）	680~730	—	—
	12Cr1MoV	0.08~0.15	0.90~1.20	0.25~0.35	—	—	V：0.15~0.3	980~1020（正火）	720~760	—	—
马氏体钢	1Cr13	0.08~0.15	12.00~14.00	—	—	—	—	1000~1050 水、油	700~790 油、水、空	750	500
	2Cr13	0.16~0.24	12.00~14.00	—	—	—	—	1000~1050 水、油	660~770 油、水、空	750	500
	1Cr11MoV	0.11~0.18	10.00~11.50	0.50~0.70	—	—	V:0.25~0.40	1050 油	720~740 空、油	750	550
	1Cr12WMoV	0.12~0.18	11.00~13.00	0.50~0.70	—	0.70~1.1	V:0.15~0.30	1000 油	680~700 空、油	750	580
	4Cr9Si2	0.35~0.50	8.00~10.00	—	2.00~3.0	—	—	1050，油	700，油	850	650
	4Cr10Si2Mo	0.35~0.45	9.00~10.50	0.70~0.90	1.9~2.6	—	—	1000~1100 油、空	700~800 空	850	650
奥氏体钢	1Cr18Ni9Ti（18-8）	≤0.12	17.00~19.00	—	≤1.00	—	Ni：8.0~10.5	1000~1100 水	—	850	650
	4Cr14Ni14W2Mo（14-14-2）	0.40~0.50	13.00~15.00	0.25~0.4	≤0.80	2.0~2.75	Ni：13~15	1000~1100 固溶处理	750 时效	850	750

选用耐热钢时，必须注意钢的工作温度范围以及在这个温度下的力学性能指标，按照使用温度范围和组织可分为：

（1）珠光体耐热钢　一般是在正火状态下加热到 Ac_3 +30℃，保温一段时间后空冷，随后在高于工作温度约 50℃下进行回火，其显微组织为珠光体 + 铁素体。其工作温度为 350 ~ 550℃，由于含合金元素量少，工艺性好，常用于制造锅炉、化工压力容器、热交换器、气阀等耐热构件。其中 15CrMo 主要用于锅炉零件。这类钢在长期的使用过程中，会发生珠光体的球化和石墨化，从而显著降低钢的蠕变和持久强度。为此，这类钢力求降低含碳量和含锰量，并适当加入铬、钼等元素，抑制球化和石墨化倾向。除此之外，钢中加入铬是为了提高抗氧化性，加入钼是为了提高钢的高温强度。

（2）马氏体耐热钢　这类钢主要用于制造汽轮机叶片和气阀等。1Cr13、2Cr13 是最早用于制造汽轮机叶片的耐热钢。为了进一步提高热强性，在保持高的抗氧化性能的同时，加入钨、钼等元素使基体强化，使碳化物稳定，提高钢的耐热性能。

1Cr11MoV、1Cr12WMoV，经淬火 + 高温回火后，可使工作温度提高到 550 ~ 580℃。

4Cr9Si2，4Cr10Si2Mo 是典型的汽车阀门用钢，经调质处理后，钢具有较高的耐热性和耐磨性。$w_C=0.4\%$ 的含碳量是为了获得足够的硬度和耐磨性，加入铬、硅是为了提高抗氧化性，加入钼是为了提高高温强度和避免回火脆性。4Cr10Si2Mo 常用于制作重型汽车的气阀。

（3）奥氏体耐热钢　奥氏体耐热钢的耐热性能优于珠光体耐热钢和马氏体耐热钢，这类钢的冷塑性变形性能和焊接性能都很好，一般工作温度在 600 ~ 700℃，广泛用于航空、舰艇、石油化工等工业部门制造汽轮机叶片、发动机气阀等。最典型的牌号是 1Cr18Ni9Ti，Cr 的主要作用是提高抗氧化性和高温强度，镍主要是使钢形成稳定的奥氏体，并与铬相配合提高高温强度，钛是通过形成弥散的碳化物提高钢的高温强度。

4Cr15Ni20（HK40）是石化装置上大量使用的高碳奥氏体耐热钢。这种钢在铸态下的组织是奥氏体基体 + 骨架状共晶碳化物，在 900℃工作寿命达 10 万小时。铬是抗氧化性能的主要元素，铬和镍同时加入，其主要作用是得到单相稳定的奥氏体，提高钢的高温强度。

4Cr14Ni14W2Mo 是用于制造大功率发动机排气阀的典型钢种。此钢的含碳量 w_C 提高到 0.4%，目的在于形成铬、钼、钨的碳化物并呈弥散析出，提高钢的高温强度。

另外，目前在 900 ~ 1000℃可使用镍基合金。它是在 Cr20Ni80 合金系基础上加入钨、钼、钴、钛、铝等元素发展起来的一类合金。主要通过析出强化及固溶强化提高合金的耐热性，用于制造汽轮机叶片、导向片、燃烧室等。

思考作业题

1. 钢中常存的杂质有哪些？硫、磷对钢的性能有哪些影响？

2. 指出下列钢号属于什么钢，各符号代表什么？

Q235、20CrNi、T8、T10A、08Al、16Mn、W6Mo5Cr4V2、Cr12MoV、60Si2Mn。

3. Q235 经调质处理后使用是否合理？为什么？

4. 用 W18Cr4V 钢制作盘形铣刀，试安排其加工工艺路线，说明各热加工工序的目的，使用状态下的显微组织是什么？为什么淬火温度高达 1280℃？淬火后为什么要经过三次 560℃回火？能否用一次长时间回火代替？

5. 判断下列钢号的钢种、成分、常用的热处理方法及使用状态下的显微组织：T8、16Mn、20Cr、40Cr、20CrMnTi、4Cr13、GCr15、3Cr2W8V、9CrSi、1Cr18Ni9Ti。

6. 直径为 25mm 的 40CrNiMo 棒料毛坯，经正火处理后硬度高，很难切削加工，这是什么原因？试设计一个最简单的热处理方法以提高其机械加工性能。

7. 汽车、拖拉机变速箱齿轮和汽车后桥齿轮多半用渗碳钢制造，而机床变速箱齿轮又多半用中碳(合金)钢制造，试分析原因何在？

8. 滚齿机上的螺栓，本应用 45 钢制造，但错用了 T12 钢，其退火、淬火都沿用了 45 钢的工艺，问此时将得到什么组织？有何性能？

9. 在材料库中存有：42CrMo、GCr15、T13、60Si2Mn。现在要制作锉刀、齿轮、连杆螺栓，试选用材料，并说明应采用何种热处理方法及使用状态下的显微组织。

第八章　铸　　铁

铸铁是历史上使用得较早的材料，也是最便宜的金属材料之一。铸铁的应用比较广泛，比如，在汽车发动机中，铸铁材料重量占80%。同钢一样，铸铁也是以Fe、C元素为主的铁基材料，但是它含碳量很高($w_C > 2.11\%$)，达到亚共晶、共晶或过共晶成分，而且铸铁成形制成零件毛坯只能用铸造方法，不能用锻造或轧制方法。

铸铁中碳元素按主要存在方式不同可分为两大类：一是白口铸铁(断口呈现白色)，碳的主要存在形式是化合物，如渗碳体，没有石墨；另一是灰铸铁(断口呈现黑灰色)，碳的主要存在形式是碳的单质，即游离状态石墨。介于白口铸铁与灰铸铁之间的为麻口铸铁，其中的碳既有游离石墨又有渗碳体。白口铸铁的脆性特别大，又特别坚硬，作为零件在工业上很少用，只有少数的部门采用，例如农业上用的犁，除此之外多作为炼钢用的原料。作为原料时，通常称它为生铁。在铸铁中还有一类特殊性能铸铁，如耐热铸铁、耐蚀铸铁、耐磨铸铁等，它们都是为了改善铸铁的某些特殊性能加入一定的合金元素Cr、Ni、Mo、Si等，所以又把这类铸铁叫合金铸铁。

第一节　铸铁的石墨化

一、Fe-Fe_3C和Fe-C双重相图

在第四章中介绍过Fe-Fe_3C相图，按这张相图自液态冷却下来的Fe-C合金固态一般为铁素体及渗碳体两相。实际上渗碳体只是一个亚稳定相，石墨才是稳定相。因此描述铁碳合金组织转变的相图实际上有两个，一个是Fe-Fe_3C系相图，另一个是Fe-C系相图。把两者叠合在一起，就得到一个双重相图，见图8-1。图中的实线表示Fe-Fe_3C系相图，部分实线再加上虚线表示Fe-C系相图。铸铁自液态冷却到固态时，若按Fe-Fe_3C相图结晶，就得到白口铸铁，若是按Fe-C相图结晶，就析出和形成石墨，即发生石墨化过程。若是铸铁自液态冷却到室温，既按Fe-Fe_3C相图，同时又按Fe-C相图进行，则固态由铁素体、渗碳体及石墨三相组成。

二、铸铁的石墨化过程

按Fe-C相图，铸铁液冷却过程中，碳除溶解于铁素体外均以石墨形成析出。石墨形成即石墨化分为如下两个阶段：

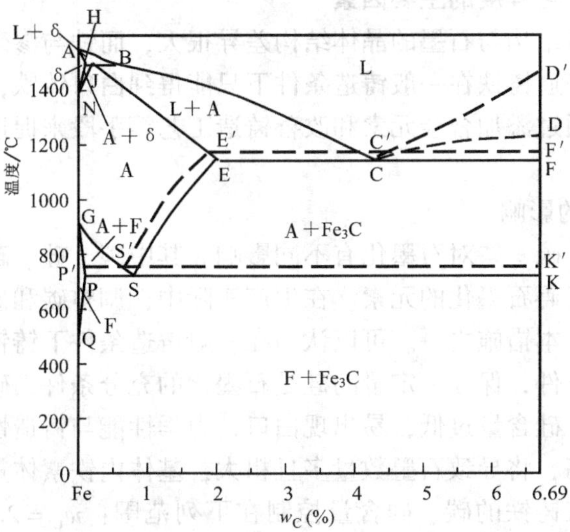

图 8-1　Fe-Fe_3C 和 Fe-C 双重相图

第一阶段：包括自低于液相线 C′D′以下温度冷却自液体中析出"一次石墨"；低于共晶线 E′C′F′(温度 1154℃)共晶成分(C′点 w_C = 4.26%)的液体转变为奥氏体与共晶石墨组成的共晶组织；低于共晶温度 E′C′F′以下冷却沿 E′S′线从奥氏体中析出"二次石墨"。

第二阶段：略低于共析线 P′S′K′(738℃)以下，共析成分(S′点，w_C = 0.68%)奥氏体转变为由铁素体与石墨组成的共析组织。理论上，在 P′S′K′温度以下冷却至室温，还可能由铁素体中析出三次石墨，因为数量极微，常忽略。

如果按照上述两个阶段转变，铸铁浇注成形后由铁素体与石墨(包括一次、共晶、二次、共析石墨)两相组成。在实际生产中，由于化学成分、冷却速度等各种工艺制度不同，各阶段石墨化过程进行的程度也不同，从而可获得各种不同金属基体的铸态组织。表 8-1 是一般铸铁经不同程度石墨化后所得到的组织。

表 8-1　铸铁组织与石墨化进行程度之间的关系

名　称	石墨化程度		显 微 组 织
	第一阶段	第二阶段	
灰 铸 铁	完全石墨化	完全石墨化	铁素体 + 石墨
	完全石墨化	部分石墨化	铁素体 + 珠光体 + 石墨
	完全石墨化	未石墨化	珠光体 + 石墨
麻口铸铁	部分石墨化	未石墨化	莱氏体 + 珠光体 + 石墨
白口铸铁	未石墨化	未石墨化	莱氏体 + 珠光体 + 渗碳体

三、影响石墨化程度的主要因素

由于铁的晶体结构与石墨的晶体结构差异很大，而铁与渗碳体的晶体结构要接近一些，所以普通铸铁在一般铸造条件下只能得到白口铸铁，而不易获得灰铸铁。因此，必须通过添加合金元素和改善铸造工艺等手段来促进铸铁石墨化，形成灰铸铁。

1. 化学成分的影响

碳、硅、锰、硫、磷对石墨化有不同影响。其中碳、硅、磷是促进石墨化的元素，锰和硫是阻碍石墨化的元素。在生产实际中，调整碳和硅的含量是控制铸铁组织和性能的基本措施之一。可以认为在一般铸造条件下铸铁中较高的含碳量是石墨化的必要条件，保证一定量的硅是石墨化的充分条件，碳与硅含量越高越易石墨化。若碳、硅含量过低，易出现白口，力学性能与铸造性能都较差。但如果碳、硅含量过高，将导致石墨数量多且粗大，基体内铁素体量多，力学性能下降。因此，一般灰铸铁的碳、硅含量控制在下列范围：$w_C = 2.8\% \sim 3.5\%$，$w_{Si} = 1.4\% \sim 2.7\%$。

2. 温度及冷却速度的影响

铸铁中碳石墨化过程除受化学成分的影响外，还受铸造过程中铸件冷却速度影响。在成分上保证了碳与硅含量的条件之后，冷却速度过快，石墨化仍不可能充分进行甚至不能进行。这是因为无论第一还是第二阶段石墨化，碳元素的扩散条件变成了制约因素。在高温缓慢冷却的条件下，由于原子具有较高的扩散能力，通常按 Fe-C 相图进行，铸铁中的碳以游离态(石墨相)析出。当冷却速度较快时，由液态析出的是渗碳体而不是石墨。这是因为渗碳体的含碳量($w_C = 6.69\%$)比石墨($w_C = 100\%$)更接近合金的含碳量($w_C = 2.5\% \sim 4.0\%$)，因此，一般铸件冷却速度越慢，石墨化进行得越充分。冷却速度快，碳原子很难扩散，石墨化进行困难。

第二节　常用铸铁的牌号、组织与性能

铸铁中的石墨形态、尺寸以及分布状况对性能影响很大。铸铁中石墨状况主要受铸铁的化学成分及工艺过程的影响。通常，铸铁中石墨形态(片状或球状)在铸造后即形成；也可将白口铸铁通过退火，让其中部分或全部的碳化物转化为团絮状形态的石墨。工业上使用的铸铁很多，按石墨的形态和组织性能，可分为普通灰铸铁、蠕墨铸铁、球墨铸铁、可锻铸铁和特殊性能铸铁等。

一、灰铸铁

灰铸铁是价格最便宜、应用最广泛的一种铸铁，在各类铸铁的总产量中，灰铸铁占 80% 以上。

1. 灰铸铁的化学成分和组织特征

在生产中，为浇注出合格的灰铸铁件，一般应根据所生产的铸铁牌号、铸铁壁厚、造型材料等因素来调节铸铁的化学成分，这是控制铸铁组织的基本方法。

灰铸铁的成分大致范围为：$w_C = 2.5\% \sim 4.0\%$，$w_{Si} = 1.0\% \sim 3.0\%$，$w_{Mn} = 0.25\% \sim 1.0\%$，$w_S = 0.02\% \sim 0.20\%$，$w_P = 0.05\% \sim 0.50\%$。具有上述成分范围的铁液在进行缓慢冷却凝固时，将发生石墨化，析出片状石墨。其断口呈黑灰色。

普通灰铸铁的组织是由片状石墨和钢的基体两部分组成的。根据不同阶段石墨化程度的不同，灰铸铁有三种不同的基体组织，如图 8-2 所示。

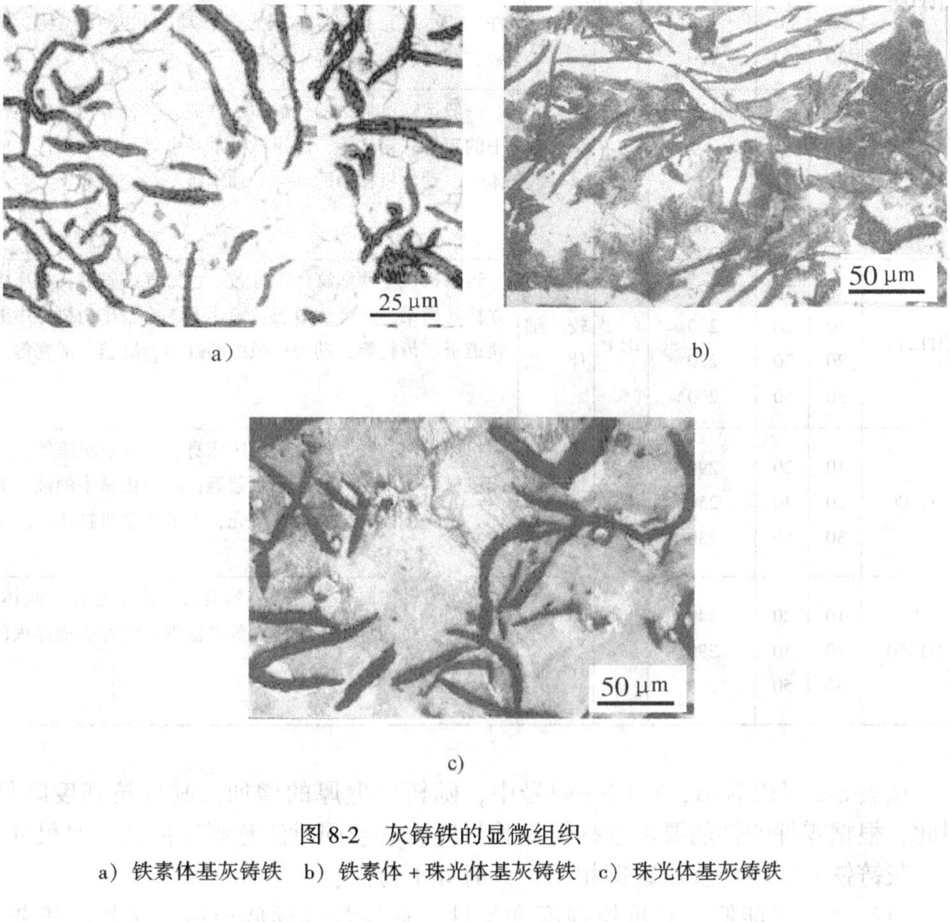

a） b） c）

图 8-2 灰铸铁的显微组织

a）铁素体基灰铸铁 b）铁素体 + 珠光体基灰铸铁 c）珠光体基灰铸铁

2. 灰铸铁的牌号、性能及用途

灰铸铁的牌号、性能及用途如表 8-2 所示。牌号中“HT”表示“灰铁”二字汉语拼音的大写字头，在“HT”后面的数字表示最低抗拉强度值。

表 8-2 灰铸铁的牌号、力学性能及用途

牌号	铸件壁厚/mm		σ_b/MPa	显微组织		用途举例
	>	<	≥	基体	石墨	
HT100	2.5 10 20 30	10 20 30 50	130 100 90 80	F	粗片状	下水管、底座、外罩、端盖、手轮、手把、支架等形状简单、不甚重要的零件
HT150	2.5 10 20 30	10 20 30 50	175 145 130 120	F+P	较粗片状	机械制造业中一般铸件，如底座、手轮、刀架等；冶金工业中流渣槽，渣缸，轧钢机托辊等；机车用一般铸件，如水泵壳、阀体、阀盖等；动力机械中拉钩、框架、阀门、油泵壳等
HT200	2.5 10 20 30	10 20 30 50	220 195 170 160	P	中等片状	一般运输机械中的气缸体、缸盖、飞轮等；一般机床中的床身、箱体等；通用机械承受中等压力的泵体、阀体等；动力机械中的外壳、轴承座、水套筒等
HT250	4 10 20 30	10 20 30 50	270 240 220 200	细P	较细片状	运输机械中薄壁缸体，缸盖、进排气歧管等；机床中立柱、横梁、床身、滑板、箱体等；冶金矿山机械中的轨道板、齿轮等；动力机械中的缸体、缸盖、活塞等
HT300	10 20 30	20 30 50	290 250 230	细P	细小片状	机床导轨，受力较大的机床床身、立柱、机座等；通用机械的水泵出口管、吸入盖等；动力机械中的液压阀体、蜗轮，汽轮机隔板、泵壳，大型发动机缸体、缸盖等
HT350	10 20 30	20 30 50	340 290 260	细P	细小片状	大型发动机缸体、缸盖、衬套等；水泵缸体、阀体、凸轮等；机床导轨、工作台等摩擦件；需经表面淬火的铸件

从表 8-2 可以看出，在同一牌号中，随铸件壁厚的增加，其抗拉强度降低。因此，根据零件的性能要求选择铸铁牌号时，必须同时注意到零件的壁厚尺寸。

灰铸铁的性能与普通碳钢相比，具有如下特点：

（1）力学性能低　其抗拉强度和塑性、韧性都远远低于钢。这是由于灰铸铁中片状石墨的存在，不仅在其尖端处引起应力集中，而且破坏了基体的连续性。但是，灰铸铁在受压时石墨片破坏基体连续性的影响则大为减轻，其抗压强度是抗拉强度的 2.5～4 倍。所以常用灰铸铁制造机床床身、底座等耐压零部件。

（2）耐磨性与减振性好　由于铸铁中石墨有利于润滑及贮油，所以耐磨性好。同样，由于石墨的存在，灰铸铁的减振性优于钢。

（3）工艺性能好　由于灰铸铁含碳量高，接近于共晶成分，故熔点比较低，流动性良好，收缩率小，因此适宜于铸造结构复杂或薄壁铸件。另外，由于石墨使切削加工时易于断屑，所以灰铸铁的可切削加工性优于钢。

3. 灰铸铁的孕育处理

表 8-2 中 HT250、HT300、HT350 属于较高强度的孕育铸铁(也称变质铸铁)，这是普通铸铁通过孕育处理而得到的。由于在铸造之前向铁液中加入了孕育剂(或称变质剂)，因此结晶时石墨晶核数目增多，石墨片尺寸变小，更为均匀地分布在基体中。所以其显微组织是在细珠光体基体上分布着细小片状石墨。铸铁变质剂或孕育剂一般为硅铁合金或硅钙合金小颗粒或粉，当加入铸铁液内后立即形成 SiO_2 的固体小质点，铸铁中的碳以这些小质点为核心形成细小的片状石墨。

铸铁经孕育处理后不仅强度有较大提高，而且塑性和韧性也有所改善。同时，由于孕育剂的加入，还可使铸铁对冷却速度的敏感性显著减少，使各部位都能得到均匀一致的组织。所以孕育铸铁常用来制造力学性能要求较高、截面尺寸变化较大的铸件。

二、球墨铸铁

灰铸铁经孕育处理后虽然细化了石墨片，但未能改变石墨的形态。改变石墨形态是大幅度提高铸铁力学性能的根本途径，而球状石墨则是最为理想的一种石墨形态。为此，在浇注前向铁液中加入球化剂和孕育剂进行球化处理和孕育处理，则可获得石墨呈球状分布的铸铁，称为球墨铸铁，简称“球铁”。

1. 球墨铸铁的化学成分和组织特征

球墨铸铁常用的球化剂有镁、稀土或稀土镁，孕育剂常用的是硅铁和硅钙。球墨铸铁的大致化学成分范围是：$w_C = 3.6\% \sim 3.9\%$，$w_{Si} = 2.0\% \sim 3.2\%$，$w_{Mn} = 0.3\% \sim 0.8\%$，$w_P < 0.1\%$，$w_S < 0.07\%$，$w_{Mg} = 0.03\% \sim 0.08\%$。由于球化剂的加入将阻碍石墨化，并使共晶点右移造成流动性下降，所以必须严格控制其含量。

球墨铸铁的显微组织由球形石墨和金属基体两部分组成。随着成分和冷却速度的不同，球墨铸铁在铸态下的金属基体可分为铁素体、铁素体 + 珠光体、珠光体三种，见图 8-3。

2. 球墨铸铁的牌号、性能特点及用途

球墨铸铁的牌号、力学性能及用途如表 8-3 所示。牌号中的“QT”是“球铁”二字汉语拼音的大写字头，为球墨铸铁代号；在“QT”后面的两组的数字分别表示最低抗拉强度和最低伸长率。

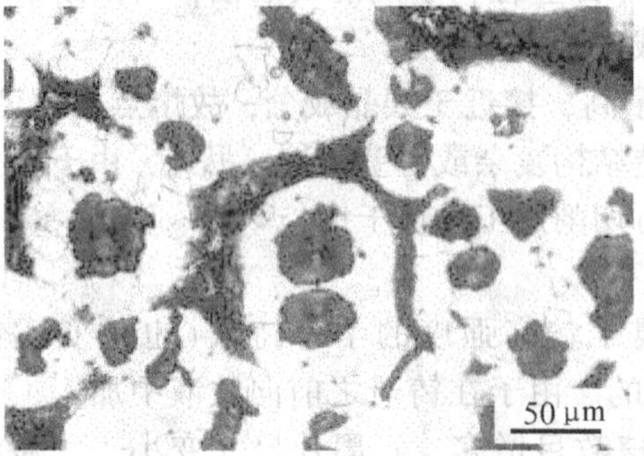

a）

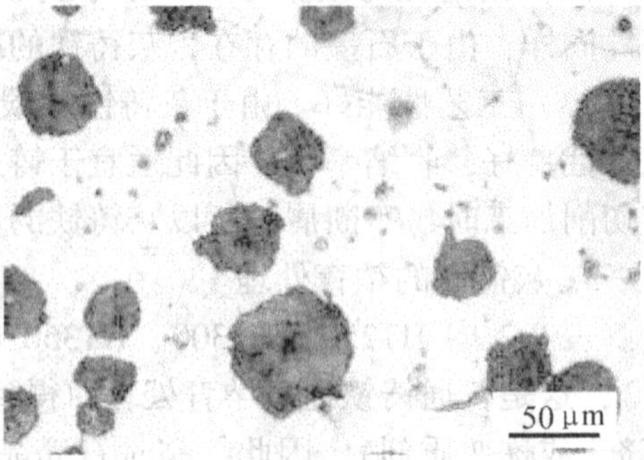

b）

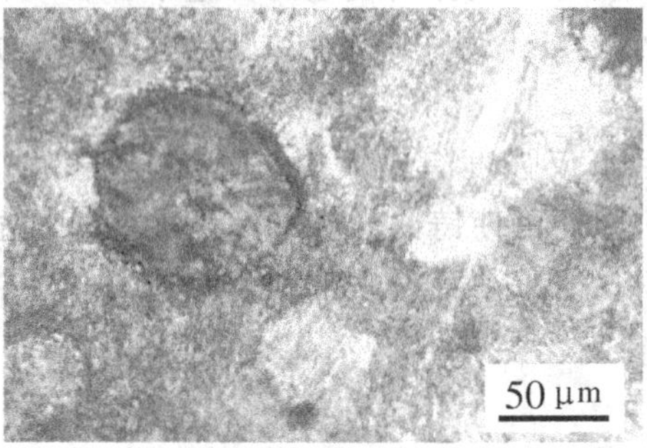

c）

图 8-3 球墨铸铁的显微组织

a）球光体 + 铁素体基球墨铸铁 b）铁素体基球墨铸铁 c）珠光体基球墨铸铁

表 8-3 球墨铸铁的牌号、力学性能及用途

牌 号	基体	力学性能(不小于)					用 途 举 例
		σ_b /MPa	$\sigma_{0.2}$ /MPa	δ (%)	a_K /J·cm^{-2}	HBS	
QT400—18	F	400	250	17	60	≤179	阀门的阀体和阀盖，汽车、内燃机车、拖拉机底盘零件，机床零件等
QT400—15	F	420	270	10	30	≤207	
QT500—7	F + P	500	350	5	—	147 ~ 241	机油泵齿轮、机车、车辆轴瓦等
QT600—3	P	600	420	2	—	229 ~ 302	柴油机、汽油机的曲轴、凸轮轴等；磨床、铣床、车床的主轴等；空压机、冷冻机的缸体、缸套等
QT700—2	P	700	490	2	—	229 ~ 304	
QT800—2	$S_{回}$	800	560	2	—	241 ~ 321	
QT900—2	$B_{下}$	1200	840	1	30	≥38HRC	拖拉机减速齿轮、柴油机凸轮轴等

与灰铸铁相比，球墨铸铁具有较高的抗拉强度和弯曲疲劳强度，也具有相当

良好的塑性及韧性。这是由于球形石墨对金属基体截面削弱作用较小，使得基体比较连续，且在拉伸时引起应力集中的效应明显减弱，从而使基体的作用可以从灰铸铁的30%～50%提高到70%～90%。另外，球铁的刚性也比灰铸铁好，但球铁的减振能力比灰铸铁低很多。

由于球铁中金属基体是决定球铁力学性能的主要因素，所以球铁可通过合金化和热处理强化的方法进一步提高它的力学性能。因此，球铁可以在一定条件下代替铸钢、锻钢等，用以制造受力复杂、负荷较大和要求耐磨的铸件。如具有高强度与耐磨性的珠光体球铁常用来制造内燃机曲轴、凸轮轴、轧钢机轧辊等；具有高韧性和塑性的铁素体球铁常用来制造阀门、汽车后桥壳、犁铧、收割机导架等。

三、蠕墨铸铁

蠕墨铸铁是近年来发展起来的一种新型工程材料。它是由铁液经变质处理和孕育处理冷却凝固后所获得的一种铸铁。通常采用的变质元素（又称蠕化剂）有稀土硅铁镁合金、稀土硅铁合金、稀土硅铁钙合金或混合稀土等。

1. 蠕墨铸铁的化学成分和组织特征

蠕墨铸铁的石墨形态介于片状和球状石墨之间。灰铸铁中石墨片的特征是片长、较薄、端部较尖；球铁中的石墨大部分呈球状，即使有少量团状石墨，基本上也是互相分离的；而蠕墨铸铁的石墨形态在光学显微镜下看起来像片状，但不同于灰铸铁的是其片较短而厚、头部较圆（形似蠕虫）。所以可以认为，蠕虫状石墨是一种过渡型石墨。

蠕墨铸铁的化学成分一般为：$w_C=3.4\%\sim3.6\%$，$w_{Si}=2.4\%\sim3.0\%$，$w_{Mn}=0.4\%\sim0.6\%$，$w_S\leqslant0.06\%$，$w_P\leqslant0.07\%$。对于珠光体蠕墨铸铁，要加入珠光体稳定元素，使铸态珠光体量提高。

2. 蠕墨铸铁的牌号、性能特点及用途

蠕墨铸铁的牌号、力学性能及用途如表8-4所示。牌号中“RuT”是“蠕铁”二字汉语拼音的大写字头，为蠕墨铸铁代号；在“RuT”后面的数字表示最低抗拉强度。表中的“蠕化率”为在有代表性的显微视野内，蠕虫状石墨数目与全部石墨数目的百分比。

表8-4 蠕墨铸铁的牌号、力学性能及用途

牌号	力学性能（不小于）			HBS	蠕化率（%）	基体组织	用途举例
	σ_b /MPa	$\sigma_{0.2}$ /MPa	δ （%）				
RuT420	420	335	0.75	200～280	≥50	P	活塞环、制动盘、钢球研磨盘、泵体等
RuT380	380	300	0.75	193～274	≥50	P	
RuT340	340	270	1.0	170～249	≥50	P+F	机床工作台、大型齿轮箱体、飞轮等
RuT300	300	240	1.5	140～217	≥50	F+P	变速器箱体、气缸盖、排气管等
RuT260	260	195	3.0	121～197	≥50	F	汽车底盘零件、增压器零件等

由于蠕墨铸铁的组织是介于灰铸铁与球墨铸铁之间的中间状态，所以蠕墨铸铁的性能也介于两者之间，即强度和韧性高于灰铸铁，但不如球墨铸铁。蠕墨铸铁的耐磨性较好，它适用于制造重型机床床身、机座、活塞环、液压件等。

蠕墨铸铁的导热性比球墨铸铁要高得多，几乎接近于灰铸铁，它的高温强度、热疲劳性能大大优于灰铸铁，适用于制造承受交变热负荷的零件，如钢锭模、结晶器、排气管和气缸盖等。蠕墨铸铁的减振能力优于球墨铸铁，铸造性能接近于灰铸铁，铸造工艺简便，成品率高。

四、可锻铸铁

可锻铸铁是由白口铸铁经长时间石墨化退火而获得的一种高强度铸铁，又叫马铁。白口铸铁中的渗碳体在退火过程中分解出团絮状石墨，所以明显减轻了石墨对基体的割裂。与灰铸铁相比，可锻铸铁的强度和韧性有明显提高。

1. 可锻铸铁的化学成分和组织特征

可锻铸铁的制作过程是：先铸造成白口铸铁，再进行“可锻化”退火将渗碳体分解为团絮状石墨，得到铁素体基体＋团絮状石墨或珠光体(亦或珠光体及少量铁素体)基体＋团絮状石墨。铁素体基体＋团絮状石墨的可锻铸铁断口呈黑灰色，俗称黑心可锻铸铁，这种铸铁件的强度与延性均较灰铸铁的高，非常适合铸造薄壁零件，是最为常用的一种可锻铸铁。珠光体基体或珠光体与少量铁素体共存的基体＋团絮状石墨的可锻铸铁件断口呈白色俗称白心可锻铸铁，这种可锻铸铁应用不多。

由于生产可锻铸铁的先决条件是浇注出白口铸铁，若铸铁没有完全白口化而出现了片状石墨，则在随后的退火过程中，会因为从渗碳体中分解出的石墨沿片状石墨析出而得不到团絮状石墨。所以可锻铸铁的碳、硅含量不能太高，以促使铸铁完全白口化；但碳、硅含量也不能太低，否则使石墨化退火困难，退火周期增长。可锻铸铁的化学成分大致为：$w_C = 2.5\% \sim 3.2\%$，$w_{Si} = 0.6\% \sim 1.3\%$，$w_{Mn} = 0.4\% \sim 0.6\%$，$w_P = 0.1\% \sim 0.26\%$，$w_S = 0.05\% \sim 1.0\%$。

2. 可锻铸铁的牌号、性能特点及用途

可锻铸铁的牌号、力学性能及用途见表 8-5。牌号中的“KT”是“可铁”二字汉语拼音的大写字头，为可锻铸铁代号，“H”表示“黑心”，“Z”表示珠光体基体；后面的两组数字分别表示最低抗拉强度和最低伸长率。

可锻铸铁不能用锻造方法制成零件。只是因为石墨的形态改造为团絮状，不如灰铸铁的石墨片分割基体严重，因而强度与韧性比灰铸铁高。

可锻铸铁的力学性能介于灰铸铁与球墨铸铁之间，有较好的耐蚀性，但由于退火时间长，生产效率极低，使用受到限制，故一般用于制造形状复杂、承受冲击，并且壁厚 <25mm 的铸件(如汽车、拖拉机的后桥壳、轮毂等)。可锻铸铁亦适用于制造在潮湿空气、炉气和水等介质中工作的零件，如管接头、阀门等。

表 8-5 可锻铸铁的牌号、力学性能及用途

牌 号	基体	力学性能(不小于)				试样直径/mm	用途举例
		σ_b /MPa	$\sigma_{0.2}$ /MPa	δ (%)	HBS		
KTH300—06	F	300	186	6	120~150	12 或 15	管道、弯头、接头、三通、中压阀门扳手；犁刀；纺机和印花机盘头
KTH330—08	F	330	—	8	120~150	12 或 15	
KTH350—10	F	350	200	10	120~150	12 或 15	汽车前后轮毂，差速器壳、制动器支架、铁道扣板、电动机壳、犁刀等
KTH370—12	F	370	226	12	120~150	12 或 15	
KTZ450—06	P	450	270	6	150~200	12 或 15	曲轴、凸轮轴、连杆、齿轮、摇臂、活塞环、轴套、犁刀、耙片、万向节头、棘轮、扳手、传动链条、矿车轮等
KTZ550—04	P	550	340	4	180~250	12 或 15	
KTZ650—02	P	650	430	2	210~260	12 或 15	
KTZ700—02	P	700	530	2	240~290	12 或 15	

3. 可锻铸铁的石墨化退火

可锻铸铁的石墨化是通过白口铸铁件退火形成的。通常是将白口铸铁件加热到 900~980℃温度，一般保温 60~80h，炉冷使其中渗碳体分解，让“第一阶段石墨化”充分进行，形成团絮状石墨。待炉冷至 770~650℃，再长时间保温，让“第二阶段石墨化”充分进行，这样处理后获得“黑心可锻铸铁”。若取消第二阶段的 770~650℃长时间保温，只让第一阶段石墨化充分进行，炉冷后便获得珠光体基体或珠光体与少量铁素体共存的基体+团絮状石墨的“白心可锻铸铁”。

可锻铸铁件的问题是：可锻化退火时间太长，生产效率太低，退火后在 600~400℃之间缓冷后铸铁件脆性大。解决的办法是：避免退火后在 600~400℃之间缓冷；向铸铁液中引入少量 Bi、B 元素并可适当提高硅的含量可有效地缩短退火时间。我国有的厂家已将可锻化退火时间缩短到 20h。

五、特殊性能铸铁

工业上除了要求铸铁有一定的力学性能外，有时还要求它具有较高的耐磨性以及耐热性，耐蚀性。为此，在普通铸铁的基础上加入一定量的合金元素，制成特殊性能铸铁(合金铸铁)。它与特殊性能钢相比，熔炼简便，成本较低。缺点是脆性较大，综合力学性能不如钢。

1. 耐磨铸铁

有些零件如机床的导轨、托板，发动机的缸套，球磨机的衬板、磨球等，要求更高的耐磨性，一般铸铁满足不了工作条件的要求，应当选用耐磨铸铁。耐磨铸铁根据组织可分为下面几类：

(1) 耐磨灰铸铁　在灰铸铁中加入少量合金元素(如磷、钒、铬、钼、锑、稀土等)可以增加金属基体中珠光体数量，且使珠光体细化，同时也细化了石墨。由于铸铁的强度和硬度升高，显微组织得到改善，使得这种灰铸铁具有良好的润滑性和抗咬合、抗擦伤的能力。耐磨灰铸铁广泛用于制造机床导轨、气缸套、活塞环、凸轮轴等零件。

（2）中锰球墨铸铁　在稀土-镁球铁中加入质量分数为5.0%～9.5%的锰，控制硅的质量分数在3.3%～5.0%范围内，其组织为马氏体＋奥氏体＋渗碳体＋贝氏体＋球状石墨，具有较高的冲击韧度和强度，适用于同时承受冲击和磨损的条件下使用，可代替部分高锰钢和锻钢。中锰球铁常用于农机具耙片、犁铧、球磨机磨球等零件。

2. 耐热铸铁

普通灰铸铁的耐热性较差，只能在小于400℃左右的温度下工作。耐热铸铁是指在高温下具有良好的抗氧化和抗生长能力的铸铁。所谓热生长是指氧化性气氛沿石墨片边界和裂纹渗入铸铁内部，形成内氧化以及因渗碳体分解成石墨而引起体积的不可逆膨胀。结果将使铸件失去精度和产生显微裂纹。

在铸铁中加入硅、铝、铬等合金元素，使之在高温下形成一层致密的氧化膜：SiO_2、Al_2O_3、Cr_2O_3等，使其内部不再继续氧化。此外，这些元素还会提高铸铁的临界点，使其在所使用的温度范围内不发生固态相变，以减少由此造成的体积变化，防止显微裂纹的产生。

耐热铸铁按其成分可分为硅系、铝系、硅铝系及铬系等。其中铝系耐热铸铁脆性较大，而铬系耐热铸铁的价格较贵，所以我国多采用硅系和硅铝系耐热铸铁。

3. 耐蚀铸铁

提高铸铁耐蚀性的主要途径是合金化。在铸铁中加入硅、铝、铬等合金元素，能在铸铁表面形成一层连续致密的保护膜，可有效地提高铸铁的耐蚀性；在铸铁中加入铬、硅、钼、铜、镍、磷等合金元素，可提高铁素体的电极电位，以提高耐蚀性。另外，通过合金化，还可获得单相金属基体组织，减少铸铁中的微电池，从而提高其耐蚀性。

目前应用较多的耐蚀铸铁有高硅铸铁（STSi15RE）、高硅钼铸铁（STSi15Mo3RE）、铝铸铁（STAl5）、铬铸铁（STCr28）、抗碱球铁（STQNiCrRE）等。

第三节　铸铁的热处理

除了可锻铸铁退火将渗碳体分解为团絮状石墨外，铸铁的热处理目的在于两方面：一是改变基体组织，改善铸铁性能；二是消除铸件应力。值得注意的是，铸件的热处理不能改变铸件原来的石墨形态及分布，即原来是片状或球状的石墨热处理后仍为片状或球状，同时它的尺寸不会变化，分布状况不会变化。

一、时效

铸造过程中铸铁件由表及里冷却速度不一样，形成铸造内应力，若不消除，在切削加工及使用过程中它会使零件变形甚至开裂。为释放应力常采用人工时效及自然时效两种办法。人工时效将铸件加热到大约500～560℃保温一定时间，接着随炉冷取出铸件空冷；自然时效是将铸铁件存放在室外6～18个月，让应力自然释放，这种时效可将应力部分释放，但因耗时长，效率低，已不太采用。

二、改善铸铁件整体性能为目的热处理

为改善铸铁件整体性能常有消除白口退火，提高韧性的球墨铸铁退火，提高球墨铸铁强度的正火、淬火等。球墨铸铁经热处理后力学性能变化见表8-6。

表8-6 球墨铸铁经热处理后的力学性能

球墨铸铁基体	热处理状态	σ_b/MPa	δ(%)	硬度HBS
F	铸态	450～550	10～20	137～193
F	退火	400～500	15～25	121～179
P+F	铸态或退火	500～600	5～10	147～241
P	铸态	600～750	2～4	217～269
P	正火	700～950	2～5	229～302
P+碎块状F	部分奥氏体化正火	600～900	4～9	207～285
B+碎块状F	部分奥氏体等温淬火	900～1100	2～6	32～40HRC
$B_下$	等温淬火	1200～1500	1～3	38～50HRC
$S_回$	淬火，550～600℃回火	900～1200	1～5	32～43HRC
$M_回+S_回$	淬火，360～420℃回火	1000～1300	0.5～1	45～50HRC
$M_回$	淬火，200～250℃回火	700～900		55～61HRC

1. 消除白口退火

普通灰铸铁或球墨铸件表面或薄壁处在铸造过程中因冷却速度过快出现白口，铸铁件无法切削加工。为消除白口、降低硬度常将这类铸铁件重新加热到共析温度以上(通常880～900℃)，并保温1～2h(若铸铁Si含量高,时间可短)进行退火，渗碳体分解为石墨，再将铸铁件缓慢冷却至400～500℃出炉空冷。温度在700～780℃范围内，即共析温度附近不宜冷速太慢，以便渗碳体过多地转变为石墨，从而降低了铸铁件强度。

2. 提高韧性的球墨铸铁退火

球墨铸铁在铸造过程中比普通灰铸铁的白口倾向大，内应力也较大，铸铁件很难得到纯粹的铁素体或珠光体基体。为提高铸铁件的韧性，常将铸铁件重新加热到900～950℃并保温足够时间进行高温退火，再炉冷到600℃出炉空冷。退火过程中基体中的渗碳体分解出石墨，自奥氏体中析出石墨，这些石墨集聚于原球状石墨周围，基体全转换为铁素体。

若铸态组织由铁素体+珠光体基体，以及球状石墨组成，为提高韧性，只需将珠光体中渗碳体分解转换为铁素体及球状石墨。为此将铸铁件重新加热到

700～760℃的共析温度经保温后炉冷至600℃出炉空冷。

3. 提高球墨铸铁强度的正火

球墨铸铁正火的目的是将基体组织转换为细的珠光体组织。工艺过程是：将基体为铁素体及珠光体的球墨铸铁件重新加热到850～900℃，原铁素体及珠光体转变为奥氏体，并有部分球状石墨溶解于奥氏体，经保温后空冷，奥氏体转变为细珠光体，因此铸件的强度提高。

4. 球墨铸铁的淬火＋回火处理

球墨铸铁件作为轴承需要更高的硬度，常将铸铁件淬火＋低温回火处理。工艺是：铸件加热到860～900℃，保温，让原基体全部奥氏体化后再在油或熔盐中冷却实现淬火，后经250～350℃加热保温回火，原基体转变为回火马氏体及残留奥氏体组织，原球状石墨形态不变。处理后的铸件具有高的硬度及一定韧性，保留了石墨的润滑性能，耐磨性能更为改善。

球墨铸铁件作为轴类件，如柴油机的曲轴、连杆，要求有强度高同时韧性较好的综合力学性能，需对铸铁件进行调质处理。工艺是：铸铁件加热到860～900℃保温，让基体奥氏体化，再在油或熔盐中冷却实现淬火，后经500～600℃的高温回火，获得回火索氏体组织(一般尚有少量碎块状的铁素体)，原球状石墨形态不变。处理后强度、韧性匹配良好，适应于轴类件的工作条件。

5. 球墨铸铁的等温淬火处理

球墨铸铁的等温淬火处理目的在于让铸铁件的基体组织转换为强韧的下贝氏体组织，抗拉强度，可超过1100MPa，冲击吸收功 $A_K \geqslant 32J$。处理工艺是：将球墨铸铁件加热到830～870℃温度保温，基体奥氏体化后，投入280～350℃的熔盐中保温，让奥氏体部分转变为下贝氏体，原球状石墨不变，获得高强度的球墨铸铁。

上述铸铁热处理表明：铸铁件热处理只能改变基体组织，不能改变石墨的形态及分布，力学性能的变化是基体组织的变化所致。普通灰铸铁(包括孕育铸铁)石墨片对力学性能(强度、韧性)影响很大，经热处理改善力学性能的作用不显著。还需要注意的是，铸铁的导热性较钢差，石墨的存在导致缺口敏感性较钢高，因此铸铁热处理中冷却速度(尤其淬火)要严格控制。

三、铸铁的表面热处理

铸铁件表面热处理的目的是改善铸铁件的耐磨性能。钢中的感应加热表面淬火、激光加热表面淬火、氮碳共渗等工艺均适用于铸铁。柴油机、内燃机气缸套目前常采用激光加热表面淬火或氮碳共渗处理。激光加热铸铁件速度很快，空冷后工件就可形成一层高碳马氏体组织的硬化层，因而耐磨损能力大为增强。铸铁件经氮碳共渗处理后，表层形成一层ε相的化合物($Fe_{2\text{-}3}N$)高硬化层，不仅硬度高，同时摩擦系数小，因而耐磨损能力大为改善。

思考作业题

1. 对于灰铸铁来说，基体中珠光体数量越多、珠光体片层越细，其强度越高，那么在生产中可采用哪些方法提高灰铸铁中的珠光体数量?

2. 现有两块金属，已知其中一块为45钢，另一块为灰铸铁HT150，请指出要鉴别它们应采用哪些方法?

3. 灰铸铁件薄壁处，常出现高硬度层，机加工困难，请说明产生的原因及消除的方法。

4. 可锻铸铁和球墨铸铁中的石墨形态与形成方式有何不同?

5. 试说明为什么可锻铸铁适宜制造薄壁零件，而球墨铸铁不适宜制造这类零件。

6. 要使球墨铸铁分别得到珠光体、铁素体和贝氏体的基体组织，热处理工艺上如何控制?依据是什么?

7. 不同阶段石墨化程度对灰铸铁的基体组织有何影响?

8. 促进石墨化的元素有哪些?为什么在灰铸铁中应控制碳化物形成元素的数量?

9. 试说明为什么铸铁含碳量通常要选择接近共晶成分。

第九章　有色金属及其合金

在工业生产中，通常把钢铁材料称为黑色金属，而把其它的金属材料称为有色金属。

与钢铁等黑色金属材料相比，有色金属具有许多优良的特性，是现代工业中不可缺少的材料，在国民经济中占有十分重要的地位。例如，铝、镁、钛等具有相对密度小，比强度高的特点，因而广泛应用于航空、航天、汽车、船舶等行业；银、铜、铝等具有优良导电性和导热性，广泛应用于电器工业和仪表工业；铀、钨、钼、镭、钍、铍等是原子能工业所必需的材料等。随着航空、航天、航海、石油化工、汽车、能源、电子等新型工业的发展，有色金属及其合金的地位将会越来越重要。本章主要介绍工业上广泛使用的铝合金、铜合金、钛合金和轴承合金等有色金属的性能特点，为合理选用材料打下基础。

第一节　铝及其合金

一、纯铝

纯铝是一种银白色的轻金属，熔点为660℃，具有面心立方晶格，没有同素异构转变。它的密度小(只有$2.72g/cm^3$)；导电性好，仅次于银、铜和金；导热性好，比铁几乎大三倍。纯铝化学性质活泼，在大气中极易与氧作用，在表面形成一层牢固致密的氧化膜，可以阻止进一步氧化，从而使它在大气和淡水中具有良好的耐蚀性。纯铝在低温下，甚至在超低温下都具有良好的塑性和韧性，在0～－253℃之间塑性和冲击韧性不降低。

纯铝具有一系列优良的工艺性能，易于铸造，易于切削，也易于通过压力加工制成各种规格的半成品。所以纯铝主要用于制造电缆电线的线芯和导电零件、耐蚀器皿和生活器皿，以及配制铝合金和做铝合金的包覆层。由于纯铝的强度很低，其抗拉强度仅有90～120MPa，所以一般不宜直接作为结构材料和制造机械零件。

纯铝按其纯度分为高纯铝、工业高纯铝和工业纯铝。纯铝的牌号由1×××表示，其中最后两位数字表示纯铝的纯度为99.××%，如1A97表示铝含量为99.97%。高纯铝的牌号有1A85(原LG1)、1A90(原LG2)、1A93(原LG3)、1A97(原LG4)和1A99(原LG5)，牌号中的第二位字母A表示原始纯铝或原始合金，后面的数字越大，纯度越高、高纯铝中铝的质量分数在99.85%～99.99%之间。若牌号中的第二位为数字0，则表示其杂质极限含量无特殊控制；若第二位为数字1~9，则表示对一项或一项以上的单个杂质或合金元素极限含量有特殊控制。如工业纯铝的牌号：1070A(原L1)、1060(原L2)、1050A(原L3)、1035(原L4)。

二、铝合金的分类

根据铝合金的成分、组织和工艺特点，可以将其分为铸造铝合金与变形铝合金两大类。变形铝合金是将铝合金铸锭通过压力加工(轧制、挤压、模锻等)制成半成品或模锻件，所以要求有良好的塑性变形能力。铸造铝合金则是将熔融的合金直接浇铸成形状复杂的甚至是薄壁的成形件，所以要求合金具有良好的铸造流动性。

工程上常用的铝合金大都具有与图9-1类似的相图。由图可见，凡位于相图上D点成分以左的合金，在加热至高温时能形成单相固溶体组织，合金的塑性较高，适用于压力加工，所以称为变形铝合金；凡位于D点成分以右的合金，因含有共晶组织，液态流动性较高，适用于铸造，所以称为铸造铝合金。铝合金的分类及性能特点列于表9-1。

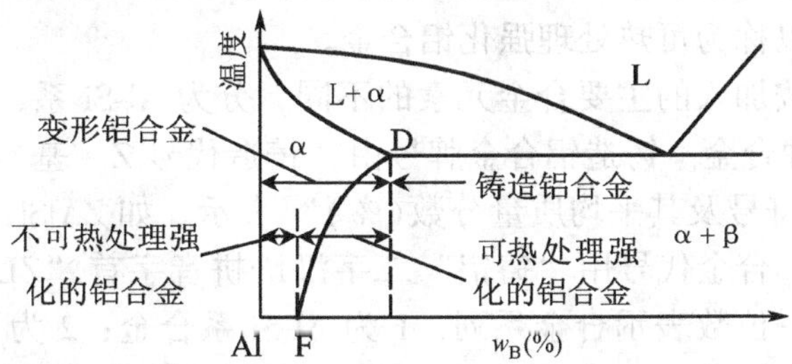

图9-1　铝合金分类示意图

表9-1　铝合金的分类及性能特点

分　类	合金名称	合　金　系	性能特点	牌号(代号)举例
铸造铝合金	简单铝硅合金	Al-Si	铸造性能好，不能热处理强化，力学性能较低	ZAlSi12 (ZL102)
	特殊铝硅合金	Al-Si-Mg	铸造性能良好，能热处理强化，力学性能较高	ZAlSi7Mg(ZL101)
		Al Si Cu		ZAlSi7Cu4(ZL107)
		Al-Si-Mg-Cu		ZAlSi5Cu1Mg(ZL105)、ZAlSi5Cu6Mg(ZL110)
		Al-Si-Mg-Cu-Ni		ZAlSi12Cu1Mg1Ni1(ZL109)
	铝铜铸造合金	Al-Cu	耐热性好，铸造性能与耐蚀性差	ZAlCu5Mn(ZL201)
	铝镁铸造合金	Al-Mg	力学性能高，耐腐蚀性好	ZAlMg10(ZL301)
	铝锌铸造合金	Al-Zn	能自动淬火，宜于压铸	ZAlZn11Si7(ZL401)
	铝稀土铸造合金	Al-Re	耐热性能好	

（续）

<table>
<tr><th colspan="2">分　类</th><th>合金名称</th><th>合　金　系</th><th>性能特点</th><th>牌号(代号)举例</th></tr>
<tr><td rowspan="6">变形铝合金</td><td rowspan="2">不可热处理强化的铝合金</td><td rowspan="2">防　锈　铝</td><td>Al-Mn</td><td rowspan="2">耐蚀性、压力加工性与焊接性能好，但强度较低</td><td>3A21(LF21)</td></tr>
<tr><td>Al-Mg</td><td>5A05(LF5)</td></tr>
<tr><td rowspan="4">可热处理强化的铝合金</td><td>硬　　铝</td><td>Al-Cu-Mg</td><td>力学性能高</td><td>2A11(LY11)、2A12(LY12)</td></tr>
<tr><td>超　硬　铝</td><td>Al-Cu-Mg-Zn</td><td>室温强度最高</td><td>7A04(LC4)</td></tr>
<tr><td rowspan="2">锻　　铝</td><td>Al-Mg-Si-Cu</td><td>铸造性能好</td><td>2A50(LD5)、2A14(LD10)</td></tr>
<tr><td>Al-Cu-Mg-Fe-Ni</td><td>耐热性能好</td><td>2A80(LD8)、2A70(LD7)</td></tr>
</table>

对于变形铝合金来说，位于 F 点以左成分的合金，在固态始终是单相的，不能进行热处理强化，被称为不可热处理强化的铝合金。成分在 F 和 D 之间的铝合金，由于合金元素在铝中有溶解度的变化会析出第二相，可通过热处理使合金强度提高，所以称为可热处理强化铝合金。

铸造铝合金按加入的主要合金元素的不同，分为 Al-Si 系、Al-Cu 系、Al-Mg 系和 Al-Zn 系四种合金。铸造铝合金牌号由“铸造代号 Z + 基本元素铝的元素符号 Al + 合金元素符号及其平均质量分数(%)”表示。如 ZAlSi12 表示含硅 w_{Si} = 12% 的铸铝合金。合金代号用“铸铝”二字汉语拼音字首“ZL”后跟三位数字表示。代号中第一位数表示合金系列，1 为 Al-Si 系合金；2 为 Al-Cu 系合金；3 为 Al-Mg 系合金；4 为 Al-Zn 系合金。第二、三位数表示合金的顺序号。如 ZL201 表示 1 号铝铜系铸造铝合金，ZL107 表示 7 号铝硅系铸造铝合金。

变形铝合金按照性能特点和用途分为防锈铝、硬铝、超硬铝和锻铝四种。防锈铝属于不可热处理强化的铝合金，硬铝、超硬铝、锻铝属于可热处理强化的铝合金。防锈铝牌号用“5×××”表示(3A21 防锈铝除外)，第一位数字 5 表示以镁为主要合金元素的铝合金，后面的数字或字母的含义同纯铝；其代号用“LF”和跟在后面的顺序号表示，“LF”是“铝防”二字的汉语拼音字首。硬铝、超硬铝、锻铝牌号分别用“2×××”、“7×××”、“6×××”表示，第一位数“2”表示以铜为主要合金元素，“7”表示以锌为主要合金元素，“6”表示以镁和硅为主要合金元素的铝合金，第一位数后面的字母或数字含义同纯铝；其代号分别用“LY”(铝硬)、“LC”(铝超)、“LD”(铝锻)和后面的顺序号来表示。如 5A05(LF5)表示 5 号防锈铝，2A11(LY11)表示 11 号硬铝，7A04(LC4)表示 4 号超硬铝，2A80(LD8)表示 8 号锻铝，余类推。

三、铝合金的强化

铝合金的强化方式主要有以下几种：

1. 固溶强化

纯铝中加入合金元素，形成铝基固溶体，造成晶格畸变，阻碍了位错的运动，起到固溶强化的作用，可使其强度提高。根据合金化的一般规律，形成无限固溶体或高浓度的固溶体型合金时，不仅能获得高的强度，而且还能获得优良的塑性与良好的压力加工性能。Al-Cu、Al-Mg、Al-Si、Al-Zn、Al-Mn 等二元合金一般都能形成有限固溶体，并且均有较大的极限溶解度(见表 9-2)，因此具有较大的固溶强化效果。

表 9-2　常用元素在铝中的溶解度（%）

元 素 名 称	锌	镁	铜	锰	硅
极限溶解度	32.8	14.9	5.65	1.82	1.65
室温时的溶解度	0.05	0.34	0.20	0.06	0.05

2. 时效强化

合金元素对铝的另一种强化作用是通过热处理实现的。但由于铝没有同素异构转变，所以其热处理相变与钢不同。铝合金的热处理强化，主要是由于合金元素在铝合金中有较大的固溶度，且随温度的降低而急剧减小。所以铝合金经加热到某一温度淬火后，可以得到过饱和的铝基固溶体。这种过饱和铝基固溶体放置在室温或加热到某一温度时，其强度和硬度随时间的延长而增高，但塑性、韧性则降低，这个过程称为时效。在室温下进行的时效称为自然时效，在加热条件下进行的时效称为人工时效。时效过程中使铝合金的强度、硬度增高的现象称为时效强化或时效硬化。其强化效果是依靠时效过程中所产生的时效硬化现象来实现的。

图 9-2 是 Al-Cu 合金相图，现以含 $w_{Cu}=4\%$ 的 Al-Cu 合金为例说明铝的时效强化。

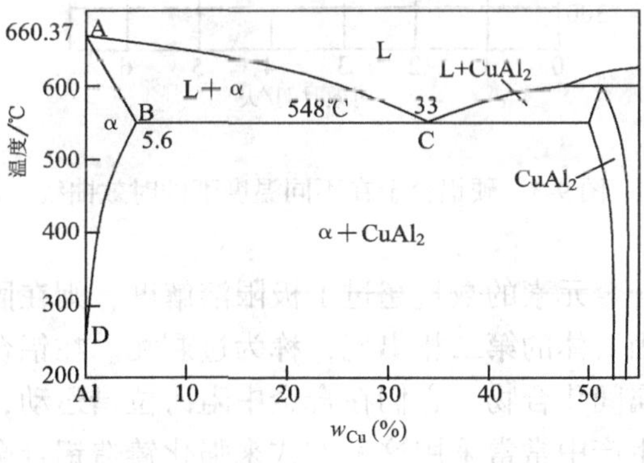

图 9-2　铝-铜二元合金状态图

铝铜合金的时效强化过程分为以下四个阶段：

第一阶段：在过饱和 α 固溶体的某一晶面上产生铜原子偏聚现象，形成铜原子富集区(GP[Ⅰ]区)，从而使α固溶体产生严重的晶格畸变，位错运动受到阻碍，合金强度提高。

第二阶段：随时间延长，GP[Ⅰ]区进一步扩大，并发生有序化，便形成有序的富铜区，称为GP[Ⅱ]区，其成分接近$CuAl_2$(θ相)，成为中间状态，常用θ″表示。θ″的析出，进一步加重了α相的晶格畸变，使合金强度进一步提高。

第三阶段：随着时效过程的进一步发展，铜原子在GP[Ⅱ]区继续偏聚。当铜与铝原子之比为1:2时，形成与母相保持共格关系的过渡相θ′。θ′相出现的初期，母相的晶格畸变达到最大，合金强度达到峰值。

第四阶段：时效后期，过渡相θ′从铝基固溶体中完全脱落，形成与基体有明显相界面的独立的稳定相$CuAl_2$(θ相)。此时，θ相与基体的共格关系完全破坏，共格畸变也随之消失，随着θ相质点的聚集长大，合金明显软化，强度、硬度降低。

图9-3是硬铝合金在不同温度下的时效曲线。由图中可以看出，提高时效温度，可以使时效速度加快，但获得的强度值比较低。在自然时效条件下，时效进行得十分缓慢，约需4~5天才能达到最高强度值。而在-50℃时效，时效过程基本停止，各种性能没有明显变化，所以降低温度是抑制时效的有效办法。

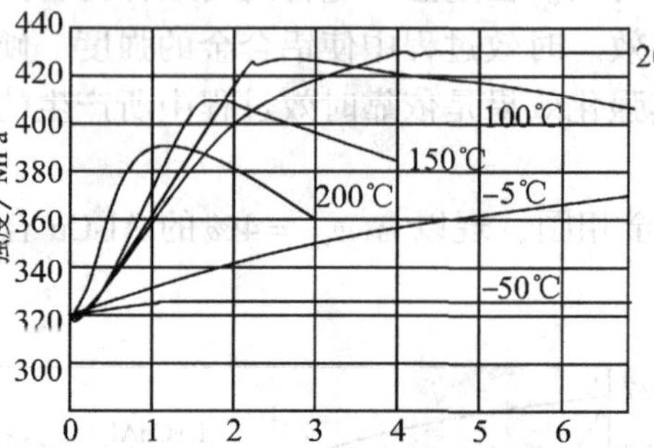

图9-3　硬铝合金在不同温度下的时效曲线

3. 过剩相强化

如果铝中加入合金元素的数量超过了极限溶解度，则在固溶处理加热时，就有一部分不能溶入固溶体的第二相出现，称为过剩相。在铝合金中，这些过剩相通常是硬而脆的金属间化合物。它们在合金中阻碍位错运动，使合金强化，这称为过剩相强化。在生产中常常采用这种方式来强化铸造铝合金和耐热铝合金。过剩相数量越多，分布越弥散，则强化效果越大。但过剩相太多，则会使强度和塑性都降低。过剩相成分结构越复杂，熔点越高，则高温热稳定性越好。

4. 细化组织强化

许多铝合金组织都是由α固溶体和过剩相组成的。若能细化铝合金的组织，包括细化α固溶体或细化过剩相，就可使合金得到强化。

由于铸造铝合金组织比较粗大，所以实际生产中常常利用变质处理的方法来细化合金组织。变质处理是在浇注前在熔融的铝合金中加入质量分数为2%～3%的变质剂(常用钠盐混合物:2/3NaF＋1/3NaCl)，以增加结晶核心，使组织细化。经过变质处理的铝合金可得到细小均匀的共晶体加初生α固溶体组织，从而显著地提高铝合金的强度及塑性。

四、变形铝合金

变形铝合金的主要牌号、化学成分、力学性能及主要用途见表9-3。

表9-3 变形铝合金的主要牌号、成分、力学性能及用途

类别	牌号(代号)	化学成分 w(%)						力学性能			主要用途
		Cu	Mg	Mn	Zn	其它	Al	σ_b /MPa	δ (%)	HBS	
防锈铝合金	5A05 (LF5)		4.0～5.0	0.3～0.6			余量	280	15	70	中载零件、铆钉、焊接油箱、油管
防锈铝合金	3A21 (LF21)			1.0～1.6			余量	130	20	30	管道、容器、铆钉、轻载零件及制品
硬铝合金	2A01 (LY1)	2.2～3.0	0.2～0.5				余量	300	24	70	中等强度、100℃以下工作的铆钉
硬铝合金	2A11 (LY11)	3.8～4.8	0.4～0.8	0.4～0.8			余量	380	15	100	中等强度构件，如骨架、叶片铆钉
硬铝合金	2A12 (LY12)	3.9～4.9	1.2～1.6	0.3～0.9			余量	430	10	105	高强度构件及150℃以下工作的零件
超硬铝合金	7A04 (LC4)	1.4～2.0	1.8～2.8	0.2～0.6	5.0～7.0	Cr0.1～0.25	余量	540	6		主要受力构件及高载荷零件，如飞机大梁、加强框、起落架
超硬铝合金	7A03 (LC3)	2.2～2.8	2.5～3.2	0.2～0.5	7.6～8.6	Cr0.1～0.25	余量	680	7	190	同 上
锻铝合金	2A50 (LD5)	1.8～2.6	0.4～0.8	0.4～0.8		Si0.7～1.2	余量	390	10	100	形状复杂和中等强度的锻件及模锻件
锻铝合金	2A70 (LD7)	1.9～2.5	1.4～1.8			Fe1.0～1.5 Ni1.0～1.5 Ti0.02～0.1	余量	400	5	117～148	高温下工作的复杂锻件和结构件、内燃机活塞
锻铝合金	2A14 (LD10)	3.9～4.8	0.4～0.8	0.4～1.0		Si0.5～1.2	余量	440	10	120	高载荷锻件和模锻件

注：防锈铝合金均为在退火状态时力学性能；硬铝合金均为在淬火加自然时效状态时力学性能；超硬铝合金均为挤压棒材在淬火加人工时效状态时力学性能；锻铝合金均为淬火加人工时效状态时力学性能。

1. 防锈铝合金

防锈铝合金中主要合金元素是 Mn 和 Mg，Mn 的主要作用是提高铝合金的耐蚀能力，并起到固溶强化作用。Mg 也可起到强化作用，并使合金的密度降低。防锈铝合金锻造退火后是单相固溶体，耐腐蚀能力高，塑性好。这类铝合金不能进行时效硬化，属于不可热处理强化的铝合金，但可冷变形加工，利用加工硬化，提高合金的强度。

2. 硬铝合金

硬铝合金为 Al-Cu-Mg 系合金，还含有少量的 Mn。各种硬铝合金都可以进行时效强化，属于可以热处理强化的铝合金，亦可进行变形强化。合金中的 Cu、Mg 是为了形成强化相 $CuAl_2$(θ)相及 $CuMgAl_2$(S 相)。Mn 主要是提高合金的耐蚀性，并有一定的固溶强化作用，但 Mn 的析出倾向小，不参与时效过程。少量的 Ti 或 B 可细化晶粒和提高合金强度。

硬铝主要分为三种：低合金硬铝，合金中 Mg、Cu 含量低；标准硬铝，合金元素含量中等；高合金硬铝，合金元素含量较多。

硬铝也存在着许多不足之处，一是耐蚀性差，特别是在海水等环境中；二是固溶处理的加热温度范围很窄，这对其生产工艺的实现带来了困难。所以在使用或加工硬铝时应予以注意。

3. 超硬铝合金

超硬铝合金为 Al-Mg-Zn-Cu 系合金，并含有少量的 Cr 和 Mn。Zn、Cu、Mg 与 Al 可以形成固溶体和多种复杂的第二相，例如 $MgZn_2$，Al_2CuMg，AlMgZnCu 等。所以经过固溶处理和人工时效后，可获得很高的强度和硬度。它是强度最高的一种铝合金。但这种合金的耐蚀性较差，高温下软化快。可以用包铝法提高耐蚀性。超硬铝合金多用来制造受力大的重要构件，如飞机大梁、起落架等。

4. 锻铝合金

锻铝合金为 Al-Mg-Si-Cu 系和 Al-Cu-Mg-Ni-Fe 系合金。合金中的元素种类多但用量少，具有良好的热塑性，良好的铸造性能和锻造性能，并有较高的力学性能。这类合金主要用于承受重载荷的锻件和模锻件。锻铝合金通常都要进行固溶处理和人工时效。

五、铸造铝合金

铸造铝合金按照主要合金元素的不同，可分为四类：Al-Si 铸造铝合金，如 ZL101、ZL105 等；Al-Cu 铸造铝合金，如 ZL201、ZL203 等；Al-Mg 铸造铝合金，如 ZL301、ZL302 等；Al-Zn 铸造铝合金，如 ZL401、ZL402 等。

各类铸造铝合金的牌号、力学性能及用途见表 9-4。

表 9-4　铸造铝合金的主要牌号、力学性能及用途

类别	合金牌号（代号）	铸造方法	热处理状态	机械性能 σ_b /MPa	机械性能 δ（%）	机械性能 HBS	用途
铝硅合金	ZAlSi7Mg（ZL101）	J	T_5	210	2	60	形状复杂的零件，如飞机、仪器零件、抽水机壳体
		S	T_5	200	2	60	
		S·B	T_6	230	1	70	
	ZAlSi9Mg（ZL104）	S·B	T_6	230	2	70	形状复杂、工作温度为 200℃以下的零件，如电动机壳体、气缸体
		J	T_6	240	2	70	
	ZAlSi5Cu1Mg（ZL105）	S	T_5	200	1	70	250℃以下工作的承受中等载荷的零件，如中、小型发动机气缸头、机匣、油泵壳体
		J	T_5	240	0.5	70	
		S	T_6	230	0.5	70	
	ZAlSi7Cu4（ZL107）	S·B	T_6	250	2.5	90	可用金属型铸造在较高温度下承受重大载荷的零件
		J	T_6	280	3	100	
	ZAlSi12Cu1Mg1Ni1（ZL109）	J	T_1	200	0.5	90	需有较高的高温强度和低膨胀系数的发动机活塞
		J	T_6	250		100	
	ZAlSi5Cu6Mg（ZL110）	J	T_1	150		80	汽车发动机活塞及其它在高温下工作的零件
		S	T_1	170		90	
铝铜合金	ZAlCu5Mn（ZL201）	S	T_4	300	8	70	工作温度在 175～300℃的零件，如内燃机气缸头、活塞
		S	T_5	340	4	90	
	ZAlCu10（ZL202）	S·J	T_6	170		100	需有高温强度、结构复杂的机件
	ZAlCu4（ZL203）	S	T_5	220	3	70	需要高强度、高塑性的零件以及工作温度不超过 200℃并要求切削性能好的小零件
		J	T_6	230	3	70	
铝镁合金	ZAlMg10（ZL301）	S	T_4	280	9	60	大气或海水中工作的零件，承受冲击载荷、外形不太复杂的零件，如舰船配件、氨用泵体等
	ZAlMg8Zn1（ZL305）	J	T_1	240	4	70	在腐蚀介质下工作的中等载荷零件；在严寒大气及 200℃以下工作的零件，如海轮配件等
铝锌合金	ZAlZn11Si7（ZL401）	S	T_1	200	2	80	压力铸造零件，工作温度不超过 200℃的结构形状复杂的汽车、飞机零件
		J	T_1	250	1.5	90	
	ZAlZn6Mg（ZL402）	S	T_1	220	4	65	结构形状复杂的汽车、飞机、仪器零件，也可制造日用品
		J	T_1	240	4	70	

注：S—砂型铸造；J—金属型铸造；B—变质处理；T_1—时效处理；T_4—淬火加自然时效；T_5—淬火和部分人工时效；T_6—淬火和完全人工时效。

1. Al-Si 铸造铝合金

Al-Si 铸造铝合金通常称为铝硅明，铝硅明包括简单铝硅明(Al-Si 二元合金)和复杂铝硅明(Al-Si-Mg-Cu 等多元合金)。含硅 $w_{Si}=11\%\sim13\%$ 的简单铝硅明(ZL102)铸造后几乎全部是共晶组织。因此，这种合金流动性好，铸件产生的热裂倾向小，适用于铸造复杂形状的零件。它的耐腐蚀性能高，有较低的膨胀系数，焊接性良好。该合金的不足之处是铸造时吸气性高，结晶时能产生大量分散缩孔，使铸件的致密度下降。由于 Al-Si 合金组织中的共晶硅呈粗大的针状，使合金的力学性能降低，所以必须采用变质处理。

内燃机中的活塞，是在高速、高温、高压、变负荷下工作的，所以要求制造活塞的材料必须比重小、高耐磨、耐蚀性和耐热性好，还要求活塞材料的线膨胀系数接近气缸体的线膨胀系数。复杂铝硅明基本上能满足这一要求，是制造活塞的理想材料。

2. Al-Cu 铸造铝合金

Al-Cu 合金的强度较高，耐热性好，但铸造性能不好，有热裂和疏松倾向，耐蚀性较差。

ZL201 的室温强度高，塑性比较好，可制作在 300℃以下工作的零件，常用于铸造内燃机气缸头、活塞等零件。ZL202 塑性较低，多用于高温下不受冲击的零件。ZL203 经淬火时效后，强度较高，可做结构材料铸造受中等载荷和形状较简单的零件。

3. Al-Mg 铸造铝合金

Al-Mg 合金(ZL301、ZL302)强度高，密度小(约为 $2.55g/cm^3$)，有良好的耐蚀性，但铸造性能不好，耐热性低。Al-Mg 合金可进行时效处理，通常采用自然时效。

4. Al-Zn 铸造铝合金

Al-Zn 合金(ZL401、ZL402)价格便宜，铸造性能优良，经变质处理和时效处理后强度较高，但耐蚀性差，热裂倾向大。

铸造铝合金的铸件，由于形状较复杂，组织粗糙，化合物粗大，并有严重的偏析，因此它的热处理与变形铝合金相比，淬火温度应高一些，加热保温时间要长一些，以使粗大析出物完全溶解并使固溶体成分均匀化。淬火一般用水冷却，并多采用人工时效。

第二节 铜及其合金

铜及铜合金具有以下性能特点：

(1) 优异的物理化学性能　纯铜导电性、导热性极佳，许多铜合金的导电、导热性也很好；铜及铜合金对大气和水的耐腐蚀能力也很高；铜是抗磁性物质。

(2) 良好的加工性能　铜及某些铜合金塑性很好，容易冷、热成形；铸造铜合金有很好的铸造性能。

(3) 某些特殊的力学性能　例如优良的减摩性和耐磨性(如青铜及部分黄铜)；高的弹性极限及疲劳极限(铍青铜等)。

(4) 色泽美观　由于有以上优良性能，铜及铜合金在电气工业、仪表工业、造船工业及机械制造工业部门中获得了广泛的应用。但铜的储藏量较小，价格较贵，属于应节约使用的材料之一，只有在特殊需要的情况下，例如要求有特殊的磁性、耐蚀性、加工性能、力学性能以及特殊的外观等条件下，才考虑使用。

一、纯铜

纯铜是玫瑰红色金属，表面形成氧化铜膜后，外观呈紫红色，故常称为紫铜。纯铜主要用于制作电工导体以及配制各种铜合金。

工业纯铜中含有锡、铋、氧、硫、磷等杂质，它们都使铜的导电能力下降。铅和铋能与铜形成熔点很低的共晶体(Cu + Pb)和(Cu + Bi)，共晶温度分别为326℃和270℃，分布在铜的晶界上。进行热加工时(温度为820～860℃)，因共晶体熔化，破坏晶界的结合，使铜发生脆性断裂(热裂)。硫、氧与铜也形成共晶体($Cu + Cu_2S$)和($Cu + Cu_2O$)，共晶温度分别为1067℃和1065℃，因共晶温度高，它们不引起热脆性。但由于Cu_2S、Cu_2O都是脆性化合物，在冷加工时易促进破裂(冷脆)。

根据杂质的含量，工业纯铜可分为四种：T1、T2、T3、T4。“T”为铜的汉语拼音字头，编号越大，纯度越低。工业纯铜的牌号、成分及用途见表9-5。

表9-5　工业纯铜的牌号、成分及用途

牌　号	代号	w_{Cu} (%)	杂质 w(%) Bi	杂质 w(%) Pb	杂质总量 w(%)	用　途
一号铜	T1	99.95	0.002	0.005	0.05	导电材料和配制高纯度合金
二号铜	T2	99.90	0.002	0.005	0.1	导电材料，制作电线、电缆等
三号铜	T3	99.70	0.002	0.01	0.3	一般用铜材，电气开关，垫圈，铆钉油管等
四号铜	T4	99.50	0.003	0.05	0.5	同上

纯铜除工业纯铜外，还有一类叫无氧铜，其含氧量极低，氧的质量分数不大于0.003%。牌号有TU1、TU2，主要用来制作电真空器件及高导电性铜线。这种导线能抵抗氢的作用，不发生氢脆现象。纯铜的强度低，不宜直接用作结构材料。

二、黄铜

铜锌合金或以锌为主要合金元素的铜合金称为黄铜。黄铜具有良好的塑性和耐腐蚀性、良好的变形加工性能和铸造性能，在工业中有很强的应用价值。按化学成分的不同，黄铜可分为普通黄铜和特殊黄铜两类。表 9-6 是常用黄铜的牌号、成分、性能和用途。

1. 普通黄铜

普通黄铜是铜—锌二元合金。图 9-4 是 Cu-Zn 合金相图。α 相是锌溶于铜中的固溶体，其溶解度随温度的下降而增大。α 相具有面心立方晶格，塑性好，适于进行冷、热加工，并有优良的铸造、焊接和镀锡的能力。β′相是以电子化合物 CuZn 为基的有序固溶体，具有体心立方晶格，性能硬而脆。

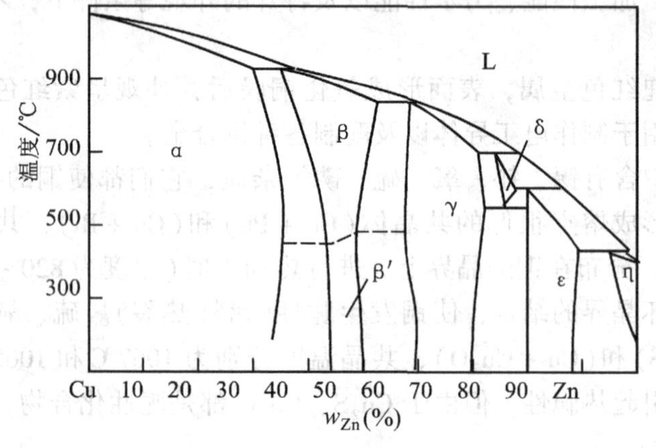

图 9-4　Cu-Zn 合金相图

黄铜的含锌量对其力学性能有很大的影响。当 $w_{Zn} \leqslant 30\% \sim 32\%$ 时，随着含锌量的增加，强度和伸长率都升高，当 $w_{Zn} > 32\%$ 后，因组织中出现 β′相，塑性开始下降，而强度在 $w_{Zn} = 45\%$ 附近达到最大值。当 w_{Zn} 更高时，黄铜的组织全部为 β′相，强度与塑性急剧下降。

普通黄铜分为单相黄铜和双相黄铜两种类型，从变形特征来看，单相黄铜适宜于冷加工，而双相黄铜只能热加工。常用的单相黄铜代号有 H80、H70、H68 等，“H”为黄铜的汉语拼音字首，数字表示铜的平均质量分数(%)。它们的组织为 α，塑性很好，可进行冷、热压力加工，适于制作冷轧板材、冷拉线材、管材及形状复杂的深冲零件。而常用双相黄铜的代号有 H62、H59 等，退火状态组织为 α + β′。由于室温 β′相很脆，冷变形性能差，而高温 β 相塑性好，因此它们可以进行热加工变形。通常双相黄铜热轧成棒材、板材，再经机加工制造各种零件。

2. 特殊黄铜

为了获得更高的强度、耐蚀性和良好的铸造性能，在铜锌合金中加入铝、铁、硅、锰、镍等元素，形成各种特殊黄铜。

特殊黄铜的编号方法是：“H + 主加元素符号 + 铜的平均质量分数 + 主加元

素的平均质量分数”。特殊黄铜可分为压力加工黄铜(以黄铜加工产品供应)和铸造黄铜两类，其中铸造黄铜在编号前加“Z”。例如：HPb60—1 表示平均成分为 $w_{Cu}=60\%$，$w_{Pb}=1\%$，余为 Zn 的铅黄铜；ZCuZn31Al2 表示平均成分为 $w_{Zn}=31\%$，$w_{Al}=2\%$，余为 Cu 的铝黄铜。

(1) 锡黄铜　锡可显著提高黄铜在海洋大气和海水中的耐蚀性，也可使黄铜的强度有所提高。压力加工锡黄铜广泛应用于制造海船零件。

(2) 铅黄铜　铅能改善切削加工性能，并能提高耐磨性。铅对黄铜的强度影响不大，略微降低塑性。压力加工铅黄铜主要用于要求有良好切削加工性能及耐磨的零件(如钟表零件)，铸造铅黄铜可以制作轴瓦和衬套。

(3) 铝黄铜　铝能提高黄铜的强度和硬度，但使塑性降低。铝能使黄铜表面形成保护性的氧化膜，因而改善黄铜在大气中的耐蚀性。铝黄铜可制作海船零件及其它机器的耐蚀零件。铝黄铜中加入适量的镍、锰、铁后，可得到高强度、高耐蚀性的特殊黄铜，常用于制作大型蜗杆、海船用螺旋桨等需要高强度、高耐蚀性的重要零件。

(4) 硅黄铜　硅能显著提高黄铜的力学性能、耐磨性和耐蚀性。硅黄铜具有良好的铸造性能，并能进行焊接和切削加工。主要用于制造船舶及化工机械零件。

(5) 锰黄铜　锰能提高黄铜的强度，不降低塑性，也能提高在海水中及过热蒸汽中的耐蚀性。锰黄铜常用于制造海船零件及轴承等耐磨部件。

(6) 铁黄铜　黄铜中加入铁，同时加入少量的锰，可起到提高黄铜再结晶温度和细化晶粒的作用，使力学性能提高，同时使黄铜具有高的韧性、耐磨性及在大气和海水中优良的耐蚀性，因而铁黄铜可以用于制造受摩擦及受海水腐蚀的零件。

(7) 镍黄铜　镍可提高黄铜的再结晶温度和细化其晶粒，提高力学性能和耐蚀性，降低应力腐蚀开裂倾向。镍黄铜的热加工性能良好，在造船工业、电动机制造工业中广泛应用。

表 9-6　常用黄铜的牌号、成分、性能和用途

类别	牌号	化学成分 w(%)		状态	力学性能			用途
		Cu	其它		σ_b /MPa	δ (%)	HBS	
黄铜	H96	95.0~97.0	Zn：余量	T L	240 450	50 2	45 120	冷凝管，散热器管及导电零件
	H62	60.5~63.5	Zn：余量	T L	330 600	49 3	56 164	铆钉、螺帽、垫圈、散热器零件

（续）

类别	牌号	化学成分 w(%)		状态	力学性能			用途
		Cu	其它		σ_b /MPa	δ (%)	HBS	
特殊黄铜	HPb59—1	57.0～60.0	Pb：0.8～0.9 Zn：余量	T L	420 550	45 5	75 149	用于热冲压和切削加工制作的各种零件
特殊黄铜	HMn58—2	57.0～60.0	Mn：1.0～2.0 Zn：余量	T L	400 700	40 10	90 178	腐蚀条件下工作的重要零件和弱电流工业零件
特殊黄铜	HSn90—1	88.0～91.0	Sn：0.25～0.75 Zn：余量	T L	280 520	40 4	58 148	汽车、拖拉机弹性套管及其它耐蚀减摩零件
铸造黄铜	ZCuZn38	60.0～63.0	Zn：余量	S J	295 295	30 30	59 69	一般结构件及耐蚀零件，如法兰、阀座、支架等
铸造黄铜	ZCuZn31Al2	66.0～68.0	Al：2.0～3.0 Zn：余量	S J	295 390	12 15	79 89	制作电动机、仪表等压铸件及船舶，机械中的耐蚀件
铸造黄铜	ZCuZn38Mn2Pb2	57.0～60.0	Mn：1.5～2.5 Pb：1.5～2.5 Zn：余量	S J	245 345	10 14	69 79	一般用途结构件，船舶仪表等使用的外形简单的铸件，如套筒、轴瓦等
铸造黄铜	ZCuZn16Si4	79.0～81.0	Si：2.5～4.5 Zn：余量	S J	345 390	15 20	89 98	船舶零件，内燃机零件，在气、水、油中的铸件

注：T—退火状态；L—冷变形状态；S—砂型铸造；J—金属型铸造。

三、青铜

青铜原指铜锡合金，但是，工业上习惯把铜基合金中不含锡而含有铝、镍、锰、硅、铍、铅等特殊元素组成的合金也叫青铜。所以青铜实际上包含锡青铜、铝青铜、铍青铜和硅青铜等。青铜也可分为压力加工青铜(以青铜加工产品供应)和铸造青铜两类。青铜的编号规则是：“Q＋主加元素符号＋主加元素的质量分数(%)(＋其它元素的质量分数(%))”，“Q”表示青的汉语拼音字头。如QSn4—3表示成分为$w_{Sn}=4\%$、$w_{Zn}=3\%$、其余为铜的锡青铜。铸造青铜的编号前加“Z”。

1. 锡青铜

锡青铜是我国历史上使用得最早的有色合金，也是最常用的有色合金之一。它的力学性能与含锡量有关。当$w_{Sn}\leqslant 5\%\sim6\%$时，Sn溶于Cu中，形成面心立方晶格的α固溶体，随着含锡量的增加，合金的强度和塑性都增加。当$w_{Sn}\geqslant 5\%\sim6\%$时，组织中出现硬而脆的δ相(以复杂立方结构的电子化合物$Cu_{31}Sn_8$为基的固溶体)，虽然强度继续升高，但塑性却会下降。当$w_{Sn}>20\%$时，由于出现过多的δ相，使合金变得很脆，强度也显著下降。因此，工业上用的锡青铜的w_{Sn}一般为3%～14%。$w_{Sn}<5\%$的锡青铜适宜于冷加工使用，含锡$w_{Sn}=5\%\sim$

7%的锡青铜适宜于热加工，大于10%的锡青铜适合铸造。除Sn以外，锡青铜中一般含有少量Zn、Pb、P、Ni等元素。Zn提高低锡青铜的力学性能和流动性。Pb能改善青铜的耐磨性能和切削加工性能，却要降低力学性能。Ni能细化青铜的晶粒，提高力学性能和耐蚀性。P能提高青铜的韧性、硬度、耐磨性和流动性。

2. 铝青铜

以铝为主要合金元素的铜合金称为铝青铜。铝青铜的强度和耐蚀性比黄铜和锡青铜还高，它是锡青铜的代用品，常用来制造弹簧、船舶零件等。

铝青铜与上述介绍的铜合金有明显不同的是铝青铜可通过热处理进行强化。其强化原理是利用淬火能获得类似钢的马氏体的介稳定组织，使合金强化。铝青铜有良好的铸造性能。在大气、海水、碳酸及大多数有机酸中具有比黄铜和锡青铜更高的耐蚀性，此外，还有耐磨损、冲击时不发生火花等特性。但铝青铜也有缺点，它的体积收缩率比锡青铜大，铸件内容易产生难熔的氧化铝，难于钎焊，在过热蒸汽中不稳定。

3. 铍青铜

以铍为合金化元素的铜合金称为铍青铜。它是极其珍贵的金属材料，热处理强化后的抗拉强度可高达1250～1500MPa，硬度可达350～400HBS，远远超过任何铜合金，可与高强度合金钢媲美。铍青铜的含铍量w_{Be}在1.7%～2.5%之间，铍溶于铜中形成α固溶体，固溶度随温度变化很大，它是唯一可以固溶时效强化的铜合金，经过固溶处理和人工时效后，可以得到很高的强度和硬度。

铍青铜具有很高的弹性极限、疲劳强度、耐磨性和耐蚀性，导电性、导热性极好，并且耐热、无磁性，受冲击时不发生火花。因此铍青铜常用来制造各种重要弹性元件，耐磨零件（钟表齿轮,高温、高压、高速下的轴承）及防爆工具等。但铍是稀有金属，价格昂贵，在使用上受到限制。

表9-7是各种青铜的牌号、成分、性能和主要用途。

表9-7　各种青铜的牌号、成分、性能和主要用途

类别	牌号	化学成分 w(%)		状态	力学性能			用途
		主加元素	其它		σ_b /MPa	δ (%)	HBS	
锡青铜	QSn4—3	Sn：3.5～4.5	Zn：2.7～3.7 Cu：其余	T L	350 550	40 4	60 160	制作弹性元件、化工设备的耐蚀零件、抗磁零件、造纸工业用刮刀
	QSn7—0.2	Sn：6.0～8.0	P：0.10～0.25 Cu：其余	T L	360 500	64 15	75 180	制作中等负荷、中等滑动速度下承受摩擦的零件，如耐磨垫圈、轴套、蜗轮等

（续）

类别	牌号	化学成分 w(%) 主加元素	化学成分 w(%) 其它	状态	σ_b /MPa	δ (%)	HBS	用途
锡青铜	ZCuSn5Pb5Zn5	Sn：4.0～6.0	Zn：4.0～6.0 Pb：4.0～6.0 Cu：其余	S J	180 200	8 10	59 64	在较高负荷、中等滑速下工作的耐磨、耐蚀零件，如轴瓦、衬套、离合器等
锡青铜	ZCuSn10P1	Sn：9.0～11.0	P：0.5～1.0 Cu：其余	S J	220 250	3 5	79 89	用于高负荷和高滑速下工作的耐磨零件，如轴瓦等
铅青铜	ZCuPb30	Pb：27.0～33.0	Cu：其余	J			25	要求高滑速的双金属轴瓦减摩零件
铅青铜	ZCuPb15Sn8	Sn：7.0～9.0 Pb：13.0～17.0	Cu：其余	S J	170 200	5 6	59 64	制造冷轧机的铜冷却管、冷冲击的双金属轴承等
铝青铜	ZCuAl9Mn2	Al：8.5～10.0 Mn：1.5～2.5	Cu：其余	S J	390 440	20 20	83 93	耐磨、耐蚀零件，形状简单的大型铸件和要求气密性高的铸件
铝青铜	ZCuAl9Fe4Ni4Mn2	Ni：4.0～5.0 Al：8.5～10.0 Fe：4.0～5.0	Mn：0.8～2.5 Cu：其余	S	630	16	157	要求强度高、耐蚀性好的重要铸件，可用于制造轴承、齿轮、蜗轮、阀体等
铍青铜	QBe2	Be：1.9～2.2	Ni：0.2～0.5 Cu：其余	T L	500 850	40 4	90 250	重要的弹簧和弹性元件，耐磨零件以及在高速、高压和高温下工作的轴承

注：T—退火状态；L—冷变形状态；S—砂型铸造；J—金属型铸造。

第三节　滑动轴承合金

一、滑动轴承合金的工作条件及其对性能和组织的要求

滑动轴承合金是指用于制造滑动轴承轴瓦及内衬的材料。

滑动轴承在工作时，承受轴传给它的一定压力，并和轴颈之间存在摩擦，因而产生磨损。由于轴的高速旋转，工作温度升高，故对用作轴承的合金，首先要求它在工作温度下具有足够的抗压强度和疲劳强度、良好的耐磨性和一定的塑性及韧性，其次还要求它具有良好的耐蚀性、导热性和较小的膨胀系数。

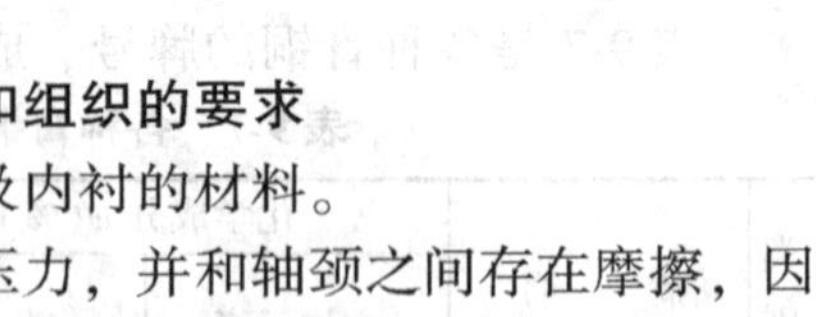

图 9-5　软基体硬质点轴瓦与轴的分界面

为了满足上述要求，轴承合金应该是在软的基体上分布着硬质点，如图 9-5 所示；

或者在硬基体上分布着软质点。当机器运转时，软基体受磨损而凹陷，硬质点就凸出于基体上，减小轴与轴瓦间的摩擦系数，同时使外来硬物能嵌入基体中，使轴颈不被擦伤。软基体能承受冲击和振动，并使轴与轴瓦很好地磨合。采取硬基体上分布软质点，也可达到上述目的。

常用的轴承合金按主要化学成分可分为锡基、铅基、铝基和铜基等，前两种称为巴氏合金，其编号方法为："ZCh + 基本元素符号 + 主加元素符号 + 主加元素的质量分数(%) + 辅加元素的质量分数(%)"，其中"Z"、"Ch"分别是"铸"和"承"的汉语拼音字首。例如，ZChSnSb11—6 表示含 $w_{Sb} = 11.0\%$、$w_{Cu} = 6\%$ 的锡基轴承合金。

二、各类轴承合金简介

1. 锡基轴承合金(锡基巴氏合金)

锡基轴承合金是一种软基体硬质点类型的轴承合金。它是以锡、锑为基础，并加入少量其它元素的合金。常用的牌号有 ZChSnSb11—6、ZChSnSb8—4、ZChSnSb4—4 等。

锡基轴承合金具有良好的磨合性、抗咬合性、嵌藏性和耐蚀性，浇注性能也很好，因而普遍用于浇注汽车发动机、气体压缩机、冷冻机和船用低速柴油机的轴承和轴瓦。锡基轴承合金的缺点是疲劳强度不高，工作温度较低(一般不大于150℃)，价格高。

2. 铅基轴承合金(铅基巴氏合金)

铅基轴承合金是以 Pb-Sb 为基的合金，但二元 Pb-Sb 合金有密度偏析，同时锑颗粒太硬，基体又太软，性能并不好，通常还要加入其它合金元素，如 Sn、Cu、Cd、As 等。常用的铅基轴承合金为 ZChPbSn—16—16—1.8，其中 $w_{Sn} = 15\% \sim 17\%$、$w_{Sb} = 15\% \sim 17\%$、$w_{Cu} = 1.5\% \sim 2.0\%$ 及余量的 Pb。

铅基轴承合金的硬度、强度、韧性都比锡基轴承合金低，但摩擦系数较大，价格较便宜，铸造性能好。常用于制造承受中、低载荷的轴承，如汽车、拖拉机的曲轴、连杆轴承及电动机轴承，但其工作温度不能超过 120℃。

铅基、锡基巴氏合金的强度都较低，需要把它镶铸在钢的轴瓦(一般用 08 钢冲压成形)上，形成薄而均匀的内衬，才能发挥作用。这种工艺称为挂衬。

3. 铝基轴承合金

铝基轴承合金是一种新型减摩材料，具有密度小、导热性好、疲劳强度高和耐蚀性好的优点。它原料丰富，价格便宜，广泛用在高速高负荷条件下工作的轴承。按化学成分可分为铝锡系(Al-20% Sn-1% Cu)、铝锑系(Al-4% Sb-0.5% Mg)和铝石墨系(Al-8Si 合金基体 +3% ~6% 石墨)三类。

铝锡系轴承合金具有疲劳强度高、耐热性和耐磨性良好等优点，因此适用于制造高速、重载条件下工作的轴承。铝锑系轴承合金适用于载荷不超过 20MPa、滑动线速度不大于 10m/s 工作条件下的轴承。铝石墨系轴承合金具有优良的自润滑作用和减震作用以及耐高温性能，适用于制造活塞和机床主轴的轴承。

铝基轴承合金的缺点是膨胀系数较大，抗咬合性低于巴氏合金。它一般用 08 钢作衬背，一起轧成双合金带使用。

4. 多层轴承合金

多层轴承合金是一种复合减摩材料。它是综合了各种减摩材料的优点，弥补其单一合金的不足，从而组成二层或三层减摩合金材料，以满足现代机器高速、重载、大批量生产的要求。例如，将锡锑合金、铅锑合金、铜铅合金、铝基合金等之一与低碳钢带一起轧制，复合而成双金属。为了进一步改善顺应性、嵌镶性及耐蚀性，可在双层减摩合金表面上再镀上一层软而薄的镀层，这就构成了具有更好减摩性及耐摩性的三层减摩材料。这种多层合金的特点都是利用增加钢背和减少减摩合金层的厚度以提高疲劳强度，采用镀层来提高表面性能。

5. 粉末冶金减摩材料

粉末冶金减摩材料在纺织机械、汽车、农机、冶金、矿山机械等方面已获得广泛应用。粉末冶金减摩材料包括铁石墨和铜石墨多孔含油轴承和金属塑料减摩材料。

粉末冶金多孔含油轴承与巴氏合金、铜基合金相比，具有减摩性能好、寿命高、成本低、效率高等优点，特别是它具有自润滑性，轴承孔隙中所贮润滑油，足够其在整个有效工作期间消耗。因此特别适用于制氧机、纺纱机等场合应用的轴承。

6. 非金属材料轴承

在与清水及其它液体接触的滑动轴承，因不能采用机油润滑，此时就可用胶木、塑料、橡胶等非金属材料制成，也可采用金属与非金属材料复合制成。例如，船舶用的水润滑轴承就是采用铜合金作衬套，橡胶作内衬复合而成的。

第四节　钛及其合金

钛不但资源丰富，而且它具有密度小、比强度高、耐热性好及优异的耐腐蚀性能。此外，钛还具有很高的塑性并便于冷热加工，从而使钛在现代工业中占有极其重要的地位。因此在航空、化工、导弹、航天及舰艇等方面，钛及其合金得到广泛的应用。但由于钛在高温时异常活泼，因此，钛及其合金的熔炼、浇铸、焊接和热处理等都要在真空或惰性气体中进行，加工条件严格，成本较高，使它的应用受到限制。

一、纯钛

钛是银白色金属，熔点为 1680℃；相对密度为 4.54，比铝大，但比钢轻

43%。钛有很好的强度，约为铝的6倍，所以钛的比强度在结构材料中是很高的。钛的热膨胀系数较小，使它在高温工作条件下或热加工过程中产生的热应力小。钛的导热性差，只有铁的1/5，加上钛的摩擦系数大($\mu=0.2$)，使切削、磨削加工困难。钛的弹性模量较低，屈强比较高，这使得钛和钛合金冷变形成形时的回弹性大，不易成形和校直。钛有两种同素异构结构，在882.5℃以下的稳定结构为密排六方晶格，用α-Ti表示；在882.5℃以上直到熔点的稳定结构为体心立方晶格，用β-Ti表示。

钛在硫酸、盐酸、硝酸和氢氧化钠等碱溶液中，在湿气及海水中具有优良的耐蚀性。但钛不能抵抗氢氟酸的浸蚀作用。钛在大气中十分稳定，表面生成致密的氧化膜，使它保持金属光泽。但当加热到600℃以上时，氧化膜就失去保护作用。

工业纯钛按杂质含量不同可分为三个等级，即TA1、TA2、TA3。其中"T"为钛的汉语拼音字头，编号越大则杂质越多。工业纯钛可制作在350℃以下工作的强度要求不高的零件。

二、钛合金

为了进一步提高强度，可在钛中加入合金元素。合金元素溶入α-Ti中形成α固溶体，溶入β-Ti中形成β固溶体。铝、碳、氮、氧、硼等元素使$\alpha \rightleftharpoons \beta$同素异构转变温度升高，称为α稳定化元素；而铁、钼、镁、铬、锰、钒等元素使同素异构转变温度下降，称为β稳定化元素；锡、锆等元素对转变温度影响不明显，称为中性元素。

根据使用状态的组织，钛合金可分为三类：α钛合金、β钛合金、(α+β)钛合金。牌号分别以TA、TB、TC加上编号表示。

1. α钛合金

由于α钛合金的组织全部为α固溶体，因而具有很好的强度、韧性及塑件。在冷态也能加工成某种半成品，如板材、棒材等。它在高温下组织稳定，抗氧化能力较强，热强性较好。在高温(500～600℃)时的强度性能为三类钛合金中较高者。但它的室温强度一般低于β和(α+β)钛合金，α钛合金是单相合金，不能进行热处理强化。代表性的合金有TA5、TA6、TA7。

2. β钛合金

全部是β相的钛合金在工业上很少应用。因为这类合金密度较大，耐热性差及抗氧化性能低。当温度高于700℃时，合金很容易受大气中的杂质气体污染，生产工艺复杂，因而限制了它的使用。但全β钛合金由于是体心立方结构，合金具有良好的塑性，为了利用这一特点，发展了一种介稳定的β相钛合金。此合金在淬火状态为全β组织，便于进行加工成形，随后的时效处理又能获得很高的强度。

3. (α+β)钛合金

(α+β)钛合金兼有α和β钛合金两者的优点，耐热性和塑性都比较好，并且可进行热处理强化，这类合金的生产工艺也比较简单。因此，(α+β)合金的应用比较广泛，其中以TC4(Ti-6Al-4V)合金应用最广、最多。

工业纯钛和部分钛合金的牌号、成分、力学性能及用途见表9-8。

表9-8 工业纯钛和部分钛合金的牌号、成分、力学性能及用途

类别	牌号	化学成分 w(%)	热处理状态	室温力学性能 σ_b /MPa	室温力学性能 δ (%)	高温力学性能 温度 /℃	高温力学性能 σ_b /MPa	高温力学性能 σ_{100} /MPa	用途
工业纯钛	TA1	Ti(杂质极微)	T	300~500	30~40	—	—	—	在350℃以下工作，强度要求不高的零件
	TA2	Ti(杂质微)	T	450~600	25~30	—	—	—	
	TA3	Ti(杂质微)	T	550~700	20~25	—	—	—	
α钛合金	TA4	Ti-3Al	T	700	12	—	—	—	在500℃以下工作的零件，导弹燃料罐、超音速飞机的蜗轮机匣
	TA5	Ti-4Al-0.005B	T	700	15	—	—	—	
	TA6	Ti-5Al	T	700	12~20	350	430	400	
β钛合金	TB1	Ti-3Al-8Mo-11Cr	C	1100	16	—	—	—	在350℃以下工作的零件，压气机叶片、轴、轮盘等重载荷旋转件，飞机构件
			CS	1300	5				
	TB2	Ti-5Mo-5V-8Cr-3Al	C	100	20	—	—	—	
			CS	1350	8				
α+β钛合金	TC1	Ti-2Al-1.5Mn	T	600~800	20~25	350	350	350	在400℃以下工作的零件，有一定高温强度的发动机零件，低温用部件
	TC2	Ti-3Al-1.5Mn	T	700	12~15	350	430	400	
	TC3	Ti-5Al-4V	T	900	8~10	500	450	200	
	TC4	Ti-6Al-4V	T	950	10	400	630	580	
			CS	1200	8				

注：T—退火状态；C—淬火状态；CS—淬火+时效状态。

三、钛及钛合金的热处理

1. 钛及钛合金的退火

(1) 消除应力退火 目的是消除工业纯钛和钛合金零件加工或焊接后的内应力。退火温度一般为450~650℃，保温1~4h，空冷。

(2) 再结晶退火 目的是消除加工硬化。对于纯钛一般用550~690℃温度，而钛合金用750~800℃，保温1~3h，空冷。

2. 钛合金的淬火和时效

淬火和时效的目的是提高钛合金的强度和硬度。α钛合金和含β稳定化元素较少的(α+β)钛合金，自β相区淬火时，发生无扩散型的马氏体转变β→α′。α′为β稳定化元素在α-Ti中的过饱和固溶体。α′马氏体与α的晶体结构相同，具有密排六方晶格。α′硬度低、塑性好，是一种不平衡组织，加热时效时分解成α相和β相的混合物，强度、硬度升高。

β钛合金和含稳定化元素较多的(α+β)钛合金，淬火后β相变成介稳定的β相，加热时效时，介稳定β相析出弥散的α相，使合金的强度和硬度提高。

α钛合金一般不进行淬火和时效处理，β钛合金和(α+β)钛合金可进行淬火时效处理提高强度、硬度。

钛合金的淬火温度一般选在(α+β)两相区的上部范围，淬火后部分α保留下来，细小的β相变成介稳定β相或α′相或两者均有(决定于β稳定化元素的含量)，经时效后可获得好的综合力学性能。假如加热到β单相区，β晶粒极易长大，则热处理后的韧性很低。一般淬火温度为760～950℃，保温5～60min，水中冷却。

钛合金的时效温度一般在450～550℃之间，时间为几小时至几十小时。

钛合金热处理加热时应防止污染和氧化，并严防过热。β晶粒长大后，无法用热处理方法挽救。

思考作业题

1. 铸造铝合金(如Al-Si合金)为何要进行变质处理？
2. 以Al-Cu合金为例，说明时效硬化的基本过程及影响时效硬化过程的因素。
3. 铝合金能像钢一样进行马氏体相变强化吗？可以通过渗碳、渗氮的方式表面强化吗？为什么？
4. 铝合金的自然时效与人工时效有什么区别？选用自然时效或人工时效的原则是什么？
5. 铜合金的性能有何特点？铜合金在工业上的主要用途是什么？
6. 哪些合金元素常用来制造复杂黄铜？这些合金元素在黄铜中存在的形态是怎样的？
7. 锡青铜属于什么合金？为什么工业用锡青铜中锡的质量分数一般不超过14%？
8. 轴承合金在性能上有何要求？在组织上有何特点？
9. 试比较钛合金的热处理强化方式与钢、铝合金的热处理强化方式的异同。

第十章　常用非金属材料

近年来高分子材料、陶瓷等非金属材料的急剧发展，在材料的生产和使用方面均有重大的进展，正在越来越多地应用于各类工程中。非金属材料已经不是金属材料的代用品，而是一类独立使用的材料，有时甚至是一种不可取代的材料。

第一节　高分子材料

通常，高聚物根据力学性能和使用状态可分为橡胶、塑料、合成纤维、胶粘剂和涂料等五类。各类高聚物之间并无严格的界限，同一高聚物，采用不同的合成方法和成型工艺，可以制成塑料，也可制成纤维，比如尼龙就是如此。而像聚氨酯一类的高聚物，在室温下既有玻璃态性质，又有很好的弹性，所以很难说它是橡胶还是塑料。

一、塑料

按照应用范围，塑料分为三种。

1. 通用塑料

通用塑料主要包括聚乙烯、聚氯乙烯、聚苯乙烯、聚丙烯、酚醛塑料和氨基塑料等六大品种。这一类塑料的特点是产量大、用途广、价格低，它们占塑料总产量的3/4以上，大多数用于日常生活用品。其中，以聚乙烯、聚氯乙烯、聚苯乙烯、聚丙烯这四大品种用途最广泛。

（1）聚乙烯(PE)　生产聚乙烯的原料均来自于石油或天然气，它是塑料工业产量最大的品种。聚乙烯的相对密度小(0.91～0.97)，耐低温，电绝缘性能好，耐蚀性好。高压聚乙烯质地柔软，适于制造薄膜；低压聚乙烯质地坚硬，可作一些结构零件。聚乙烯的缺点是强度、刚度、表面硬度都低，蠕变大，热膨胀系数大，耐热性低，且容易老化。

（2）聚氯乙烯(PVC)　聚氯乙烯是最早工业生产的塑料产品之一，产量仅次于聚乙烯，广泛用于工业、农业和日用制品。聚氯乙烯耐化学腐蚀，不燃烧，成本低，加工容易；但它耐热性差，冲击韧度较低，还有一定的毒性。聚氯乙烯主要用于制作食品和药品的包装，必须采用共聚和混合的方法改进，制成无毒聚氯乙烯产品。

（3）聚苯乙烯(PS)　聚苯乙烯是20世纪30年代的老产品，目前是产量仅次于前两者的塑料品种。它有很好的加工性能，其薄膜具有优良的电绝缘性，常用于电器零件；它的发泡材料相对密度小(0.33)，有良好的隔音、隔热、防震性能，广泛应用于仪器的包装和隔音材料。聚苯乙烯易加入各种颜料制成色彩鲜艳的制品，用来制造玩具和各种日用器皿。

(4) 聚丙烯(PP) 聚丙烯工业化生产较晚，但因其原料易得，价格便宜，用途广泛，所以产量剧增。它的优点是：相对密度小，是塑料中最轻的；而它的强度、刚度、表面硬度都比 PE 塑料大；它无毒，耐热性也好，是常用塑料中唯一能在水中煮沸、经受消毒温度(130℃)的品种。但聚丙烯的粘合性、染色性、印刷性均差，低温易脆化，易受热、光作用而变质，且易燃，收缩大。聚丙烯有优良的综合性能，目前主要用于制造各种机械零件，如法兰、齿轮、接头、把手、各种化工管道、容器等，它还被广泛用于制造各种家用电器外壳和药品、食品的包装等。

2. 工程塑料

工程塑料是指能作为结构材料在机械设备和工程结构中使用的塑料。它们的力学性能较好，耐热性和耐腐蚀性也比较好，是当前大力发展的塑料品种。这类塑料主要有：聚酰胺、聚甲醛、有机玻璃、聚碳酸酯、ABS 塑料、聚苯醚、聚砜、氟塑料等。

(1) 聚酰胺(PA) 聚酰胺又叫尼龙或锦纶，是最先发现能承受载荷的热塑性塑料，在机械工业中应用比较广泛。它的机械强度较高，耐磨、自润滑性好，而且耐油、耐蚀、消音、减震，大量用于制造小型零件，代替有色金属及其合金。

(2) 聚甲醛(POM) 甲醛是没有侧链、高密度、高结晶性的线型聚合物，性能比尼龙好，但耐候性较差。聚甲醛按分子链化学结构不同分为均聚甲醛和共聚甲醛。聚甲醛广泛应用于汽车、机床、化工、电器仪表、农机等。

(3) 聚碳酸酯(PC) 聚碳酸酯是新型热塑性工程塑料，品种很多。工程上常用的是芳香族聚碳酸酯，其综合性能很好，近年来发展很快，产量仅次于尼龙。聚碳酸酯的化学稳定性也很好，能抵抗日光、雨水和气温变化的影响，它的透明度高，成型收缩率小，制件尺寸精度高，广泛应用于机械、仪表、电信、交通、航空、光学照明、医疗器械等方面。如波音 747 飞机上就有 2500 个零件用聚碳酸酯制造，其总重量达 2t。

(4) ABS 塑料 ABS 是由丙烯腈、丁二烯、苯乙烯三种组元所组成，三个单体量可以任意变化，制成各种品级的树脂。ABS 具有三种组元的共同性能，丙烯腈使其耐化学腐蚀，有一定的表面硬度，丁二烯使其具有韧性，苯乙烯使其具有热塑性塑料的加工特性，因此 ABS 是具有“坚韧、质硬、刚性”的材料。ABS 塑料性能好，而且原料易得，价格便宜，所以在机械加工、电器制造、纺织、汽车、飞机、轮船、化工等工业中得到广泛应用。

(5) 聚苯醚(PPO) 聚苯醚是线型、非结晶的工程塑料，具有很好的综合性能。它的最大特点是使用温度宽(-190～190℃)，达到热固性塑料的水平；它的耐摩擦磨损性能和电性能也很好，还具有卓越的耐水、耐蒸汽性能。所以聚苯醚主要用于在较高温度下工作的齿轮、轴承、凸轮、泵叶轮、鼓风机叶片、水泵零件、化工用管道、阀门以及外科医疗器械等。

(6) 聚砜(PSF) 聚砜是分子链中具有硫键的透明树脂，具有良好的综合性能，它耐热性、抗蠕变性好，长期使用温度为150～174℃，脆化温度为-100℃。广泛应用于电器、机械设备、医疗器械、交通运输等。

(7) 聚四氟乙烯(PTFE) 聚四氟乙烯是氟塑料中的一种，具有很好的耐高、低温，耐腐蚀等性能。聚四氟乙烯几乎不受任何化学药品的腐蚀，它的化学稳定性超过了玻璃、陶瓷、不锈钢，甚至金、铂，俗称“塑料王”。由于聚四氟乙烯的使用范围广，化学稳定性好，介电性能优良，自润滑和防粘性好，所以在国防、科研和工业中占有重要地位。

(8) 有机玻璃(PMMA) 有机玻璃的化学名称是“聚甲基丙烯酸甲酯”。它是目前最好的透明材料，透光率达到92%以上，比普通玻璃好，且相对密度小(1.18)，仅为玻璃的一半。有机玻璃有很好的加工性能，常用来制作飞机的座舱、舷舱，电视和雷达标图的屏幕，汽车风挡，仪器和设备的防护罩，仪表外壳，光学镜片等。有机玻璃的缺点是耐磨性差，也不耐某些有机溶剂。

3. 特种塑料

特种塑料是指具有某些特殊性能，满足某些特殊要求的塑料。这类塑料产量少，价格贵，只用于特殊需要的场合，如医用塑料等。

二、橡胶

橡胶是具有高弹性的轻度交联的线型高聚物，它们在很宽的温度范围内处于高弹态。一般橡胶在-40～80℃范围内具有高弹性，某些特种橡胶在-100℃的低温和200℃高温下都保持高弹性。橡胶的弹性模量很低，只有1MN/m^2，在外力作用下变形量可达100%～1000%，外力去除又很快恢复原状。橡胶有优良的伸缩性，良好的储能能力和耐磨、隔音、绝缘等性能，广泛用于制作密封件、减振件、传动件、轮胎和电线等制品。

纯弹性体的性能随温度变化很大，如高温发粘、低温变脆，因此必须加入各种配合剂，经加温加压的硫化处理，才能制成各种橡胶制品。硫化剂加入量大时，橡胶硬度增高。硫化前的橡胶称为生胶，硫化后的橡胶有时也称为橡皮。常用橡胶品种的性能及用途见表10-1。

表 10-1 常用橡胶的性能及用途

名称	通用橡胶						特种橡胶				
	天然	丁苯	顺丁	丁醛	氯丁	丁腈	聚氨酯	乙丙	氟	硅	聚硫
代号	NR	SBR	BR	HB	CR	NBR	UR	EPDM	FPM	Si	TR
抗拉强度 MPa	25 ~ 30	15 ~ 20	18 ~ 25	17 ~ 21	25 ~ 27	15 ~ 30	20 ~ 35	10 ~ 25	20 ~ 22	4 ~ 10	9 ~ 15
伸长率 %	650 ~ 900	500 ~ 800	450 ~ 800	650 ~ 800	800 ~ 1000	300 ~ 800	300 ~ 800	400 ~ 800	100 ~ 500	50 ~ 500	100 ~ 700
使用温度（℃）	-50 ~ 120	-50 ~ 140	-73 ~ 120	120 ~ 170	-35 ~ 130	-35 ~ 175	-30 ~ 80	-40 ~ 150	-50 ~ 300	-70 ~ 275	-7 ~ 130
抗撕性	好	中	中	中	好	中	中	好	中	差	差
耐磨性	中	好	好	中	中	中	好	中	中	差	差
回弹性	好	中	好	中	中	中	中	中	中	差	差
耐油性	差			中	好	好	好		好		好
耐碱性	好	好	好	好	好		差	好	好		好
抗老化	中	中	中	好	好	中		好	好	好	好
价格		高			高				高	高	
特殊性能	高强、绝缘、防震	耐磨	耐磨、耐寒	耐酸碱气密、绝缘	耐酸碱、耐燃	耐油、耐水、气密	高强、耐磨	耐水、绝缘	耐油碱耐热、真空	耐热、绝缘	耐油、耐碱
用途举例	通用制品、轮胎	通用制品、轮胎、胶板、胶布	轮胎、耐寒运输带	内胎、水胎、化工衬里、防震品	胶管、电缆、胶粘剂汽车门窗嵌条	油管、耐油密封垫圈、汽车配件	实心轮胎、胶辊、耐磨件	气配件、散热耐热胶管、绝缘件	化工衬里、高级密封件、高真空橡胶件	耐高低温制品、耐高温绝缘件、印模	腻子密封胶、丁腈橡胶改性用

三、合成纤维

凡能保持长度比本身直径大 100 倍的均匀条状或丝状的高分子材料称为纤维，包括有天然纤维和化学纤维。其中，化学纤维又分为人造纤维和合成纤维。人造纤维是用自然界的纤维加工制成，如叫“人造丝”、“人造棉”的粘胶纤维和硝化纤维、醋酸纤维等。合成纤维以石油、煤、天然气为原料制成，发展很快。目前，产量最多的六大品种见表 10-2。

涤纶又叫的确良，高强度、耐磨、耐蚀、易洗快干，是很好的衣料。

表10-2　主要合成纤维的性能及用途

化学名称		聚酯纤维	聚酰胺纤维	聚丙烯腈	聚乙烯醇缩醛	聚烯烃	含氯纤维
商品名称		涤纶（的确良）	锦纶（尼龙）	腈纶（人造毛）	维纶	丙纶	氯纶
强度	干态	优	优	中	优	优	中
	湿态	优	中	中	中	优	中
相对密度		1.38	1.14	1.14～1.17	1.26～1.3	0.91	1.39
吸水率(%)		0.4～0.5	3.5～5.0	1.2～2.0	4.5～5.0	0	0
软化温度/℃		238～240	180	190～230	220～230	140～150	60～90
耐蚀性		优	最优	差	优	优	中
耐日光性		优	差	最优	优	差	中
耐酸性		优	中	优	中	中	优
耐碱性		中	优	优	优	优	优
特点		挺括、不皱、耐冲击、耐疲劳	结实、耐磨	蓬松、耐晒	成本低	轻、牢固	耐磨、不易燃
工业应用举例		鱼网、高级帘子布、缆绳、帆布	鱼网、工业帘子布、降落伞、运输带	制作碳纤维及石墨纤维原料	工业帆布、过滤布、鱼具、缆绳	军用被服、绳索、水龙带、鱼网、合成纸	导火索皮、口罩、劳保用品、帐篷

尼龙在我国称为锦纶，强度大、耐磨性好、弹性好，主要缺点是耐光性差。

腈纶在国外称为奥纶、开司米纶，它柔软、轻盈、保暖，有人造羊毛之称。

维纶的原料易得，成本低，性能与棉花相似且强度高，缺点是弹性较差，织物易皱。

丙纶是后起之秀，发展快，以轻、牢、耐磨著称，缺点是可染性差，日晒易老化。

氯纶难燃、保暖、耐晒、耐磨，弹性也好，由于染色性差，热收缩大，限制了它的使用。

四、合成胶粘剂

胶粘剂统称为胶，它以粘性物质为基础，并加入各种添加剂组成。它可将各种零件、构件牢固地粘结在一起，有时可部分代替铆接或焊接等工艺。由于胶粘工艺操作简便，接头处应力分布均匀，接头的密封性、绝缘性和耐蚀性较好，且可连接各种材料，所以在工程中应用日益广泛。

胶粘剂分为天然胶粘剂和合成胶粘剂两种，浆糊、虫胶和骨胶等属于天然胶粘剂，而环氧树脂、氯丁橡胶等则属于合成胶粘剂。通常，人工合成树脂型胶粘剂由粘剂（如酚醛树脂、聚苯乙烯等）、固化剂、填料及各种附加剂（增韧剂、抗氧剂等）组成。根据使用要求选择不同的配比。

胶粘剂不同，形成胶接接头的方法也不同。有的接头在一定的温度和时间条件下由固化形成；有的加热胶接，冷凝后形成接头；还有的需先溶入易挥发溶液中，胶接后溶剂挥发形成接头。

不同材料也要选用不同的胶粘剂，一些材料适用的胶粘剂列于表 10-3 中。两种不同材料胶接时，可选用两种材料共同适用的胶粘剂。此外，正确设计胶接接头，是获得高质量接头的关键。接头的形状和尺寸，以获得合理的应力分布为最好。胶接的操作工艺（表面处理、涂胶、固化等）必须严格按有关规程实施，这也是获得高质量接头的重要条件。

表 10-3　一些材料适用的部分胶粘剂

材料 / 胶粘剂	钢、铁、铝	热固性塑料	硬聚氯乙烯	聚乙烯、聚丙烯	聚碳酸酯	ABS	橡胶	玻璃、陶瓷	混凝土	木材
无机酸	可							优		
聚氨酯	良	良	良	可	良	良	良	可	—	优
环氧树脂：										
氨类固化	优	优	—	可	—	良	可	优	良	良
酸酐固化	优	优	—	—	良	—	—	优	良	良
还氧-丁腈	优	良	—	—	—	可	良	良	—	—
酚醛-缩醛	优	优	—	—	—	—	可	良	—	—
酚醛-氯丁	可	可	—	—	—	—	优	—	可	可
氯丁橡胶	可	可	良	—	—	可	优	可	—	良
聚酰亚胺	良	良	—	—	—	—	—	良	—	—

五、涂料

涂料就是通常所说的油漆，这是一种有机高分子胶体的混合溶液，涂在物体表面上能干结成膜。涂料主要有三大基本功能：一是保护功能，起着避免外力碰伤、摩擦，防止腐蚀的作用；二是装饰功能，起着使制品表面光亮美观的作用；三是特殊功能，可作为标志使用，如管道、气瓶和交通标志牌等。

涂料是由粘接剂、颜料、溶剂和其它辅助材料组成。其中，粘接剂是主要的膜物质，一般采用合成树脂作粘接剂，它决定了膜与基体层粘接的牢固程度；颜料也是涂膜的组成部分，它不仅使涂料着色，而且能提高涂膜的强度、耐磨性、耐久性和防锈能力；溶剂是涂料的稀释剂，其作用是稀释涂料，以便于施工，干结后挥发；辅助材料通常有催干剂、增塑剂、固化剂、稳定剂等。

酚醛树脂涂料是应用最早的合成涂料，有清漆、绝缘漆、耐酸漆、地板漆等。

氨基树脂涂料的涂膜光亮、坚硬，广泛用于电风扇、缝纫机、化工仪表、医疗器械、玩具等各种金属制品。

醇酸树脂涂料涂膜光亮，保光性强，耐久性好，广泛用于金属、木材的表面涂饰。

环氧树脂涂料的附着力强，耐久性好，适用于做金属底漆，也是良好的绝缘涂料。

聚氨酯涂料的综合性能好，特别是耐磨性和耐蚀性好，适用于列车、地板、舰船甲板、纺织用的纱管以及飞机外壳等。

有机硅涂料耐高温性能好，也耐大气，抗老化，适于高温环境下使用。

第二节　陶 瓷 材 料

一、陶瓷材料的分类

陶瓷材料是由成形矿物质高温烧制(烧结)的无机物材料。陶瓷材料可分为传统陶瓷、特种陶瓷二种。

传统陶瓷是以粘土、长石和石英等天然原料，经过粉碎、成形和烧结制成，主要用作日用、建筑、卫生以及工业上应用如绝缘、耐酸、过滤陶瓷等。

特种陶瓷是以人工化合物为原料制成，如氧化物、氮化物、碳化物、硅化物、硼化物和氟化物瓷以及石英质、刚玉质、碳化硅质过滤陶瓷等。这类陶瓷具有独特的力学、物理、化学、电、磁、光学等性能，满足工程技术的特殊需要，主要用于化工、冶金、机械、电子、能源和一些新技术中。在特种陶瓷中，按性能可分为高强度陶瓷、高温陶瓷、耐磨陶瓷、耐酸陶瓷、压电陶瓷、电介质陶瓷、光学陶瓷、半导体陶瓷、磁性陶瓷和生物陶瓷。按照化学组成分类，特种陶瓷可分为氧化物陶瓷、氮化物陶瓷、碳化物陶瓷、复合瓷和纤维增强陶瓷。

二、传统陶瓷(普通陶瓷)

传统陶瓷就是粘土类陶瓷，它产量大，应用广。大量用于日用陶器、瓷器、建筑工业、电器绝缘材料、耐蚀要求不很高的化工容器、管道，以及机械性能要求不高的耐磨件，如纺织工业中的导纺零件等。表 10-4 是普通陶瓷的性能及用途。

表 10-4 普通陶瓷的性能及用途

种类名称	原 料	特 性	用 途
日用陶瓷	粘土、石英、长石、滑石等	具有良好的热稳定性、致密度、机械强度和硬度	生活瓷器
建筑用瓷	粘土、长石、石英等	具有较好的吸水性、耐腐蚀性、耐酸性、耐碱性、耐磨性等	铺设地面、输水管道装置、卫生间等
电 瓷	一般采用粘土、长石、石英等配制	介电强度高，抗拉、抗弯强度较高，耐热、耐冷急变性能较好	隔电、机械支撑件、瓷质绝缘件
过滤陶瓷	以石英砂、河砂等瘠性原料为骨架，添加结合剂和增孔剂	具有耐腐蚀、耐高温、强度大、不老化寿命长、不污染、易清洗再生及操作方便等优点	用于制作多孔 SO_2 陶瓷器件，气体、液体过滤器等
化工陶瓷	粘土、焦宝石（熟料）滑石、长石等	具有耐酸、耐碱、耐腐蚀性，不污染介质	石油化工、冶炼、造纸、化纤工业等

三、特种陶瓷

用人工合成的原料，采用普通陶瓷的工艺制得的新材料，称为特种陶瓷。它包括氧化物陶瓷、氮化硅陶瓷、碳化硅陶瓷、氮化硼陶瓷等几种。

1. 氧化铝陶瓷

这是以 Al_2O_3 为主要成分的陶瓷，Al_2O_3 的质量分数大于46%，也称为高铝陶瓷。Al_2O_3 的质量分数在90%～99.5%时称为刚玉瓷。按 Al_2O_3 的成分可分为75瓷、85瓷、96瓷、99瓷等。氧化铝含量越高，性能就越好。氧化铝瓷耐高温性能很好，在氧化气氛中可使用到1950℃。氧化铝瓷的硬度高、电绝缘性能好、耐蚀性和耐磨性也很好。可用作高温器皿，刀具，内燃机火花塞，轴承，化工用泵、阀门等。

2. 氮化硅陶瓷

氮化硅是键性很强的共价键化合物，稳定性极强，能耐除氢氟酸外的各种酸和碱的腐蚀，也能抵抗熔融有色金属的浸蚀。氮化硅的硬度很高，仅次于金刚石、立方氮化硼和碳化硼。有良好的耐磨性，摩擦系数小，只有0.1～0.2，相当于加油的金属表面。氮化硅还有自润滑性，可在润滑剂的条件下使用，是一种非常优良的耐磨材料。氮化硅的热膨胀系数小，有极好的抗温度急变性。

氮化硅按生产方法分为热压烧结法和反应烧结法两种。反应烧结氮化硅可用于耐磨、耐腐蚀、耐高温、绝缘的零件，如腐蚀介质下工作的机械密封环、高温轴承、热电偶套管、输送铝液的管道和阀门、燃气轮机叶片、炼钢生产的铁水流量计以及农药喷雾器的零件等。热压烧结氮化硅主要用于刀具，可进行淬火钢、冷硬铸铁等高硬材料的精加工和半精加工，也用于钢结硬质合金、镍基合金等的加工，它的成本比金刚石和立方氮化硼刀具低。热压氮化硅还可作转子发动机的叶片、高温轴承等。

3. 碳化硅陶瓷

碳化硅的高温强度大，其它陶瓷在1200～1400℃时强度显著下降，而碳化硅的抗弯强度在1400℃时仍保持500～600MPa。碳化硅的热传导能力很高，仅次于氧化铍，它的热稳定性、耐蚀性、耐磨性也很好。

碳化硅是用于1500℃以上工作部件的良好结构材料，如火箭尾喷管的喷嘴、浇注金属中的喉嘴以及炉管、热电偶套管等。还可用作高温轴承、高温热交换器、核燃料的包封材料以及各种泵的密封圈等。

4. 氮化硼陶瓷

氮化硼晶体属六方晶系，结构与石墨相似，性能也有很多相似之处，所以又叫“白石墨”。它有良好的耐热性、热稳定性、导热性、高温介电强度，是理想的散热材料和高温绝缘材料。氮化硼的化学稳定性好，能抵抗大部分熔融金属的浸蚀。它也有很好的自润滑性。氮化硼制品的硬度低，可进行机械加工，精度为1/100mm。氮化硼可用于制造熔炼半导体的坩埚及冶金用高温容器、半导体散热绝缘零件、高温轴承、热电偶套管及玻璃成形模具等。

氮化硼的另一种晶体结构是立方晶格。立方氮化硼结构牢固，硬度和金刚石接近，是优良的耐磨材料，也用于制造刀具。

5. 氧化锆陶瓷

氧化锆的熔点为2715℃，在氧化气氛中2400℃时是稳定的，使用温度可达到2300℃。它的热导率小，高温下是良好的隔热材料。室温下是绝缘体，到1000℃以上成为导电体，可用作1800℃以上的高温发热体。氧化锆陶瓷一般用作钯、铑等金属的坩埚，离子导电材料等。

6. 氧化铍陶瓷

氧化铍的熔点为2570℃，在还原性气氛中特别稳定。它的导热性极好，和铝相近，其抗热冲击性很好，适于作高频电炉的坩埚。还可以用作激光管、晶体管散热片、集成电路的外壳和基片等。但氧化铍的粉末和蒸气有毒性，这影响了它的使用。

7. 氧化镁陶瓷

氧化镁的熔点为2800℃，在氧化气氛中使用可在2300℃保持稳定，在还原性气氛中使用时在1700℃就不稳定了。氧化镁陶瓷是典型的碱性耐火材料，用于冶炼高纯度铁、铁合金、铜、铝、镁等以及熔化高纯度铀、钍及其合金。它的缺点是机械强度低、热稳定性差，容易水解。

第三节 复合材料

复合材料是由两种或两种以上化学本质不同的组成人工合成的材料。其结构为多相，一类组成(或相)为基体，起粘结作用，另一类为增强相。所以复合材料可以认为是一种多相材料，它的某些性能比各组成相的性能都好。

我们已经研究过某些复合材料，那是一些在显微尺度上进行增强的材料。贝氏体、回火马氏体及沉淀硬化(时效硬化)合金都是通过细小颗粒硬化相的弥散而得到强化的。例如，回火马氏体(α 相 + 碳化物)的抗拉强度可超过 1400MPa，而单独的铁素体(α 相)的抗拉强度则低于此值的 20%。发生强化的原因就是在于材料中形变相的应变受到刚性相的制约。

一、复合材料的基本类型与组成

复合材料按基体类型可分为金属基复合材料、高分子基复合材料和陶瓷基复合材料等三类。目前应用最多的是高分子基复合材料和金属基复合材料。

复合材料按性能可分为功能复合材料和结构复合材料。前者还处于研制阶段，已经大量研究和应用的主要是结构复合材料。

复合材料按增强相的种类和形状可分为颗粒增强复合材料、纤维增强复合材料和层状增强复合材料。其中，发展最快、应用最广的是各种纤维(玻璃纤维、碳纤维、硼纤维、SiC 纤维等)增强的复合材料。不同种类的复合材料见表 10-5。

表 10-5 复合材料的种类

增强体 \ 基体		金属	无机非金属				有机材料		
			陶瓷	玻璃	水泥	炭素	木材	塑料	橡胶
金属		金属基复合材料	陶瓷基复合材料	金属网嵌玻璃	钢筋水泥	无	无	金属丝增强塑料	金属丝增强橡胶
无机非金属	陶瓷{纤维、粒料}	金属基超硬合金	增强陶瓷	陶瓷增强玻璃	增强水泥	无	无	陶瓷纤维增强塑料	陶瓷纤维增强橡胶
	炭素{纤维、粒料}	碳纤维增强金属	增强陶瓷	陶瓷增强玻璃	增强水泥	碳纤维增强碳复合材料	无	碳纤维增强塑料	碳纤碳黑增强橡胶
	玻璃{纤维、粒料}	无	无	无	增强水泥	无	无	玻璃纤维增强塑料	玻璃纤维增强橡胶
有机材料	木材	无	无	无	水泥木丝板	无	无	纤维板	无
	高聚物纤维	无	无	无	增强水泥	无	无	高聚物纤维增强塑料	高聚物纤维增强橡胶
	橡胶颗粒	无	无	无	无	无	橡胶合板	高聚物合金	高聚物合金

二、复合材料的特点

1. 比强度和比模量

许多近代动力设备和结构，不但要求强度高，而且要求重量轻。设计这些结构时遇到的关键问题是所谓平方—立方关系，即结构强度和刚度随线尺寸的平方(横截面积)而增加，而重量随线尺寸的立方而增加。这就要求使用比强度和比弹性模量高的材料。复合材料的比强度和比弹性模量都比较大，例如碳纤维和环氧树脂组成的复合材料，其比强度是钢的7倍，比弹性模量比钢大3倍。

2. 耐疲劳性能

复合材料中基体和增强纤维间的界面能够有效地阻止疲劳裂纹的扩展。疲劳破坏在复合材料中总是从承载能力比较薄弱的纤维处开始的，然后逐渐扩展到结合面上，所以复合材料的疲劳极限比较高。例如碳纤维—聚酯树脂复合材料的疲劳极限是抗拉强度的70% ~80%，而金属材料的疲劳极限只有抗拉强度的40% ~50%。图10-1是三种材料的疲劳性能的比较。

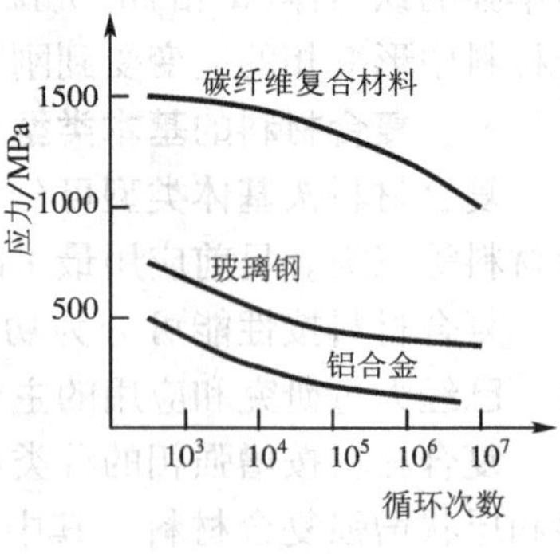

图10-1　三种材料疲劳性能比较

3. 减震性能

许多机器、设备的振动问题十分突出。结构的自振频率除与结构本身的质量、形状有关外，还与材料的比弹性模量的平方根成正比。材料的比弹性模量越大，则其自振频率越高，可避免在工作状态下产生共振及由此引起的早期破坏。此外，即使结构已产生振动，由于复合材料的阻尼特性好(纤维与基体的界面吸振能力强)，振动也会很快衰减。图10-2是两种不同材料的阻尼特性的比较。

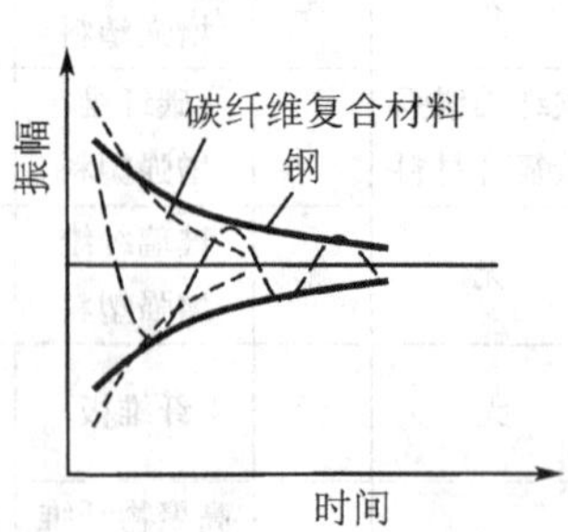

图10-2　两种材料的阻尼特性的比较

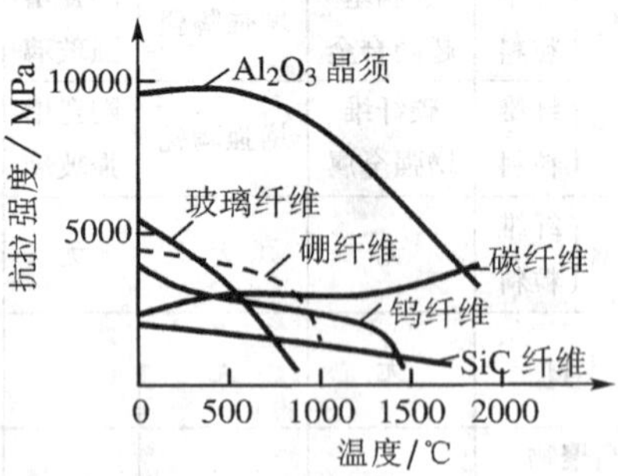

图10-3　几种增强纤维的高温强度

4. 耐高温性能

由于各种增强纤维一般在高温下仍可保持高的强度，所以用它们增强的复合材料的高温强度和弹性模量均较高，特别是金属基复合材料。例如7075铝合金，在400℃时，弹性模量接近于零，抗拉强度值也从室温时的500MPa降至30～50MPa。而碳纤维或硼纤维增强组成的复合材料，在400℃时，强度和弹性模量可保持接近室温下的水平。碳纤维增强的镍基合金也有类似的情况。如图10-3所示是几种增强纤维的高温强度。

5. 断裂安全性

纤维增强复合材料是力学上典型的静不定体系，在每平方厘米截面上，有几千至几万根增强纤维(直径一般为10～100μm)，当其中一部分受载荷作用断裂后，应力迅速重新分布，载荷由未断裂的纤维承担起来，所以断裂安全性好。

6. 其它性能特点

许多复合材料都有良好的化学稳定性、隔热性、烧蚀性以及特殊的电、光、磁等性能。

阻碍复合材料进一步推广使用的主要问题是：断裂伸长小，抗冲击性能尚不够理想，生产工艺方法中手工操作多，难以自动化生产，间断式生产周期长，效率低，加工出的产品质量不够稳定等。

增强纤维的价格很高，使复合材料的成本比其它工程材料高得多。虽然复合材料利用率比金属高(约80%)，但在一般机器和设备上使用仍然是不够经济的。

上述缺陷的改善，将会大大地推动复合材料的发展和应用。

三、复合理论简介

复合材料的复合机理的研究目前尚不成熟，所以只介绍提高力学性能的复合理论。

1. 影响强化的因素

(1) 粒子增强复合材料　粒子增强复合材料承受载荷的主要是基体材料，在粒子增强复合材料中的粒子高度弥散地分布在基体中，从而阻碍导致塑性变形的位错运动(金属基体)或分子链运动(高聚物基体)。粒子直径一般在0.01～0.1μm范围内时增强效果最好；直径过大时，引起应力集中；直径小于0.01μm时，则近于固溶体结构，作用不大。增强粒子的数量大于20%时，称为粒子增强性复合材料，含量较少时称为弥散强化复合材料。

(2) 纤维增强复合材料　纤维增强复合材料复合的效果取决于纤维和基体本身的性质，两者界面间物理、化学作用的特点以及纤维的含量、长度、排列方式等因素。为了达到纤维增强的目的，必须注意以下问题：

1) 纤维增强复合材料中承受外加载荷主要靠增强纤维。因此应选择强度和弹性模量都高于基体的纤维材料作增强剂。

2) 纤维和基体之间要有一定的粘结作用，两者之间的结合力要能保证基体所受的力通过界面传递给纤维。但结合力不能过大，因为复合材料受力破坏时，纤维从基体中拔出时要消耗能量，过大的结合力使纤维失去拔出过程，而发生脆性断裂。

3）纤维的排布方向要和构件的受力方向一致，才能发挥增强作用。

4）纤维和基体的热膨胀系数应相适应。

5）纤维所占的体积分数必须大于一定的值。

6）不连续短纤维必须大于一定的长度。

2. 连续纤维复合材料的强度理论

在弹性范围内，纤维增强的效果是与纤维的体积分数有关。一般认为，解释连续纤维复合材料强度的是所谓混合定律理论。即：

$$\sigma_C = \sigma_f V_f + \sigma_m V_m \tag{10-1}$$

$$E_C = E_f V_f + E_m V_m \tag{10-2}$$

$$V_f + V_m = 1 \tag{10-3}$$

式中 σ_C——复合材料的强度；

σ_f——增强纤维的强度；

σ_m——基体材料的强度；

E_C——复合材料的弹性模量；

E_f——增强纤维的弹性模量；

E_m——基体的弹性模量；

V_f——增强纤维的体积分数；

V_m——基体的体积分数。

需要说明的是，此式并不是对所有的体积分数都有效，V_f 只有在大于某个值后才起到增强效果。同样，该式对纤维的长度也有一定的要求。

3. 复合材料的界面

土木工程师知道，在钢筋与混凝土之间的界面上会产生切应力。为此，一般在预应力钢筋的表面带有螺纹状突起。在增强纤维与其周围基体之间，也存在着类似的切应力。但是，这里的切应力是由化学结合而不是由机械结合来承担的。所以，复合材料界面结合情况是决定复合材料性能的重要因素。

增强纤维与基体之间的结合强度对复合材料的性能影响很大。如果界面结合强度低，则增强纤维与基体很容易分离，起不到增强作用，但如果界面结合强度太高，则增强纤维与基体之间应力无法松弛，形成脆性断裂。

四、纤维增强材料

1. 玻璃纤维

玻璃纤维有较高的强度，相对密度小，化学稳定性高，耐热性好，价格低。缺点是脆性较大，耐磨性差，纤维表面光滑而不易与其它物质结合。

玻璃纤维可制成长纤维和短纤维，也可以织成布，制成毡。

2. 碳纤维与石墨纤维

有机纤维在惰性气体中，经高温碳化可以制成碳纤维和石墨纤维。在2000℃以下制得碳纤维，再经2500℃以上处理得石墨纤维。

碳纤维的相对密度小，弹性模量高，而且在2500℃无氧气氛中也不降低。

石墨纤维的耐热性和导电性比碳纤维高，并具有自润滑性。

3. 硼纤维

硼纤维是用化学沉积的方法将非晶态硼涂覆到钨和碳丝上面制得的。硼纤维强度高，弹性模量大，耐高温性能好。在现代航空结构材料中，硼纤维的弹性模量绝对值最高，但硼纤维的相对密度大，伸长率低，价格昂贵。

4. SiC 纤维

SiC 纤维是一种高熔点、高强度、高弹性模量的陶瓷纤维。它可以用化学沉积法及有机硅聚合物纺丝烧结法制造 SiC 连续纤维。SiC 纤维的突出优点是具有优良的高温强度。

5. 晶须

晶须是直径只有几微米的针状单晶体，是一种新型的高强度材料。晶须包括金属晶须和陶瓷晶须。金属晶须中可批量生产的是铁晶须，其最大特点是可在磁场中取向，可以很容易地制取定向纤维增强复合材料。陶瓷晶须比金属晶须强度高，相对密度低，弹性模量高，耐热性好。

6. 其它纤维

天然纤维和高分子合成纤维也可作为增强材料，但性能较差。美国杜邦公司开发了一种叫做 Kevlar(芳纶)的新型有机纤维，其弹性模量和强度都较高，通常用作高强度复合材料的增强纤维。Kevlar 纤维刚性大，其弹性模量为钢丝的 5 倍，密度只有钢丝的 1/5～1/6，比碳纤维轻 15%，比玻璃纤维轻 45%。Kevlar 纤维的强度高于碳纤维和经过拉伸的钢丝，热膨胀系数低，具有高的疲劳强度，良好的耐热性，而且其价格低于碳纤维，是一种很有发展前途的增强纤维。

五、玻璃纤维增强塑料

玻璃纤维增强塑料通常称为“玻璃钢”。由于其成本低，工艺简单，所以目前是应用最广泛的复合材料。它的基体可以是热塑性塑料，如尼龙、聚碳酸酯、聚丙烯等；也可以是热固性塑料，如环氧树脂、酚醛树脂、有机硅树脂等。

玻璃钢可制造汽车、火车、拖拉机的车身及其它配件，也可应用于机械工业的各种零件，玻璃钢在造船工业中应用也越来越广泛，如玻璃钢制造的船体耐海水腐蚀性好，制造的深水潜艇，比钢壳的潜艇潜水深 80%。玻璃钢的耐酸、碱腐蚀性能好，在石油化工工业中可制造各种罐、管道、泵、阀门、贮槽等。玻璃钢还是很好的电绝缘材料，可制造电动机零件和各种电器。

思考作业题

1. 请选用两种塑料制造中等载荷的齿轮，说明选材的依据。
2. 用全塑料制造的零件有什么优缺点？
3. 为什么金属很少是玻璃态，而高聚物大多是非晶态？
4. 橡胶为什么可作减震制品？还有哪些材料可用来制作减震元件？
5. 结构陶瓷和功能陶瓷在性能上有何区别？主要表现在哪些方面？
6. 陶瓷性能的主要缺点是什么？分析其原因，并指出改进的方法。
7. 氮化硅和氮化硼特种陶瓷在应用上有何异同点？
8. 复合材料有哪几种基本类型？其基本性能特点是什么？
9. 纤维复合材料有何特点？

第十一章　工程材料的选用

掌握各种工程材料的特性，正确地选择和使用材料，并能初步分析机器及零件使用过程中出现的各种材料问题，是对从事机械设计与制造的工程技术人员的基本要求，因为机器零件的设计不单是结构设计，还应该包括材料与工艺的设计。

许多机械工程师把选材看成一种简单而不太重要的任务。当碰到零件的选材问题时，他们一般都是参考相同零件或类似零件的用材方案，选择一种传统上使用的材料(这种方法称为经验选材法)；当无先例可循，同时对材料的性能(如耐腐蚀性能等)又无特殊要求时，他们仅仅根据简单的计算和手册提供的数据，信手选定一种较万能的材料，例如45钢。这种简单化的处理方法已日益暴露出种种缺点，并证明是许多重大质量事故的根源。所以，选材正在逐渐变成一种严格地建立在试验与分析基础上的科学方法。掌握这种选材方法的要领，了解正确选材的过程，显然具有很大的实际价值。

在机械制造业中，新设计的机械产品中的每一个机械零件或工程构件、工艺装备和非标准设备，机械产品的改型，机械产品中某些零件需要更换材料，进口设备中某些零配件需用国产零配件代用等，都会调到材料的选用。一般机械零件，在设计和选材时，大多以使用性能指标作为主要依据。而对机械零件起主导作用的力学性能指标，则是根据零件的工作条件和失效形式提出的。

第一节　零件的失效形式与提高材料性能的途径

一、零件的失效与失效分析

零件在工作过程中最终都要发生失效。所谓失效是指：①零件完全破坏，不能继续工作；②严重损伤，继续工作很不安全；③虽能安全工作，但已不能满意地起到预定的作用。只要发生上述三种情况中的任何一种，都认为零件已经失效。失效分析的目的就是要找出零件损伤的原因，并提出相应的改进措施。现代工业中零件的工作条件日益苛刻，零件的损坏往往会带来严重的后果，因此对零件的可靠性提出了越来越高的要求。另外，从经济性考虑，也要求不断提高零件的寿命。这些都使得失效分析变得越来越重要。失效分析的结果对于零件的设计、选材、加工以及使用，都有很大的指导意义。

1. 零件失效的原因

零件的失效可以由多种原因引起，大体上可分为设计、材料、加工和安装使用四个方面，图 11-1 是导致零件失效的主要原因的示意图。

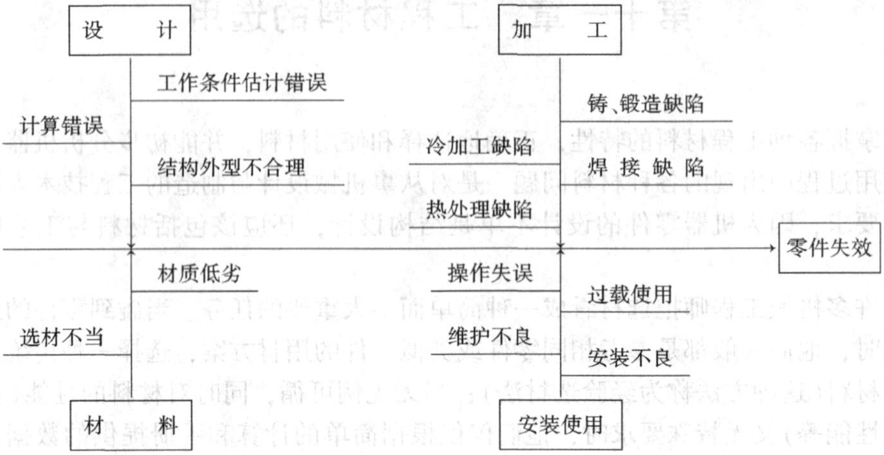

图 11-1　导致零件失效的主要原因的示意图

（1）设计与失效　设计上导致零件失效的最常见原因是结构或形状不合理，即在零件的高应力处存在明显的应力集中源，如各种尖角、缺口、过小的过渡圆角等。另一种原因是对零件的工作条件估计错误，如对工作中可能的过载估计不足，因而设计的零件的承载能力不够。发生这类失效的原因在于设计，但可通过选材来避免，特别是当零件的结构与几何尺寸基本固定而难以做较大的改动时，就是如此来处理问题的。现在很少发生由于计算错误造成的设计事故。

（2）材料与失效　选材不当是材料方面导致失效的主要原因。问题出在材料上，但责任在设计者身上。最常见的情况是，设计者仅根据材料的常规性能指标做出决定，而这些指标根本不能反映材料对所发生的那种类型失效的抗力。另一种情况是，尽管预先对零件的失效形式有较准确的估计，并提出了相应的性能指标作为选材的依据，但由于考虑到其它因素（如经济性、加工性能等），使得所选材料的性能数据不合要求，因而导致了失效。材料本身的缺陷也是导致零件失效的一个重要原因，常见的缺陷是夹杂物过多、过大，杂质元素太多，或者有夹层、折叠等宏观缺陷。因此，对原材料加强检验是非常重要的步骤。

（3）加工与失效　零件加工成形过程中，由于加工工艺不良，也会造成各种缺陷。例如锻造不良可造成带状组织、过热或过烧现象等；冷加工不良时表面粗糙度太高，产生过深的刀痕、磨削裂纹等；热处理不良能造成过热、脱碳、淬火裂纹、回火不足等。这些都可导致零件的失效。

加工不良造成的缺陷，尤其是热处理时产生的缺陷，与零件的设计有很大的关系。零件的外形和结构设计不合理，会大大增加热处理缺陷发生的可能性。

若零件热处理后残留有较大的内应力，甚至有难以检查出来的裂纹时，使用中必定会造成严重的损坏。

(4) 安装使用与失效　零件安装时配合过紧、过松、对中不准、固定不紧等均可造成失效或事故。在制造厂里管理比较严格的情况下，使用不当常可成为零件损坏的主要原因。对机器的维护保养不好，没有遵守操作规程及工作时有较大幅度的过载等也可以造成零件的失效。

2. 零件失效的形式

零件在工作时的受力情况一般比较复杂，往往承受多种应力的复合作用，因而造成零件的不同失效形式。零件的失效形式有超量变形、断裂和表面损伤三大类型，如图11-2所示。

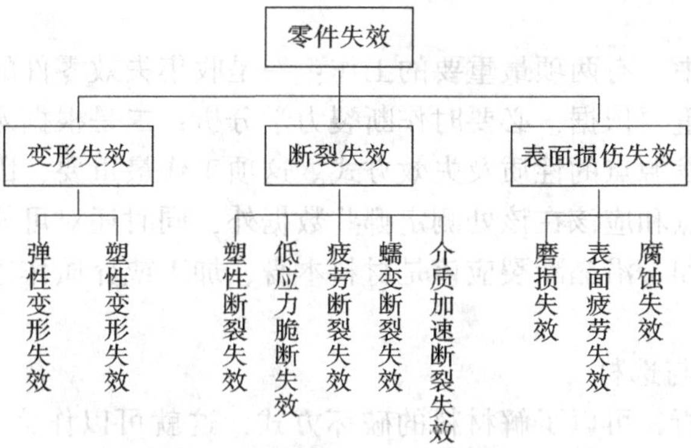

图11-2　零件失效形式的分类

必须指出，实际零件在工作中往往不只是一种失效方式起作用。例如，一个齿轮，齿面之间的摩擦导致表面磨损失效，而齿根可能产生疲劳断裂失效，两种方式同时起作用。但一般来说，造成一个零件失效时总是一种方式起主导作用，很少有两种方式同时都使零件失效。失效分析的目的实际上就是要找出主要的失效形式。另外，各类基本失效方式可以互相组合，形成更复杂的复合失效方式，如腐蚀疲劳、蠕变疲劳、腐蚀磨损等。但它们在特点上都各自接近于其中某一种方式，而另一种方式是辅助的，因此在分析时往往被归入主导方式一类中，例如腐蚀疲劳，疲劳特征是主导因素，腐蚀是起辅助作用的，因此被归入疲劳一类进行分析。

3. 失效分析的一般方法

正确的失效分析，是找出零件失效原因、解决零件失效问题的基础环节。机械零件的失效分析是一项综合性的技术工作，大致有如下程序：

1）尽量仔细地收集失效零件的残骸，并拍照记录实况，确定重点分析的对象，样品应取自失效的发源部位，或能反映失效的性质或特点的地方。

2）详细记录并整理失效零件的有关资料，如设计情况(图样)、实际加工情况及尺寸、使用情况等。根据这些资料全面地从设计、加工、使用各方面进行具体的分析。

3）对所选试样进行宏观(用肉眼或立体显微镜)及微观(用高倍的光学或电子显微镜)断口分析，以及必要的金相剖面分析，确定失效的发源点及失效的方式。

4）对失效样品进行性能测试、组织分析、化学分析和无损探伤，检验材料的性能指标是否合格，组织是否正常，成分是否符合要求，有无内部或表面缺陷等，全面收集各种必要的数据。

5）断裂力学分析。在某些情况下需要进行断裂力学计算，以便于确定失效的原因及提出改进措施。

6）综合各方面分析资料做出判断，确定失效的具体原因，提出改进措施，写出报告。

在失效分析中，有两项最重要的工作：一是收集失效零件的有关资料，这是判断失效原因的重要依据，必要时作断裂力学分析；二是根据宏观及微观的断口分析，确定失效发源点的性质及失效方式。这项工作最重要，因为它除了告诉我们失效的精确地点和应该在该处测定哪些数据外，同时还对可能的失效原因能作出重要指示。例如，沿晶断裂应该是材料本身、加工或介质作用的问题，与设计关系不大。

4. 失效分析与选材

通过失效分析，可以了解材料的破坏方式，这就可以作为选材的重要依据。从零件失效的角度看，选材时应考虑以下几个方面的问题。

(1) 弹性变形失效与选材　从材料角度分析，控制弹性变形失效难易程度的指标是弹性模量。在容易发生弹性变形失效时，应选用具有高弹性模量的材料。而各类材料的弹性模量差别相当大，金刚石与各种碳化物、硼化物陶瓷的弹性模量最高；其次为氧化物陶瓷与难熔金属，钢铁也具有较高的弹性模量，有色金属则要低一些；高分子材料的弹性模量最低。因此在要求零件有较高刚度，而不能发生过大弹性变形时，不能用高分子材料。但是有些纤维复合材料具有相当大的弹性模量，由于其密度低，在许多特殊的场合(如飞行器结构)有很大用途。

(2) 塑性变形失效与选材　决定塑性变形失效难易程度的指标是材料的屈服强度。在经典设计中，屈服强度是衡量材料承载能力的最重要指标，在很长一段时间内，获得高强度材料是材料学家和工程师的主要努力目标。从屈服强度的角度看，金刚石和各种碳化物、氧化物、氮化物陶瓷材料的屈服强度最高，但因为它们极脆，做拉伸试验时，在远未达到屈服强度的应力下即已脆断，因此根本不能通过拉伸试验来测定其屈服强度。由于这种材料太脆，强度高的特点发挥不出来，因此不能作为高强结构材料。高强合金钢的强度仅次于陶瓷，最广泛地用于各种高强结构之中。一般来讲，塑料的强度很低，目前最高强度的塑料也不超过铝合金，因此在要求零件有高强度时，不能用塑料。

(3) 脆性断裂失效与选材 描述材料脆性断裂难易程度的指标是冲击韧度、韧脆转变温度和断裂韧度。从韧性的角度考虑，韧性最好的是各种奥氏体钢，其次是合金低碳钢，铝合金韧性通常并不好，而铸铁的韧性通常很低，高碳工具钢和轴承钢韧性也不好，不能用来制造要求韧性较高的结构零件。

(4) 疲劳断裂失效与选材 疲劳寿命分为低周疲劳与高周疲劳寿命两种。一般对于具有高频率交变载荷的构件，应选用高周疲劳寿命比较高的材料，如弹簧等。对于具有低频率交变载荷的构件，应选用低周疲劳寿命比较高的材料，如抗地震建筑材料。

(5) 蠕变失效与选材 蠕变失效通常发生在高温下，所以抗蠕变失效的材料应是耐高温材料。选材时主要考虑材料的工作温度和工作应力，在较高应力和较低温度下，可选用各种耐热钢及高温合金；在较低应力和较高温度下，应选用高熔点材料，如难熔金属和陶瓷材料，对金属材料还应使其晶粒尽可能大，甚至采用单晶材料，晶界也应平行于受力方向排列。

(6) 表面损伤失效与选材 对于在有摩擦力存在的场合，应考虑表面损伤的影响。对于粘着磨损，所选材料应与和它配合工作的材料不属同类，而且摩擦系数尽可能小，同时，材料的硬度要高，材料最好有自润滑能力，或有利于保存润滑剂(如有孔隙等)。对于磨粒磨损，选用材料的硬度要高，材料组织中应含有较多的耐磨硬相，如白口铸铁耐磨粒磨损性能就较好。

二、工程材料的强度与强韧化

1. 工程材料的强度

一般来说，工程材料的强度是材料失效抗力的综合表征，它与所有的力学性能指标，包括弹性、伸长率、硬度、冲击韧度等有关，也与材料在静、动载荷下对应力集中、尺寸效应、表面状态、温度、接触介质的敏感性有关。

在进行机械产品设计，选取工程材料强度指标时，应注意以下几个方面的问题：

(1) 材料强度与零件强度的关系 机械零件的强度，一般表现为它的短时承载能力以及长期使用寿命，它是由许多因素确定的，其中结构因素、加工工艺因素和材料因素三方面起主要作用。使用因素对寿命也往往起很大作用。结构因素是指零件在整机中的作用、零件的形状和尺寸，以及与其它连接件的配合关系等。加工工艺因素是指全部加工工艺过程中对零件强度所产生的影响。材料因素是指材料的成分、组织与性能。这三个因素各自有独立的作用，又相互影响，在解决零件强度有关问题时必须综合考虑。

(2) 材料强度指标数据的条件性 在手册中给出的材料强度指标都是在一定的条件下所测得的数据。在实际选用时，应注意其尺寸效应和条件性。例如，对于45钢调质状态标准拉伸试样，所测得的屈服点值为450MPa，但对于同一材料，尺寸为 φ80mm 的试样来说，其调质状态下的屈服点值却远远低于 450MPa。

(3) 材料强度与零件失效方式的关系　材料强度问题就是研究抵抗零件失效的规律。零件失效的主要方式不同，所要求的失效抗力的正确判据(强度指标类别)也就不同。因而必须从零件的具体工作条件出发，通过典型失效分析，找出造成零件失效的主导因素，正确确定应当选择的强度判据指标。在设计机械产品时，主要是根据正确选择的强度判据指标进行定量计算，以确定产品的结构和零件的尺寸。但是，也应考虑和兼顾到其它非主导或不能直接应用于设计计算的强度指标(如 δ、ψ、a_K 等)。否则，不能实现最经济合理的设计。

2. 工程材料的强化方式

作为机械产品的设计者，对工程材料的强化方式和强化手段也应当有所了解，以便最经济、最合理地选择材料和确定强化方式。对于晶体材料而言，由于其塑性变形的实质是位错运动，所以晶体强化的本质就是阻碍晶体中位错的运动。

常见的工程材料的强化方式主要有以下 6 种：

(1) 固溶强化　固溶强化是工程材料中应用得最广泛的强化方式之一，普通低合金钢、铝锌合金、单相黄铜等都是主要依靠固溶强化来提高其强度的。

(2) 加工硬化　材料在变形时，随着变形量的增加，其强度和硬度提高，而塑性和韧性下降的现象称为加工硬化。这种强化方式实际上是一种位错强化，强化的主要原因是由于位错密度的增加导致位错运动困难，从而提高了材料的强度。冷拔弹簧钢丝是典型的加工硬化的例子，经过加工硬化的钢丝强度可达到 2800MPa 以上。

(3) 细化组织强化　这种强化方式也叫晶界强化。晶界的作用主要有两点，一方面它是位错运动的障碍；另一方面它又是位错聚集的地点。所以晶粒越细小，则晶界面积越增加，位错密度也增大，从而强度提高。细化组织强化的特点是，在提高强度的同时，其塑性和韧性也随之提高，这是其它强化方式所不能比拟的。因此细化组织强化是提高材料性能最好的手段之一。在孕育铸铁、铝硅基铸造铝合金都是通过孕育处理细化组织来提高强度的。

(4) 第二相强化　第二相强化包括沉淀强化、弥散强化和双相合金中的第二相强化。当合金中存在两相时，第二相粒子在基体中会阻碍位错运动，这导致强度提高。铝铜合金、铝铜镁合金、铝镁硅合金、铍青铜是典型的沉淀强化。烧结铝、TD—镍、经淬火和时效处理的 TC 类钛合金则是弥散强化的代表。而双相合金黄铜中的 α 相和 β 相、共析钢中的珠光体组织等则是第二相强化的典型例子。

(5) 相变强化　在钢铁材料中，常常采用相变强化方式来强化合金。例如，通过贝氏体相变、马氏体相变来进行强化。这种相变强化实际上是多种强化效果的综合，所以其强化效果十分显著。

（6）复合强化　在复合材料中，由于其中的增强相对基体变形有约束作用，所以提高了变形抗力，导致强度提高。例如，用水泥和骨料(砂子或石子)组成的混凝土，用碳黑作填料的橡胶，由玻璃纤维制造的玻璃钢等，都是典型的复合材料。复合材料中的硬质相对强度性能的提高起主要作用。

3. 工程材料的韧化途径

在选材时，不能片面地追求强度指标。由于材料的强度和韧性往往是相互矛盾的，一般情况下，增加强度往往要牺牲韧性，而韧性的降低又意味着材料发生脆化。因此，在选材时，要寻求高强度同时兼有高韧性的材料，才能保证使用的可靠性。

下面从材料的角度介绍工程材料的主要韧化途径。

（1）细化晶粒　晶粒细小均匀，不仅强度高，而且韧性好，同时还可以降低韧脆转变温度。所以晶粒细化是钢材、铝合金重要的强韧化途径之一。

（2）调整化学成分　降低合金材料中的杂质元素含量，或者加入某些抑制有害元素作用的合金元素，都可以使合金的韧性提高。如降低钢材中碳含量和有害杂质元素的含量，加入镍、锰进行合金化可以大大提高钢材的韧性。

（3）形变热处理　形变热处理是将形变强化(锻、轧等)与热处理强化结合起来，使金属材料同时经受形变和相变，从而使晶粒细化、位错密度升高、晶界发生畸变，达到提高综合力学性能的目的。

（4）低碳马氏体强韧化　低碳马氏体是一种既有高强度又具有韧性的相。选用低碳或中碳合金结构钢，通过高温加热淬火和低温回火，以获得位错型板条马氏体组织，是钢材强韧化的重要途径。

第二节　零件选材的一般原则和方法

机械零件的选材是一项十分重要的工作。选材是否恰当，特别是一台机器中关键零件的选材是否恰当，将直接影响到产品的使用性能、使用寿命及制造成本。选材不当，严重的可能导致零件的完全失效。

一、选材的一般原则

判断零件选材是否合理的基本标志是：能否满足必需的使用性能；能否具有良好的工艺性能；能否实现最低成本。选材的任务就是求得三者之间的统一。

1. 零件选材应满足零件工作条件对材料使用性能的要求

材料在使用过程中的表现，即使用性能，是选材时考虑的最主要根据。不同零件所要求的使用性能是很不一样的，有的零件主要要求高强度，有的则要求高的耐磨性，而另外一些甚至无严格的性能要求，仅仅要求有美丽的外观。因此，在选材时，首要的任务就是准确地判断零件所要求的主要使用性能。

对所选材料使用性能的要求，是在对零件的工作条件及零件的失效分析的基础上提出的。零件的工作条件是复杂的，要从受力状态、载荷性质、工作温度、环境介质等几个方面全面分析。受力状态有拉、压、弯、扭等；载荷性质有静载、冲击载荷、交变载荷等；工作温度可分为低温、室温、高温、交变温度；环境介质为与零件接触的介质，如润滑剂、海水、酸、碱、盐等。为了更准地了解零件的使用性能，还必须分析零件的失效方式，从而找出对零件失效起主要作用的性能指标。表 11-1 列举了一些常用零件的工作条件、主要失效方式及所要求的主要力学性能指标。

表 11-1　一些常用零件的工作条件、主要失效方式及主要力学性能指标

零件名称	工作条件	主要失效方式	主要力学性能指标
重要螺栓	交变拉应力	过量塑性变形或由疲劳而造成破断	屈服强度，疲劳强度，HBS(W)
重要传动齿轮	交变弯曲应力，交变接触压应力，齿表面受带滑动的滚动摩擦和冲击载荷	齿的折断，过度磨损或出现疲劳麻点	抗弯强度，疲劳强度，接触疲劳强度，HRC
曲轴、轴类	交变弯曲应力，扭转应力，冲击负荷，磨损	疲劳破断，过度磨损	屈服强度，疲劳强度，HRC
弹簧	交变应力，振动	弹力丧失或疲劳破断	弹性极限，屈强比，疲劳强度
滚动轴承	点或线接触下的交变压应力，滚动摩擦	过度磨损破坏，疲劳破断	抗压强度，疲劳强度，HRC

有时，通过改进强化方式或方法，可以将廉价材料制成性能更好的零件。所以选材时，要把材料成分和强化手段紧密结合起来综合考虑。另外，当材料进行预选后，还应当进行实验室试验、台架试验、装机试验、小批生产等，进一步验证材料力学性能选择的可靠性。

2. 零件选材应满足生产工艺对材料工艺性能的要求

任何零件都是由不同的工程材料通过一定的加工工艺制造出来的。因此材料的工艺性能，即加工成零件的难易程度，自然应是选材时必须考虑的重要问题。所以，熟悉材料的加工工艺过程及材料的工艺性能，对于正确选材是相当重要的。

材料的工艺性能的内容已在第一章作过详细介绍。与使用性能的要求相比，工艺性能处于次要地位;但在某些情况下,工艺性能也可成为主要考虑的因素。当工艺性能和力学性能相矛盾时,有时正是工艺性能的考虑使得某些力学性能显然合格的材料不得不加舍弃,此点对于大批量生产的零件特别重要。因为在大量生产时,工艺周期的长短和加工费用的高低,常常是生产的关键。例如,为了提高生产效率,而采用自动机床实行大量生产时,零件的切削性能可成为选材时考虑的主要问题。此时,应选用易切削钢之类的材料,尽管它的某些性能并不是最好的。

3. 零件的选材应力求使零件生产的总成本最低

除了使用性能与工艺性能外，经济性也是选材必须考虑的重要问题。选材的经济性不单是指选用的材料本身价格应便宜，更重要的是采用所选材料来制造零件时，可使产品的总成本降至最低，同时所选材料应符合国家的资源情况和供应情况。

(1) 材料的价格　不同材料的价格差异很大，而且在不断变动，因此设计人员应对材料的市场价格有所了解，以便于核算产品的制造成本。

(2) 国家的资源状况　随着工业的发展，资源和能源的问题日益突出，选用材料时必须对此有所考虑，特别是对于大批量生产的零件，所用的材料应该是来源丰富并符合我国的资源状况的。例如，我国缺钼，但钨却十分丰富，所以我们选用高速钢时就要尽量多用钨高速钢，而少用钼高速钢。另外，还要注意生产所用材料的能源消耗，尽量选用耗能低的材料。

(3) 零件的总成本　由于生产经济性的要求，选用材料时零件的总成本应降至最低。选材从几个方面影响零件的总成本 T，这就是材料的价格 m、零件的自重 w、零件的寿命 l、零件的加工费用 p、试验研究费(为采用新材料所必须进行的研究与试验费) r 及维修费 a 等。其经济性分析方程如下：

$$\frac{\mathrm{d}T}{\mathrm{d}m}=\frac{\partial T}{\partial l}\cdot\frac{\mathrm{d}l}{\mathrm{d}m}+\frac{\partial T}{\partial w}\cdot\frac{\mathrm{d}w}{\mathrm{d}m}+\frac{\partial T}{\partial r}\cdot\frac{\mathrm{d}r}{\mathrm{d}m}+\frac{\partial T}{\partial p}\cdot\frac{\mathrm{d}p}{\mathrm{d}m}+\frac{\partial T}{\partial a}\cdot\frac{\mathrm{d}a}{\mathrm{d}m}+\frac{\partial T}{\partial m}$$

等式的左端代表选材对零件总成本的影响，等式的右端代表由于选材带来的零件寿命、自重等因素变化对零件总成本的影响。例如，$\frac{\mathrm{d}T}{\mathrm{d}m}$代表选材对零件总成本的影响；$\frac{\mathrm{d}l}{\mathrm{d}m}$代表选材对零件寿命的影响；$\frac{\partial T}{\partial l}$代表寿命变化引起的总成本的变化；$\frac{\partial T}{\partial m}$代表单纯材料的价格引起的零件总成本的变化。

如果准确地知道了零件总成本与上述个因素($l,w,r\cdots$)的关系，则可以精确地分析选材对零件总成本的影响，并选取使左端为极小值的材料。但是，只有在大规模工业生产中预先进行详尽的试验分析，才能找出这种关系。对于一般情况，显然不可能进行这种详细的分析、试验，但这时也应该按照上述思路，利用手头一切可能得到的资料，逐项地进行分析，以保证使零件的总成本最低。最有价值的是生产及使用情况的统计资料。由各种统计图表，加上过去的工程经验，便可以做出较为合理的判断，必要时还可以专门进行模型试验。

4. 零件的选材应考虑产品的实用性和市场需求

某项产品或某种机械零件的优劣，不仅仅要求能符合工作条件的使用要求。从商品的销售和用户的愿望考虑，产品还应当具有重量轻、美观、经久耐用等特点。这就要求在选材时，应突破传统观点的束缚，尽量采用先进科学技术成果，做到在结构设计方面有创新、有特色，在材料制造工艺和强化工艺上有改革、有先进性。

5. 零件的选材应考虑实现现代生产组织的可能性

一个产品或一个零件的制造，是采用手工操作还是机器操作，是采用单件生产还是采用机械化自动流水作业，这些因素都对产品的成本和质量起着重要的作用。因此，在选材时，应该考虑到所选材料能满足实现现代化生产的可能性。

二、选材的一般方法

材料的选择是一个比较复杂的决策问题。目前还没有一种确定选材最佳方案的精确方法。它需要设计者熟悉零件的工作条件和失效形式，掌握有关的工程材料的理论及应用知识、机械加工工艺知识以及较丰富的生产实际经验。通过具体分析，进行必要的试验和选材方案对比，最后确定合理的选材方案。对于成熟产品中相同类型的零件、通用和简单零件，则大多数采用经验类比法来选择材料。另外，零件的选择一般需借助国家标准、部颁标准和有关手册。

选材一般可分为以下几个步骤(见图 11-3)：

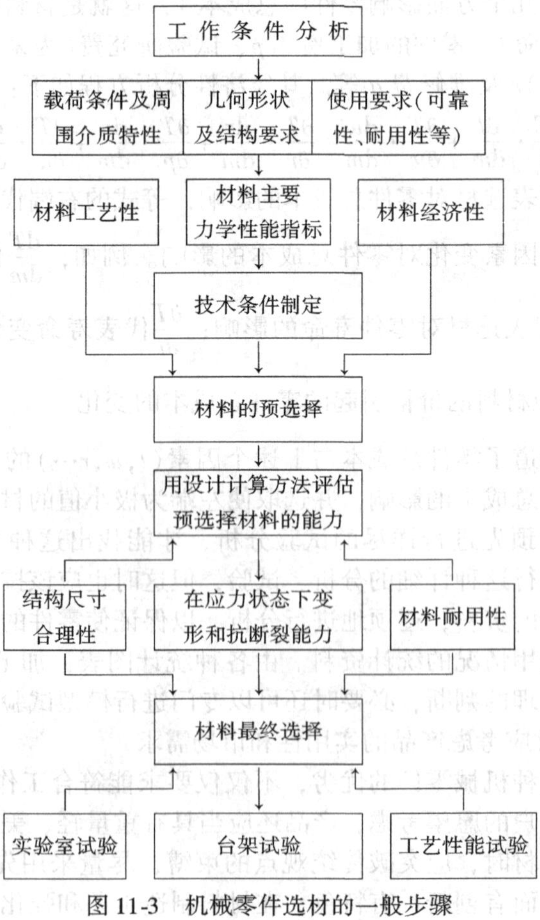

图 11-3　机械零件选材的一般步骤

1）对零件的工作特性和使用条件进行周密的分析，找出主要的失效方式，从而恰当地提出主要性能指标。

2）根据工作条件需要和分析，对该零件的设计制造提出必要的技术条件。

3）根据所提出的技术条件要求和工艺性、经济性方面的考虑，对材料进行预选择。材料的预选择通常是凭积累的经验，通过与类似的机器零件的比较和已有实践经验的判断，或者通过各种材料选用手册来进行选择。

4）对预选方案材料进行计算，以确定是否能满足上述工作条件要求。

5）材料的二次(或最终)选择。二次选择方案也不一定只是一种方案，也可以是若干种方案。

6）通过实验室试验、台架试验和工艺性能试验，最终确定合理的选材方案。

7）最后，在中、小型生产的基础上，接受生产考验，以检验选材方案的合理性。

第三节　典型零件的选材及应用实例

一、机床零件的用材分析

机床零件的品种繁多，按结构特点、功用和受载特点可分为：轴类零件、齿轮类零件、机床导轨等。

1. 机床轴类零件的选材

机床主轴是机床中最主要的轴类零件。机床类型不同，主轴的工作条件也不一样。根据主轴工作时所受载荷的大小和类型，大体上可以分为四类：

(1) 轻载主轴　工作载荷小，冲击载荷不大，轴颈部位磨损不严重，例如卧式车床的主轴。这类轴一般用45钢制造，经调质或正火处理，在要求耐磨的部位采用高频表面淬火强化。

(2) 中载主轴　中等载荷，磨损较严重，有一定的冲击载荷，例如铣床主轴。一般用合金调质钢制造，如40Cr钢，经调质处理，要求耐磨部位进行表面淬火强化。

(3) 重载主轴　工作载荷大，磨损及冲击都较严重，例如工作载荷大的组合机床主轴。一般用20CrMnTi钢制造，经渗碳、淬火处理。

(4) 高精度主轴　有些机床主轴工作载荷并不大，但精度要求非常高，热处理后变形应极小。工作过程中磨损应极轻微，例如精密镗床的主轴。一般用38CrMoAlA专用渗氮钢制造，经调质处理后，进行渗氮及尺寸稳定化处理。

过去，主轴几乎全部都是用钢制造的，现在轻载和中载主轴已经可用球墨铸铁制造。

2. 机床齿轮类零件的选材

机床齿轮按工作条件可分为三类。

(1) 轻载齿轮　转动速度一般都不高，大多用45钢制造，经正火或调质处理。

(2) 中载齿轮　一般用45钢制造，正火或调质后，再进行高频表面淬火强化，以提高齿轮的承载能力及耐磨性。对大尺寸齿轮，则需用40Cr等合金调质钢制造。一般机床的传动系统及进给系统中的齿轮，大部分属于这一类。

(3) 重载齿轮　对于某些工作载荷较大，特别是运转速度高又承受较大冲击载荷的齿轮大多用20Cr、20CrMnTi等渗碳钢制造。经渗碳、淬火处理后使用。例如变速箱中一些重要传动齿轮等。

3. 机床导轨的选材

机床导轨的精度对整个机床的精度有很大的影响。必须防止其变形和磨损，所以机床导轨通常都是选用灰口铸铁制造，如HT200和HT350等。灰口铸铁在润滑条件下耐磨性较好，但抗磨粒磨损能力较差。为了提高耐磨性，可以对导轨表面进行淬火处理。

二、汽车零件的用材分析

1. 发动机和传动系统零件的选材

这两部分包括的零件相当多，其中有大量的齿轮和各种轴，同时还有在高温下工作的零件(进、排气阀,活塞等)，它们的用材都比较重要，目前一般都是根据使用经验来选材。对于不同类型的汽车和不同的生产厂，发动机和传动系统的选材是不相同的。应该根据零件的具体工作条件及实际的失效方式，通过大量的计算和试验选出合适的材料。

2. 减轻汽车自重的选材

随着能源和原材料供应的日趋短缺，人们对汽车节能降耗的要求越来越高。而减轻自重可提高汽车的重量利用系数，减少材料消耗和燃油消耗，这在资源、能源的节约和经济价值方面具有非常重要的意义。

减轻自重所选用的材料，比传统的用材应该更轻且能保证使用性能。比如，用铝合金或镁合金代替铸铁，重量可减轻至原来的1/3~1/4，但并不影响其使用性能；采用新型的双相钢板材代替普通的低碳钢板材生产汽车的冲压件，可以使用比较薄的板材，减轻自重，但一点不降低构件的强度；在车身和某些不太重要的结构件中，采用塑料或纤维增强复合材料代替钢材，也可以降低自重，减少能耗。

三、热能装置的用材分析

热能装置主要指动力工程中所用的各种装置，如锅炉、汽轮机、燃气轮机等。这类装置中很多零件都在高温下工作，因此必须选用各种高温材料，如耐热钢及高温合金等。

1. 锅炉—汽轮机的选材

锅炉—汽轮机组结构庞大、复杂，包括许多的零、部件。按工作温度可把零件分为两大类：一类的工作温度在350℃以下，这时蠕变现象在钢铁中微不足道，可不考虑高温性能，选材方法与一般的机械装置类似；另一类的工作温度在350℃以上，选材时主要考虑其高温性能，应根据具体零件的工作温度和应力大小等选择合适的耐热材料。

在这类零件的选材过程中，首先应考虑工作温度，其次考虑应力大小。以锅炉管为例，锅炉管的工作温度并不一样，非受热面锅炉管(如水冷壁管,省煤器管)工作温度较低，受热面锅炉管(如蒸汽导热管或过热器管)的工作温度较高，某些高温高压锅炉的温度可达600℃左右。锅炉管的主要失效方式是爆裂，它是由蠕变断裂引起的。因此锅炉管的材料应具有足够高的持久强度、蠕变断裂塑性及蠕变极限。一般锅炉管都按持久强度设计，根据工作温度、管内压力及尺寸算出工作时管壁所受应力。锅炉管通常的规定寿命为10年，因此按材料的持久强度选材，条件是材料的持久强度应大于$K\sigma_w$，K为安全系数，σ_w为工作应力。

表11-2中列出了几种主要耐热钢的持久强度值。对于一般的高、中压锅炉，材料的持久强度值在60～80MPa以上即可满足工作要求。由表11-2还可以看出，低碳钢管(20A)只能用于工作温度低于450℃的非受热面管，而12Cr1MoV的工作温度可以高于580℃。

表11-2 几种耐热钢的持久强度值

钢　种	20A	15CrMo	12Cr1MoV	12Cr3MoVSiTiB	Cr17Ni13W
温度/℃	450	550	580	600	600
持久强度/MPa	65	≈70	80	≈100	140

如果蒸汽的工作温度超过580℃甚至600℃，则必须选用更高级的材料，例如选表中的12Cr3MoVSiTiB或奥氏体耐热钢Cr17Ni13W。这当然会使材料的价格大大提高。锅炉管的消耗是很大的，所以这在经济上很不合算。因此目前在设计大容量锅炉时多趋向于把蒸汽温度降到540℃左右，尽管工作温度高可以提高热效率，但从总的经济性考虑，采用廉价的耐热钢可能更合理些，这是选材的经济性限制机械装置效率的一个很典型的例子。

汽轮机叶片的选材分析与锅炉管类似。叶片承受的工作应力较大，所用的材料自然要比锅炉管的高级。汽轮机前级叶片的工作温度较高，所用材料的性能应更好，多用Cr11MoV或Cr11WMoV等钢。而后级叶片一般采用Cr13型马氏体不锈钢。

汽轮机叶片的最主要失效方式是疲劳断裂(振动疲劳断裂)。主要应从叶片的结构设计上避免共振来防止这种断裂，但选材也有很大的意义。如果叶片材料具有很高的减振能力，并且疲劳裂纹扩展速率很低，则可大幅度地提高叶片的寿命。

另外，所有在高温下工作的锅炉—汽轮机零件的材料，都应具有一定的耐蚀性，而叶片材料的耐蚀性还要更高些，因此多用不锈钢制造。

2. 燃气轮机的选材

与汽轮机相比，燃气轮机的工作条件具有工作温度高、腐蚀严重和工作寿命短等特点。所以，从工作条件出发，燃气轮机在高温下工作的零件，应主要考虑高温持久强度和耐腐蚀能力。其中材料问题比较突出的零件是涡轮叶片、转子和涡轮盘，燃烧室火焰筒和喷嘴。它们失效的主要方式是蠕变变形、蠕变断裂、蠕变疲劳或热疲劳断裂。

叶片材料的选择决定于工作温度。工作温度低于650℃时，用奥氏体耐热钢；工作温度在700～750℃时，用铁基耐热合金；750℃以上直到950℃时，用镍基耐热合金。而在更高温度下工作的叶片材料，目前还在研究之中，一种方案是采用复合材料，即用难熔碳化物（TaC，Nb_2C 等）纤维（直径约1μm）作为增强剂，加在定向结晶的镍基合金中，这可把工作温度提高到1050℃左右；另一种方案是采用陶瓷材料，特别是SiC或 Si_3N_4 陶瓷，其热导率比镍基合金还高，而热膨胀系数比镍基合金低，因此抗热冲击能力很强，由于是共价键结合，直到1300℃时蠕变抗力仍然很高。它唯一的不足之处是韧性太低，只有镍基合金的1/25，因而限制了它的使用。

燃气轮机的转子及涡轮盘的工作温度比叶片低，因此一般采用铁基耐热合金。燃烧室火焰筒及喷嘴的工作温度虽然很高，但工作应力低，一般采用镍基合金板制作。

四、典型零件的选材实例

1. 机床主轴

图11-4是C620车床主轴的结构简图。

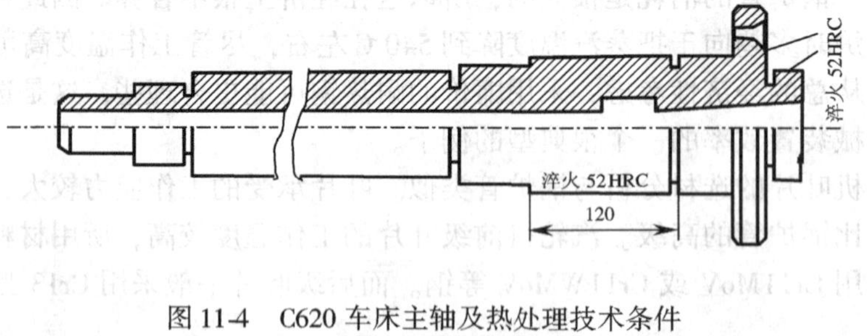

图11-4　C620车床主轴及热处理技术条件

机床主轴是典型的受扭转—弯曲复合作用的轴件，它受的应力不大（中等载荷），承受的冲击载荷也不大，如果使用滑动轴承，轴颈处要求耐磨。因此大多采用45钢制造，并进行调质处理，轴颈处由表面淬火来强化。载荷较大时则用40Cr等低合金结构钢来制造。

对C620车床主轴的选材结果如下：

材料：45钢。

热处理：整体调质，轴颈及锥孔表面淬火。

性能要求：整体硬度220～240HBS；轴颈及锥孔处硬度52HRC。

工艺路线：

锻造→正火→粗加工→调质→精加工→表面淬火及低温回火→磨削。

该轴工作应力很低，冲击载荷不大，45钢处理后屈服强度可达400MPa以上，完全可满足要求。现在有部分机床主轴已经可以用球墨铸铁制造。

2. 汽车半轴

汽车半轴是典型的受扭矩的轴件，但工作应力较大，且受相当大的冲击载荷，其结构如图11-5所示。最大直径达50mm左右，用45钢制造时，即使水淬也只能使表面淬透深度为10%半径。为了提高淬透性，以及防止在油中淬火时变形和开裂，中、小型汽车的半轴一般用40Cr制造，重型车用40CrMnMo等淬透性很高的钢制造。

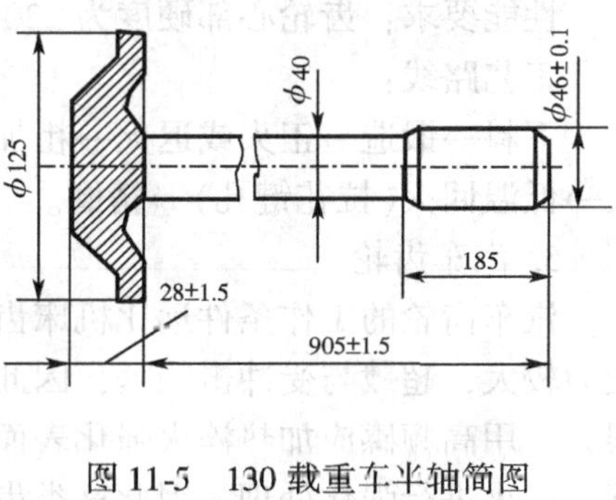

图11-5　130载重车半轴简图

例　130载重车半轴

材料：40Cr。

热处理：整体调质。

性能要求：杆部37～44HRC；盘部外圆24～34HRC。

工艺路线：

下料→锻造→正火→机械加工→调质→盘部钻孔→磨花键。

3. 汽轮机转子轴

汽轮机转子轴是非常大型的轴，工作载荷也很大。20世纪50年代美国曾连续发生过多起转子轴断裂的严重事故，这些事故的分析大大地促进了断裂力学在工程设计中的应用。

通过对这些断裂的转子轴进行失效分析发现，这些转子轴都是采用标准的的转子钢制造的，其常规的力学性能均符合设计要求，但所有转子在工作很短时间后即发生断裂。而根据计算，断裂时的应力并不大，都远低于材料的屈服强度，安全系数也相当大。显然，这种断裂从常规的设计观点看是难以解释的。从断口分析发现，断裂是由一些缺陷(如白点、焊接裂纹等)引起的，缺陷尺寸超过了根据断裂韧度计算出来的临界裂纹尺寸。因此，从断裂力学的观点很容易解释这种断裂发生的原因。所以必须采用缺陷很少的优质转子钢制造转子轴。

4. 机床齿轮

机床齿轮工作条件较好，工作中受力不大，转速中等，工作平稳无强烈冲击，因此其齿面强度、心部强度和韧性的要求均不太高，一般用45钢制造，采用高频淬火表面强化，齿面硬度可达52HRC左右，这对弯曲疲劳或表面疲劳是足够了。齿轮调质后，心部可保证有220HBS左右的硬度及大于40J/cm^{2}的冲击韧度，能满足工作要求。对于一部分要求较高的齿轮，可用合金调质钢(如40Cr等)制造。这时心部强度及韧性都有所提高，弯曲疲劳及表面疲劳强度也都增大。

例 卧式车床主轴箱传动齿轮。

材料：45钢。

热处理：正火或调质，齿部高频感应加热淬火和低温回火。

性能要求：齿轮心部硬度为220～250HBS；齿面硬度52HRC。

工艺路线：

下料→锻造→正火或退火→粗加工→调质或正火→精加工→高频感应加热淬火→低温回火(拉花键孔)→精磨。

5. 汽车齿轮

汽车齿轮的工作条件远比机床齿轮恶劣，特别是主传动系统中的齿轮，它们受力较大，超载与受冲击频繁，因此对材料的要求更高。由于弯曲与接触应力都很大，用高频感应加热淬火强化表面不能保证要求，所以汽车的重要齿轮都用渗碳、淬火进行强化处理。因此这类齿轮一般都用合金渗碳钢20Cr或20CrMnTi等制造，特别是后者在我国汽车齿轮生产中应用最广。为了进一步提高齿轮的耐用性，除了渗碳、淬火外，还可以采用喷丸处理等表面强化处理工艺。喷丸处理后，齿面硬度可提高1～3HRC，耐用性可提高7～11倍。

例 北京吉普车后桥圆锥主动齿轮(图11-6)。

材料：20CrMnTi钢。

热处理：渗碳、淬火、低温回火，渗碳层深1.2～1.6mm。

性能要求：

齿面硬度58～62HRC，心部硬度33～48HRC。

工艺路线：

下料→锻造→正火→切削加工→渗碳、淬火、低温回火→磨加工。

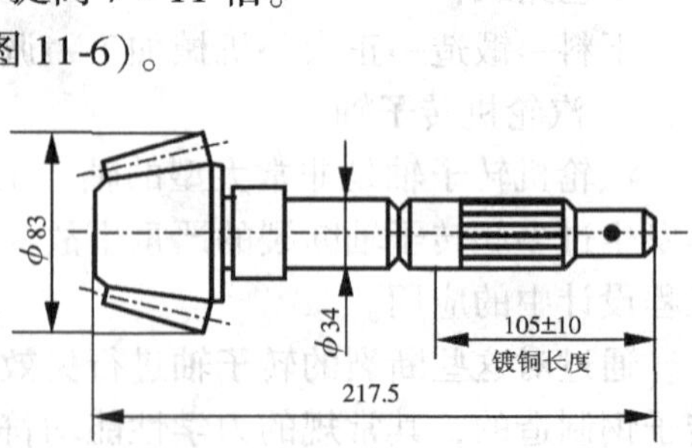

图11-6 北京吉普后桥圆锥主动齿轮简图

以上各类零件的选材，只能作为机械零件选材时进行类比的参照。其中不少是长期经验积累的结果。经验固然很重要，但若只凭经验是不能得到最好的效果的。在具体选材时，还要参考有关的机械设计手册、工程材料手册，结合实际情况进行初选，重要零件在初选后，需进行强度计算校核，确定零件尺寸后，还需审查所选材料淬透性是否符合要求，并确定热处理技术条件。目前比较好的方法是，根据零件的工作条件和失效方式，对零件可选用的材料进行定量分析，然后参考有关经验作出选材的最后决定。

思考作业题

1. 零件设计不当对热处理工艺带来哪些危害？请举例说明。

2. 有一轴类零件，工作中主要承受交变弯曲应力和交变扭转应力，同时还受到振动和冲击，轴颈部分还受到摩擦磨损。该轴直径30mm，选用45钢制造(45钢 $D_0=18$mm)。

（1）试拟订该零件的加工工艺路线；

（2）说明每项热处理工艺的作用；

（3）试述轴颈部分从表面到心部的组织变化。

3. 某柴油机曲轴技术要求如下：$\sigma_b \geqslant 650$MPa，$a_K \geqslant 15$J/cm^2，轴体硬度240～300HBS，轴颈硬度≤55HRC，试合理选择材料，制定生产工艺路线和各热处理工序的工艺规范。

4. 试选择具有下列要求的切削工具材料，并制定热处理工艺。

（1）奥氏体高锰钢(ZG Mn13)铸件的切削加工；

（2）铝合金(Al Si系铸造铝合金)的切削加工；

（3）带有激冷表面铸铁件的切削加工；

（4）球化退火状态碳素工具钢的切削加工。

5. 试选择制造碎石机中的颚板与磨球的材料，并指出其合金组成中各合金元素的作用。

6. JN-150型载重汽车(载重量为8t)变速箱中的第二轴二、三档齿轮，要求心部抗拉强度为 $\sigma_b \geqslant 1100$MPa，$a_K \geqslant 70$J/cm^2；齿表面硬度≥58～60HRC，心部硬度≥33～35HRC。试合理选择材料，制定生产工艺流程及各热处理工序的工艺规范。

7. 一重要螺栓(ϕ25mm)起联接紧固作用，工作时主要承受拉力。要求整个截面有足够的抗拉强度、屈服强度、疲劳强度和一定的冲击韧度。

(1)应选用什么材料，选用该材料的理由是什么？

(2)试制订该零件的加工工艺路线。

(3)说明每项热处理工艺的作用和得到什么组织？

8. 已知一轴尺寸为ϕ30mm×200mm，要求摩擦部分表面硬度为50～55HRC，现用30钢制作，经高频感应加热表面淬火(水冷)和低温回火，使用过程中发现摩擦部分严重磨损，试分析失效原因，如何解决？

9. 如图11-7所示，由W18Cr4V钢制的螺母冲头，经正常的热处理后使用，使用过程中A处断裂，分析断裂原因，如何改进？(经分析材质无问题)

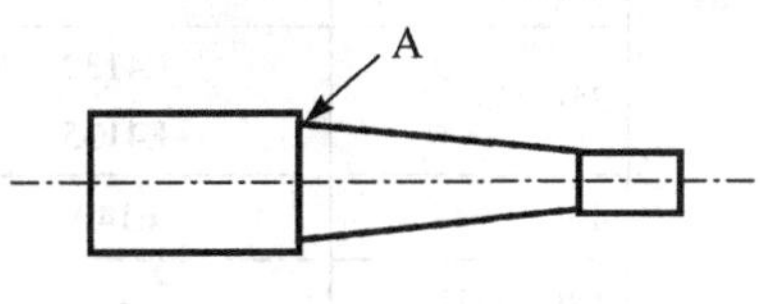

图11-7　第9题图

附　录

附录 A　国内外常用钢号对照表

分类	中　国	美　国			日　本	英　国
	GB	AISI　　SAE	ACI	ASTM	JIS	BS
碳素结构钢	10	1010　1012			S10C	En2A
	15	1015			S15C	En2　En2B　En2E
	20	1020			S20C	En2C　4S21　T54
	25	1025			S25C	En4　En4A
	30	1030			S30C	En5A　En5B
	35	1035			S35C	En8A　S93
	40	1040			S40C	En8D　S116
	45	1045			S45C	—
	50	1050			S50C	En43
	55	1055			S55C	En9　En9K
	60	1060			S60C	En43D
合金结构钢	15Mn	C1115　1115			SB46	En14A
	30Mn	C1033　1033			—	En5D、En5K
	30Mn2	1330			—	En14B、S92、S514、3T35、3T45
	42SiMn	—			—	En46
	15Cr	5115			SCr21	En206
	20Cr	5120			SCr22	En207
	40Cr	5140			SCr4	En18、S117
	45Cr	5145　5147			SCr5	—
	38CrSi	—			—	—
	35CrMo	E4132 E4135			SCM3	En19B
	40CrV	6140			—	—
	18CrMnTi	—			—	—
	30CrMnTi	—			—	—
	30CrMnSi	—			—	—

（续）

分类	中国	美国			日本	英国
	GB	AISI　SAE	ACI	ASTM	JIS	BS
合金结构钢	38CrMoAlA	—			SACM1	En41B
	40B	~TS14 B35			—	—
	40CrB	50B40			—	—
	20MnMoB	80B20			—	—
	12CrNi3A	E3310　3310			SNC22	En36A、En36B、S107
	12Cr2Ni4A	2515　2515H			—	En39A、En39B、2C82
	18CrNiWA	—			—	—
	40CrNiMoA	4340			SNCM8	En110、S95、S118
	40CrMnMo	4140			—	En19C
弹簧钢	65	C1065　1065			SUP2、SWR7	En43E
	75	1074			SUP3、SWR9	—
	65Mn	C1065　1065			—	En43E
	60SiMn	9260			SUP6	En45A
	55Si2Mn	9255			—	En45、1429
	60Si2Mn	9260			SUP7	—
	50CrVA	6150			SUP10	En47
轴承钢	GCr6	E50100　50100			—	—
	GCr9	E51100　51100			SUJ1	En31
	GCr15	E52100　52100			SUJ2	En31
	GCr15SiMn				—	—
碳素工具钢	T7A	—			—	—
	T8	W1-0.8			SKU3	D1
	T8A	W1-0.8 C-Special			—	—
	T10	W1-0.8C			SK3	D1
	T10A	W1-1.0 C-Special			—	—
	T12	W1-1.2C			SK2、SKU3	D1
	T12A	W1-1.2 C-Special			—	—
	T13	—			SK1、SKU1	D1
	T8MnA	—			SK5	—

（续）

分类	中国	美国			日本	英国
	GB	AISI SAE	ACI	ASTM	JIS	BS
高速钢	W9Cr4V2	T7			SKH6	(A)14%W
	W18Cr4V	T1			SKH2	(A)18%W
	W6Mo5Cr4V2	M2			SKH9	—
合金工具钢	9SiCr	—			—	—
	Cr	—			—	—
	CrMn	L4			—	—
	CrWMn	—			SKS31	Steel for cold working C
	5CrMnMo	—			SKT5	—
	5CrNiMo	L6			SKT4	—
	CrW5	—			SKS1	—
	3Cr2W8V	H21			SKD5	A1 W-Cr
	Cr12	—			SKD1	Steel for cold working A1
	Cr12W	~D6			~SKD2	—
	Cr12MoV	D3①			SKD11	Type(A)2
耐热钢	Cr5Mo	501、50251501			—	—
	4Cr10Si2Mo	—			SEH3	—
	4Cr14Ni14W2Mo	—			SHE4	En54
	Cr15Ni36W3Ti	330			—	—
不锈耐酸钢	0Cr13	410			—	En56A
	1Cr13	403			SUS21	En56A、En56AM
	2Cr13	410 51410 60410	CA-15	A-296	SUS22	En56B、En6C
	3Cr13	420 51420 60420	CA-40	A-296	SUS23	En56M
	4Cr13	—	—	—	—	En56D
	Cr17	430 51430 60442	CB-30	A-296	SUS24	En60
	Cr17Ti	—	—	—	—	—
	Cr17Ni2	431 51446	—	—	SUS44	En57
	Cr25	446 51446 60446	CC-50	A-296		
	9Cr18	—	HC	—	—	—
	0Cr18Ni9	304 30304 60304	—	—	SUS27	En58E
	1Cr18Ni9	302 30302 60302	CF-8	A-296	SUS40	En58A
	1Cr18Ni9Ti	321 30321	CF-20	A-296	SUS29	En58B、En58C
	1Cr18Ni11Nb	347、348 30347	—	—	SUS43	En58F、~En58G

① 这种钢还含0.4%～0.6%（质量分数）的钨。

附录 B　常用钢的临界点*

钢　号	临　界　点　/℃						
	Ac_1	Ac_3	Ac_{cm}	Ar_1	Ar_3	Ms	Mf
15	735	865		685	840	450	
30	732	815		677	796	380	
45	724	780		682	751	345 ~ 350	
50	725	760		690	720	290 ~ 320	
55	727	774		690	755	290 ~ 320	
65	727	752		696	730	285	
30Mn	734	812		675	796	355 ~ 375	
65Mn	726	765		689	741	270	
20Cr	766	838		702	799	390	
30Cr	740	815		670	—	350 ~ 360	
40Cr	743	782		693	730	325 ~ 330	
20CrMnTi	740	825		650	730	360	
30CrMnTi	765	790		660	740	—	
35CrMo	755	800		695	750	271	
25MnTiB	708	817		610	710	—	
40MnB	730	780		650	700		
55Si2Mn	775	840		—	—	—	
60Si2Mn	755	810		700	770	305	
50CrMn	750	775		—	—	250	
50CrVA	752	788		688	746	270	
GCr15	745		900	700	—	240	
GCr15SiMn	770		872	708	—	200	
T7	730	770		700	—	220 ~ 230	
T8	730	—		700	—	220 ~ 230	-70
T10	730		800	700	—	200	-80
9Mn2V	736		765	652	—	125	—
9SiCr	770		870	730	—	170 ~ 180	—
CrWMn	750		940	710	—	200 ~ 210	—
Cr12MoV	810		1200	760	—	150 ~ 200	-80
5CrMnMo	710	770		680	—	220 ~ 230	—
3Cr2W8	820	1100		790	—	380 ~ 420	-100
W18Cr4V	820		1330	760	—	180 ~ 220	—

参考文献

1 王焕庭等主编．机械工程材料．大连：大连理工大学出版社，1995
2 史美堂主编．金属材料及热处理．上海：上海科学技术出版社，1991
3 崔忠圻主编．金属学与热处理．北京：机械工业出版社，1996
4 郑明新主编．工程材料．北京：清华大学出版社，1991
5 何世禹主编．机械工程材料．哈尔滨：哈尔滨工业大学出版社，1990
6 储凯等主编．机械工程材料．重庆：重庆大学出版社，1998
7 石德珂主编．材料科学基础．北京：机械工业出版社，1999
8 侯增寿，卢光熙主编．金属学原理．上海：上海科学技术出版社，1993
9 胡庚祥，钱苗根主编．金属学．上海：上海科学技术出版社，1980
10 王健安主编．金属学与热处理．北京：机械工业出版社，1980
11 肖纪美主编．合金相与相变．北京：冶金工业出版社，1987
12 黄明志等主编．金属力学性能．西安：西安交通大学出版社，1986
13 周敬恩，金志浩主编．非金属工程材料．西安：西安交通大学出版社，1987
14 [美] A. G. 盖伊，J. J. 赫伦著．物理冶金学原理．徐纪楠主译．北京：机械工业出版社，1984
15 [美] L. H. 范 弗莱克著．材料科学与工程基础．夏宗宁，邹定国主译．北京：机械工业出版社，1984
16 William D. Callister, Jr.. Materials Science and Engineering An Introduction. John Wiley & Sons, Inc., 1999